U0157725

高等学校土木工程专业“十三五”系列教材
高等学校土木工程专业应用型本科推荐教材

建筑结构检测鉴定与加固改造

贾　彬　主　编
黄　辉　副主编

中国建筑工业出版社

图书在版编目（CIP）数据

建筑结构检测鉴定与加固改造/贾彬主编．—北京：中国建筑工业出版社，2020.12（2024.6 重印）

高等学校土木工程专业“十三五”系列教材　高等学校土木工程专业应用型本科推荐教材

ISBN 978-7-112-25436-1

Ⅰ．①建…　Ⅱ．①贾…　Ⅲ．①建筑结构-检测-高等学校-教材②建筑结构—鉴定—高等学校—教材③建筑结构—加固—高等学校—教材④建筑结构—改造—高等学校—教材　Ⅳ．①TU3

中国版本图书馆 CIP 数据核字（2020）第 170582 号

本书以我国现行建筑结构检测、鉴定、加固改造等相关规范、标准为依据进行编写。本书分为绪论、建筑结构损伤类型与机理、建筑结构检测技术、建筑结构鉴定、钢筋混凝土结构加固、砌体结构加固、钢结构加固、建筑结构的改造共八章。本书主要针对混凝土结构、砌体结构、钢结构的检测、鉴定、加固与改造进行了详细阐述。全书注意理论联系实际，紧密结合国家技术规范，并给出了工程实例。通过本书的学习，学生能够理解建筑结构损伤类型与机理，掌握建筑结构检测技术、鉴定方法、加固及改造设计原则及技术，为从事建筑结构安全鉴定及加固改造工作打下基础。

本书可作为高等学校土木工程专业教材，还可作为建筑工程技术人员及其他人员自学用书。

为配合教学，本书作者制作了教材配套的教学课件，请有需要的任课老师发送邮件至 2917266507@qq. com 索取。

*　　*　　*

责任编辑：聂　伟

责任校对：张惠雯

高等学校土木工程专业“十三五”系列教材

高等学校土木工程专业应用型本科推荐教材

建筑结构检测鉴定与加固改造

贾　彬　主　编

黄　辉　副主编

*

中国建筑工业出版社出版、发行（北京海淀三里河路 9 号）

各地新华书店、建筑书店经销

霸州市顺浩图文科技发展有限公司制版

天津安泰印刷有限公司印刷

*

开本：787 毫米×1092 毫米　1/16　印张：13¼　字数：319 千字

2020 年 12 月第一版　2024 年 6 月第五次印刷

定价：**36.00** 元（赠课件）

ISBN 978-7-112-25436-1

（36419）

前　言

建筑结构在使用过程中，不可避免受到荷载作用、自然环境侵蚀以及建造材料自身性能退化影响。一些既有建筑，由于结构使用功能的改变、荷载的增加、各种自然灾害及人为灾害的影响，结构的承载能力或使用功能不满足现行设计规范的可靠性标准要求。此外，还有一些新建的建筑结构，也可能因为设计方案不合理、设计人员失误、施工质量差、建筑材料质量不合格等方面原因导致结构可靠性不足。对于这些可靠性达不到使用要求的既有建筑或新建建筑，需要采取科学的检测、鉴定方法对结构进行损伤分析和安全评估，同时需要采取科学的加固方法及改造技术有效延长建筑结构的使用寿命。

国内外建筑工程建设大体都经历三个阶段，即大规模新建阶段、新建与加固改造并举阶段、既有建筑物的加固改造阶段。欧美发达国家，建筑加固改造的投资已占国家建筑业总投资 1/2 以上，美国劳工部门在 20 世纪末曾预言：建筑维修加固业将会成为 21 世纪最为热门的行业之一。虽然我国进行大规模基础建设较晚，但发展迅速，房屋建筑急剧增加，越来越多的建筑物进入正常使用阶段的中后期。我国很早就开始重视建筑结构加固技术的推广和应用，建筑结构安全鉴定与加固改造行业已成为建筑行业一个重要组成部分，有着巨大的发展潜力和广阔前景。随着可靠性理论在工程结构的老化、损伤评估工作中的运用，新生出许多新型仪器设备及高效的技术方法，建筑结构的检测技术、安全鉴定、加固及改造技术在理论与方法上不断发展。

“建筑结构检测鉴定与加固改造”是土木工程专业的一门专业课，重点掌握建筑结构损伤机理及危害，建筑结构检测，建筑结构可靠性鉴定，建筑结构加固以及建筑结构改造等内容。本书以我国现行建筑结构检测鉴定、加固改造领域的相关规范、规程、工程案例及最新科研成果为依据，针对建筑结构中常见结构形式的检测鉴定及加固改造进行论述。本书内容体系较为全面，在强调基本概念和基本理论的基础上，力求理论联系实际，各章节相对独立，具有较强的实用性。

本书由西南科技大学贾彬、黄辉、张春涛、朱立、刘潇、郭文编写，贾彬任主编，黄辉任副主编，编写具体分工为：贾彬编写第 1、2 章，黄辉编写第 3、4 章，张春涛编写第 5 章，朱立编写第 6 章，刘潇编写第 7 章，郭文编写第 8 章。西南科技大学硕士生汪源、牟雁翎、蒋巧玲、李佳静、李家兴绘制了书中插图，在此表示感谢。

由于编者水平有限，书中不妥和疏漏之处在所难免，恳请读者批评指正。

编　者

2020 年 7 月

目　　录

第1章 绪 论

1.1 概 述

建筑结构是指由建筑材料按照合理方式组成，并能承受一定荷载作用的体系。建筑结构一般由板、梁、柱、墙、基础等建筑构件组成，具有一定空间功能，并能安全承受建筑物各种荷载作用。建筑结构需要满足安全性、适用性、耐久性等需要。安全性是指建筑结构应能承受在正常设计、施工和使用过程中可能出现的各种作用（如荷载、外加变形、温度、收缩等）以及在偶然事件（如地震、爆炸等）发生时或发生后，结构仍能保持必要的整体稳定性，不发生倒塌。适用性是指建筑结构在正常使用过程中，结构构件应具有良好的工作性能，不会产生影响使用的变形、裂缝或振动等现象。耐久性是指建筑结构在正常使用、正常维护的条件下，结构构件具有足够的耐久性能，并能保持建筑的各项功能直至设计使用年限，如不发生材料的严重锈蚀、腐蚀、风化等或构件的保护层过薄，不出现过宽裂缝等。

建筑结构是随着科技进步、新的建筑材料、新的结构技术以及新的施工方法不断发展的。人类最早的建筑活动开始于穴居和巢居，利用天然的洞穴、树木作为栖身之地。古希腊时期人类利用石材来建造围廊式的庙宇，古罗马时期开始利用天然混凝土建造房屋，如古罗马万神庙。中国在先秦时期，已采用榫卯技术建造木结构房屋，春秋时期已出现瓦和砖，隋唐、明清时期，砖已成为民用建筑广泛使用的建材。18世纪工业革命时期，铁已开始用于房屋结构，19世纪水泥也开始用于房屋建筑，出现了钢筋混凝土结构，钢和水泥的应用使房屋建筑产生飞跃变化。随着世界工业发展和城市的扩大，需要建造大批工厂、仓库、住宅、铁路建筑、办公建筑、商业服务建筑等。目前，建筑结构按所用材料，可分为混凝土结构、钢结构、砌体结构和木结构，常见的建筑结构有砖混结构、钢筋混凝土结构、框架结构、框剪结构、钢结构、核心筒结构等。

第二次世界大战以来，建筑业大致经历了三个重要发展阶段：战后废墟重建（第一阶段）；建筑物的新建与维修并重（第二阶段）；建筑物的维修与现代化改造（第三阶段）。许多欧美国家早在20世纪70年代末就进入了第三阶段。随着经济发展我国建筑业也逐渐进入了新区开发与旧城改造相结合的发展阶段。

一方面为满足社会发展的需求，新建筑不断地建设，同时早期修建的建筑因标准低已不满足社会发展的需求，需对其进行维修、加固和现代化改造。另一方面随着人们生活水平的进步提高，人们对建筑功能的要求越来越高，已有建筑的规模和功能不能满足新的使用要求，而且原有建筑的低标准、建筑的老龄化及长期使用后结构功能的逐渐减弱等引起的结构安全问题已开始引起人们的关注，在考虑昂贵的拆建费用以及对正常生活秩序和环境的严重影响等问题后，人们逐渐把目光投向对既有房屋的维修加固和现代化改造。

现在不仅在建的新建工程要检测、鉴定、加固、改造，既有建筑更有这样的需求，工程鉴定与加固改造已是朝阳产业，日显重要。建筑结构的检测、鉴定与加固、改造涉及的知识和技术比较复杂，内容十分广泛，它不但包含了对结构损伤的检测、对既有建筑结构的鉴定，也包括了加固理论和加固技术等相关内容，还涉及加固改造与拆除重建的经济对比分析。它是一门研究结构服役期的动态可靠性及其维护、改造的综合性学科。近年来，结构鉴定与加固改造在我国迅速发展，作为一门新的科学技术，它已经成为土木工程技术人员知识更新的重要内容。

1.2　引起建筑结构功能退化的主要原因

根据《建筑结构可靠性设计统一标准》GB 50068—2018 的规定，结构在规定的设计使用年限内应满足下列功能要求：在正常施工和使用时，能承受可能出现的各种作用；在正常使用时，应具有良好的工作性能；在正常维护条件下，应具有足够的耐久性能；在设计规定的偶然事件（如地震、爆炸、撞击等）发生时及发生后，结构仍能保持整体稳定性。上述 4 点统称为结构的预定功能，当结构出现功能退化而不能满足预定功能要求时，就可能引起工程事故。功能退化程度较轻者可能影响建筑物的使用性能和耐久性；严重者会导致结构构件破坏，甚至引起结构倒塌，造成人员伤亡和财产损失。

引起建筑结构功能退化的原因很多，根据大量的工程经验分析，可归纳为以下几方面：

1. 设计有误

设计人员对结构概念理解不透彻和计算错误是结构设计中常见的两类错误。例如，设计者在桁架结构设计中，对桁架的受力特点概念不清，荷载没有作用在节点上而是作用在节间，从而引起设计错误，这属于第一类错误。再如，计算时漏掉了结构所必须承受的主要荷载，采用公式适用条件与实际情况不相符合的计算公式，或者计算参数的选用有误等均属于第二类错误。

2. 施工质量差

施工质量对于确保结构满足预定功能十分重要，不合格的施工会加速结构的功能退化。例如，悬挑梁、板的负筋位置不对或施工过程中被踩下，会显著降低其承载能力；使用不合格的建筑材料（如过期的水泥、劣质钢筋等），混凝土配合比有误，或混凝土养护不当，钢筋的保护层厚度过小等均会显著降低结构的安全性、适用性和耐久性等性能。

3. 使用不当

改变结构的使用用途或建筑的使用维护不及时导致使用荷载增大，是结构使用不当的典型。例如，住宅建筑改变为办公用房，增大了结构的使用荷载；工业建筑的屋面积灰没有及时清理导致荷载增大等，均会引起结构提前损伤破坏。

4. 长期在恶劣环境下使用，材料的性能恶化

在长期的外部环境及使用环境条件下，结构材料每时每刻都受到外部介质的侵蚀，导致材料性能恶化。外部环境对工程结构材料的侵蚀主要有三类：化学作用侵蚀，如化工车间的酸、碱气体或液体对钢结构、混凝土结构的侵蚀；物理作用侵蚀，例如，高温、高湿、冻融循环、昼夜温差变化等，使混凝土结构、砌体结构产生裂缝等；生物作用侵蚀，

如微生物、细菌使木材逐渐腐朽等。

5. 结构使用要求的变化

随着科学技术的不断发展，我国工业生产正在进行大规模的结构调整和技术改造，新的生产工艺不断涌现。为了满足这些新的变化要求，部分既有建筑需要适当增加高度或改造以提高建筑结构的整体功能。例如，吊车的更新变换，生产设备的更换，相应的吊车梁、设备的基础以及结构整体均应进行必要的增强加固。结构的功能退化是客观存在的，只要能科学分析原因，减缓结构的退化速度，通过科学的检测、鉴定和加固，就可以延长建筑物使用年限。

1.3 建筑结构检测与鉴定

1.3.1 检测技术发展和意义

1. 检测的定义

为评定建筑结构工程的质量或鉴定既有建筑结构的性能等所实施的检测工作，称为建筑结构检测（以下简称“检测”）。正如西医看病需要通过医疗设备进行检测和化验，中医看病需要“望闻问切”，对结构进行检测所得到的数据不但是评定新建结构工程质量等级的原始依据，也是鉴定已有结构性能指标的依据。

我国《建筑结构检测技术标准》GB/T 50344—2019 规定，建筑结构的检测可分为结构材料性能、连接、构件的尺寸与偏差、变形与损伤、构造、基础沉降以及涂装等项工作，必要时，可进行结构或构件性能的实荷检验或结构的动力测试。

2. 检测技术的发展

检测是确保评定建筑结构可靠的重要手段。我国建筑结构的检测技术自 20 世纪 70 年代以来得到快速发展，其使用工程对象已从老旧房屋建筑检测发展到各类型现代化建筑工程检测，新的检测方法、技术不断涌现。

在混凝土结构检测方面：20 世纪 80 年代中期我国对混凝土无损检测技术进行了科技攻关，并提出我国首部混凝土检测规程《回弹法评定混凝土抗压强度技术规程》JGJ 23—1985。此后，混凝土检测新方法不断出现。目前，回弹法、超声法、超声-回弹综合法、钻芯法等非破损法和局部破损法等混凝土检测方法已在混凝土工程中广泛应用。

在砌体结构检测方面：20 世纪 70 年代，我国主要以砌筑砂浆强度作为砌体结构强度鉴定和加固的评定指标，20 世纪 80 年代后期，以砌体强度、砌筑砂浆强度或砌体块材强度等级作为检测对象。目前，我国已将回弹法、电荷法、筒压法、射钉法和剪切法五种砂浆强度检测方法和推剪法、单剪法、轴压法、扁千斤顶和拔出法五种砌体强度的检测方法纳入相关规范。

在钢结构检测方面：20 世纪 70 年代，我国主要以钢材力学性能检测（拉伸、弯曲、冲击、硬度）、钢材金相检测分析、钢材化学成分分析为主。目前，钢结构的检测方法有：超声波无损检测、渗透检测、射线检测、涡流检测、磁粉检测、锈蚀检测及涂层厚度检测等。

3. 检测的意义

建筑物的施工质量需要进行评定时，或建筑物由于某种原因不能满足某项功能要求或对满足某项功能的要求产生怀疑时，就需要对建筑整体结构、结构的某一部分或某些构件进行检测。当判定被检结构存在安全隐患时，就应该对其进行加固处理，或者拆除。

建筑结构检测技术是以相应现行规范为根据、以试验为技术手段，测量能反映结构或构件实际工作性能的有关参数，为判断结构的承载能力和安全储备提供重要依据。建筑结构检测不仅对新建工程安全性能的评定起重要作用，而且对于危旧房屋的更新改造、古建筑和受损结构的加固修复等提供直接的技术参数。

1.3.2 鉴定技术发展和意义

1. 鉴定的定义

根据现场调查和检测结果，并考虑缺陷的影响，依据相应规范或标准的要求，对建筑结构的可靠性进行评估的工作，称为可靠性鉴定（以下简称“鉴定”）。

建筑结构鉴定与设计时的主要差别在于，结构鉴定应根据结构实际受力状况和构件实际尺寸确定承载能力，结构承受荷载通过实地调查结果取值，构件截面采用扣除损伤后的有效面积，材料强度通过现场检测确定；而结构设计时所用参数均为规范规定或设计所给定的设计值。

2. 鉴定的发展

鉴定经历了从传统经验法到实用鉴定法再到概率鉴定法的过程。

（1）传统经验法。由有经验的专家通过现场观察和简单的计算分析，以原设计规范为依据，根据个人专业知识和工程经验直接对建筑物的可靠性作出评价。该法鉴定程序简单，但由于受检测技术和计算工具的制约，鉴定人员难以获得较准确和完备的数据和资料，也难以对结构的性能和状态作出全面的分析，因此评判过程缺乏系统性，对建筑物可靠性水平的判断带有较大的主观性，鉴定结论往往因人而异，而工程处理方案多数偏于保守，造成浪费。

（2）实用鉴定法。应用各种检测手段对建筑物及其环境进行周密的调查、检查和测试，应用计算机技术以及其他相关技术和方法分析建筑物的性能和状态，全面分析建筑物所存在问题的原因，以现行标准规范为基准，按照统一的鉴定程序和标准，从安全性、适用性多个方面综合评定建筑物的可靠性水平。与传统经验法相比，该法鉴定程序科学，对建筑物可靠性水平的判定较准确，能够为建筑物维修、加固、改造方案的决策提供可靠的技术依据。

（3）概率鉴定法。在实用鉴定法的基础上，进一步利用统计推断方法分析影响特定建筑物可靠性的不确定因素，更直接地利用可靠性理论评定建筑物的可靠性水平。概率鉴定法是针对具体的已有建筑物，通过对建筑物和环境信息的采集和分析，评定建筑物的可靠性水平，评定结论更符合特定建筑物的实际情况。

3. 鉴定的意义

建筑物在使用过程中，不仅需要经常性的管理与维护，而且随着时间的推移，还需要及时修缮，才能全面完成设计所赋予的功能。与此同时，还有为数不少的房屋建筑，或因设计、施工、使用不当，或因用途变更需要改造，或因使用环境发生变化，或因各类事故及灾害结构产生损伤，或需要延长结构使用寿命等，都需要对结构进行处理。要做好这些工作，就必须对建筑物在安全性、适用性和耐久性方面存在的问题有全面地了解，才能做出安全、合理、经济、可行的方案，而建筑物可靠性鉴定就是对这些问题的正确评价。

建筑结构鉴定的目的是根据检测结果，对结构进行验算、分析，找出薄弱环节，评价其安全性和耐久性，为工程改造或加固维修提供依据。在工程鉴定中可靠性是以某个等级指标（例如A、B、C、D）来反映服役结构的可靠度水平。在民用建筑可靠性鉴定中，根据结构功能的极限状态，分为两类鉴定：安全性鉴定和使用性鉴定。具体实施时是进行安全性鉴定，还是进行正常使用性鉴定或是两者均需进行（即可靠性鉴定），应根据鉴定的目的和要求进行选择。

1.4 建筑结构加固与改造

1.4.1 加固技术发展和意义

1. 加固的定义

当结构的可靠性不满足要求时，对已有建筑结构进行加强，提高其安全性（承载能力）、耐久性和满足使用要求的工作，称为加固。

结构加固技术分类方法有以下几种：①按加固范围分为局部性能加固、整体性能加固；②按既有建筑物的结构形式分为钢结构加固、钢筋混凝土结构加固、砌体结构加固、木结构加固等；③按加固构件或局部结构名称分为梁加固、柱加固、屋盖结构加固、基础加固、地基加固等；④按加固目标对应功能分为承载力（强度）加固、刚度加固、延性加固、稳定性加固、耐久性加固。

结构加固前应充分研究现存结构的受力特点、损伤情况和使用要求，尽量保留和利用现存结构，避免不必要的拆除。同时，根据结构实际受力状况和构件实际尺寸确定承载能力，结构承受荷载通过实地调查取值，构件截面采用扣除损伤后的有效面积，材料强度通过现场测试确定。加固部分属二次受力构件，新旧结构不能同时达到应力峰值，结构承载力验算应考虑新增部分应力滞后现象。

2. 加固技术的发展

从加固技术的出现顺序，可以发现工程结构加固技术发展大体分为3个阶段。

第1阶段：低水平维修加固阶段。这一阶段的技术包括结构或构件局部损伤的简单修复、设置临时支撑加固、扩大截面法加固、裂缝的表面修补等。

第2阶段：预应力技术、结构胶、压力注浆技术出现后的阶段。这一阶段基于2种新的技术手段发展了一些新型加固方法，如预应力加固法、粘钢法、粘贴纤维布（板）法、裂缝压力注胶法、地基压浆法等。

第3阶段：结构性能、功能提升改造技术阶段。这一阶段的技术是随着人民对居住生活环境要求日益提高，提出了新的功能需求而产生的，如结构的增层、结构整体移位、地下空间开发、局部结构置换等技术。

3. 加固的意义

建筑结构加固的目的在于恢复或提高建筑结构在使用过程中由于设计或者施工问题以及用途的改变等导致建筑结构丧失或降低原有的可靠性。建筑物都有规定的使用年限，通常在50年左右，一旦超过正常使用年限，建筑物满足不了安全居住的要求，这时通常需要采取相应的加固措施，保证建筑物能正常使用。据统计，我国现有一大批20世纪50、60年代建造的房屋因超过了设计基准期而有待加固，且城市的住宅建筑逐渐进入老龄化，需要加固维修。同时，随着抗震要求，设防标准的提高和改变，许多地区现有房屋不能满足新设防的抗震要求，从而需要抗震加固。

建筑物进行加固不仅可以实现建筑物的可持续发展，也有利于减少建筑垃圾的产生和环境污染，并且对已建建筑物进行加固相比拆除重建更具有耗时短、利用率大、改造成本低和社会效益大等优点。

1.4.2 改造技术发展和意义

1. 改造的定义

因用途改变、设备更新、工艺流程变革、生产规模扩大、城市规划要求等原因，需要对已有建筑结构进行相应变化及处理，以适应新的使用功能或规划要求，称为建筑物的改造。

通常根据既有建筑物改造功能目标将建筑结构改造分成以下几类：①建筑物增层技术；②大空间改造技术；③地下空间开发技术；④结构整体移位技术（含平移、顶升、纠偏）；⑤局部结构的置换技术；⑥结构抗震性能加固技术；⑦文物建筑保护、开发利用技术。

尽管改造和加固都是对已有建筑结构进行处理，但改造与加固有所区别，加固是已有结构或构件的可靠性不满足要求，而改造的原因是使用功能发生变化，大多数改造需要结合加固处理，但有些改造不需要加固处理。

2. 改造技术的发展

旧建筑的改造和再利用一直是建筑界讨论的一个热门问题，1979年澳大利亚编制了《保护具有文化意义地方的宪章》，其中针对建筑遗产的保护，明确提出了“改造性再利用”的概念，即对某一场所进行调整使其容纳新的功能。这种做法因为没有实质上削弱场所的文化意义而受到鼓励和推广。改造性再利用的关键是为历史建筑寻找适当的用途。利用废弃建筑物（如厂房、仓库）进行改建，使其转换为有用的另类空间（如商业、娱乐、居住建筑）的实例大量存在。奥地利威尔海姆·霍兹鲍耶建筑师事务所设计的Flakurm防空炮塔改建，利用了第二次世界大战时遗存在维也纳的6座防空炮塔，分别设计成水族馆、展室、博物馆和咖啡屋。

我国对旧建筑的改造再利用在节约造价、缩短工期以及保存城市历史建筑方面的益处已被逐渐重视，在利用废厂房（库房）和学校公寓改建方面，涌现了一些优秀的工程实例。2010年上海世博会选址于上海黄浦江两岸重工业区域，这里曾经是中国近代工业的发源地，有着南市发电厂、江南造船厂等一批代表着中国近代民族工业发展变迁的企业。随着这些工厂被搬迁，遗存的20～30栋不同时期的工业建筑中的大部分被改造成展览场馆，其中南市发电厂被改建成2010年上海世博会的主题展馆“城市未来馆”，同时改造工程引入多项生态技术。

新的建筑结构功能提升需求推动改造技术不断发展，如既有建筑物地下空间应用推动了地下空间开发改造技术。其他专业技术或设备的引进，产生了交叉学科技术，如随着计算机技术和电子通信技术的发展，既有结构智慧化改造技术逐渐发展。随着现有改造技术的提升，如结构单柱托换荷载大幅提高，目前已超过1500t，大体型建筑物移位改造成为可能。

3. 改造的意义

现有建筑结构改造可提高建筑物和结构的承载力，恢复建筑物的安全度，改善和提高建筑物的使用性能和使用功能，提高房屋的抗震性能，美化建筑物的外在形象并改善其使用质量和延长其使用寿命。改造后的建筑物可达到设计规定的安全性、适用性和耐久性等要求，满足业主对建筑物的使用需求。同时，建筑结构改造符合建筑业节约型、低碳型、和谐型社会的发展要求，实现建筑业的可持续发展。

思考题

1. 简述建筑结构检测鉴定和加固改造的重要性。
2. 建筑结构功能退化的常见原因有哪些？
3. 简述建筑结构检测和鉴定的定义和意义。
4. 简述鉴定技术的三个发展阶段。
5. 建筑结构常见的加固技术方法有哪些？
6. 根据建筑物改造目标的不同，建筑结构改造可以分为哪几类？
7. 与新建工程相比，结构加固改造有哪些特点？

第2章 建筑结构损伤类型与机理

2.1 混凝土结构损伤类型与机理

2.1.1 混凝土材料缺陷常见类型

1. 混凝土原材料质量

(1) 水泥质量

水泥出厂质量差，会造成混凝土强度不足；水泥保管条件差或贮存时间过长，造成水泥结块、活性降低，影响混凝土强度。水泥安定性反映水泥在凝结硬化过程中体积变化的均匀情况，由安定性不合格的水泥所配制的混凝土，表面虽无明显裂缝，但强度较低。水泥安定性不合格，主要原因是水泥熟料中含有过多的游离氧化钙或游离氧化镁，也可能是掺入的石膏过多。

(2) 集料质量

石子强度低，在混凝土试块试压中，如果石子被压碎，说明石子强度低于混凝土强度，导致混凝土实际强度下降。石子体积稳定性差，有些由多孔燧石、页岩、带有膨胀黏土的石灰岩等制成的碎石，在干湿交替或冻融循环作用下，常表现为体积稳定性差，将导致混凝土强度下降。石子形状和表面形态不良，针片状石子含量高，将影响混凝土强度。使用含有碳酸盐或活性氧化硅成分的粗集料（由黑曜石、沸石、安山岩、凝灰岩等制成的集料），可能产生碱集料反应，即碱性氧化物水解后形成的氢氧化钠、氢氧化钾与活性集料起化学反应，生成不断吸水膨胀的凝胶体，造成混凝土开裂和强度下降。

(3) 拌合水质量

拌制混凝土若使用有机杂质含量较高的沼泽水、含有腐殖酸或其他酸、盐（特别是硫酸盐）的污水和工业废水，则会造成混凝土物理力学性能下降。

(4) 外加剂质量

混凝土如果添加了质量不合格的外加剂，则将造成混凝土强度不足，甚至会发生混凝土不凝结现象。

2. 混凝土配合比设计

(1) 水泥用量

混凝土理论研究和施工实践证明，水泥用量不足或用量过多，对混凝土质量均有不利的影响。水泥用量少，会使混凝土的强度降低，使抗渗性、抗冻性、抗蚀性及抗碳化性能变差，混凝土质量将达不到设计的要求；水泥用量多，在大体积混凝土施工时，水泥水化反应放出的热量会使混凝土内外温差过大而产生裂缝，影响混凝土的质量。

（2）集料用量

集料占混凝土体积的80%左右，在混凝土中占有重要的地位，其质量直接影响混凝土的各种性能。当水灰比相同时，碎石混凝土的强度要比卵石混凝土的强度高。当石子强度相等时，表面粗糙的石子与水泥砂浆的黏结性较强，这样的混凝土强度较高。

（3）拌合水用量

较常见的问题有：搅拌机上加水装置计量不准；不扣除砂、石中的含水量；甚至在浇筑地点任意加水等。用水量加大后混凝土的水胶比和坍落度增大，导致混凝土的强度不足。混凝土搅拌过程中，实际加水量超出混凝土硬化过程中的用水量，水胶比过大，混凝土振捣过程中，水泥浆体与集料分离，造成流浆、离析现象。

（4）砂率

砂率的选用应由混凝土的工作性和强度试验来确定。砂率的大小对混凝土拌合物工作性影响较大，一般情况下，砂率随着水灰比的增大而增大，随着坍落度的增大而增大。砂率不仅影响混凝土的工作性，而且影响混凝土的强度。在水灰比、水泥用量、石子级配、坍落度等条件一定时，存在某一合理砂率，当采用合理砂率时混凝土强度最高，当采用砂率与合理砂率的差值越大则混凝土的强度越低。

3. 混凝土施工工艺

（1）混凝土拌制不匀

搅拌机中加料顺序颠倒，搅拌时间过短，造成拌合物不均匀，影响强度；混凝土外加剂掺量不够，缓凝、保塑效果不理想；天气炎热，某些外加剂在高温下失效；工地现场与搅拌站协调不好，使罐车压车、塞车时间太长，导致混凝土坍落度损失过大。

（2）浇筑缺陷

麻面：混凝土表面缺浆和许多麻面，表面粗糙。原因分析：模板表面粗糙或未清理干净、模板拼缝不严或拆模过早等。

露筋：钢筋混凝土结构内部的受力筋、构造筋或箍筋裸露在表面，没有被混凝土包裹。原因分析：浇筑混凝土时，钢筋保护层垫块移位或垫块太少甚至漏放，致使钢筋下坠或外移贴紧模板外露、构件结构截面小，钢筋过密，石子卡在钢筋上，使水泥砂浆不能充满钢筋周围造成露筋。

蜂窝：混凝土结构局部酥松、砂浆少石子多、石子之间出现类似蜂窝状的大量空隙窟窿。原因分析：混凝土配合比不当或砂、石子、水泥材料计量错误，加水量不准确造成砂浆少，石子多；混凝土搅拌时间不足，未搅拌均匀，和易性差，振捣不密实；模板缝隙未堵严，振捣时水泥浆大量流失，或模板未支牢，振捣混凝土时模板松动或位移，或振捣过度造成严重漏浆；结构截面面积小，钢筋较密，使用石子粒径过大或坍落度过小，混凝土被卡住造成振捣不实。

孔洞：混凝土结构内部有尺寸较大的孔洞，局部或全部没有混凝土，或蜂窝空隙特别大，局部或全部钢筋裸露，空隙深度和长度超过保护层厚度。原因分析：在钢筋较密集部位，混凝土集料被卡住，未振捣就继续浇筑上层混凝土，而在下部形成孔洞；混凝土离析，砂浆分离，石子成堆，严重跑浆，又未进行振捣，而形成特别的蜂窝；混凝土一次下料过多，高度过厚，振捣不到位，形成松散孔洞；混凝土内掉入工具、木块、泥块等杂物，卡在混凝土中。

（3）养护不良

混凝土浇捣后，逐渐凝固、硬化，这个过程主要由水泥和水产生水化作用来实现。而水化作用必须要在适当的温度和湿度条件下才逐渐完成。如果没有水，水泥水化也就停止。所以混凝土捣制后应保持潮湿状态。此外，温度对它也有一定影响，温度高则水泥水化会加快，混凝土强度增长也加快，相反温度低，混凝土硬化也会相应地减慢。因此，混凝土振捣成形后，必须对混凝土进行养护。尤其在空气干燥、气候炎热、风吹日晒的环境下，混凝土中水分蒸发过快，不但影响水泥的水化，而且还会出现表面脱皮、起砂、干裂等现象。

同时，混凝土的强度增长与养护时期的气温有密切关系。当气温在0℃以下时，水化作用基本停止。当气温低于−3℃时混凝土中的水冻结而且水在结冰时体积要膨胀8%～9%，从而造成混凝土有被胀裂的危险。因此，冬期施工前后，应密切注意天气预报，以防气温突然下降，必须注意保温养护工作，在受冻前，混凝土的抗压强度不得低于规定值。

2.1.2 混凝土结构裂缝

1. 承载受力裂缝

从荷载传递的角度，混凝土结构构件大体分为直接承受荷载的水平构件——板和梁，以及传递垂直荷载的竖向构件——墙、柱、基础。还有由这些基本构件组合成的框架、剪力墙、节点、筒体等。承受荷载所引起的内力，主要有拉、压、弯、剪、扭等，以及由它们组合成的复合受力状态；此外，还有冲切，局部承压，疲劳等特殊受力形式。在各种混凝土构件中，由不同受力形式所产生的受力裂缝形态纷繁复杂。

（1）受弯裂缝形成机理

承受结构自重的梁、板，承受土压力、水平风荷载的墙、柱、基础等都属于受弯构件。受弯是混凝土结构中最常见的受力形式，受弯裂缝也是混凝土结构中最常见的受力裂缝形式。由于混凝土的抗拉性能极差，混凝土的拉应力全部由钢筋承担，除少数预应力构件外，一般混凝土构件的受拉区都有裂缝。因此，在正常使用极限状态下，受弯构件都是带裂缝工作的。受拉区的裂缝垂直于纵向受力钢筋，裂缝为楔形，在受拉边缘处裂缝最宽，并终止于受压区，如图2.1.1所示。当构件的裂缝宽度很大时，表示钢筋的拉应力很大，构件承载力已消耗到了一定的程度。宽度过大的受弯裂缝，多数是由配筋不足、荷载超限、钢筋移位、钢筋强度不足等原因引起的。

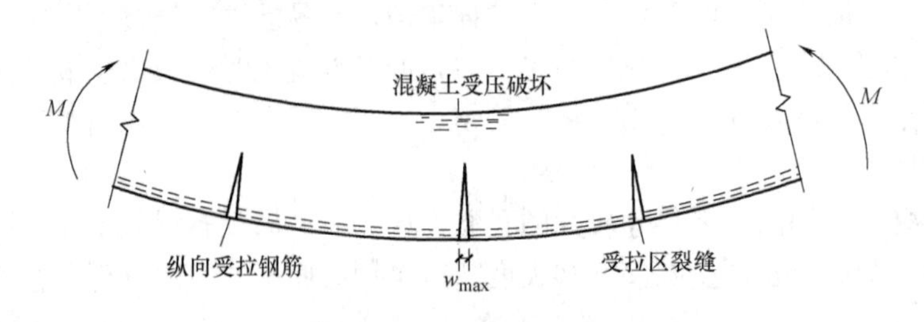

图2.1.1 受弯裂缝形态

（2）受压裂缝形成机理

竖向的混凝土构件柱、墙、基础等主要承受以压力为主的垂直荷载，当压应力达到混凝土的抗压强度时，或受压变形超过混凝土极限应变时，构件就会破坏。由于压应力引起的裂缝通常沿主压应力的迹线发生，将混凝土切割成许多纵向受力的微小柱体，最后会因这些微小柱体的破坏而破坏。

混凝土受压裂缝发展过程为：首先在混凝土表面出现平行、短小、不连续的纵向裂缝，其平行于主压应力迹线，如图 2.1.2 所示。接着这些裂缝延伸，贯通连成一片，由于纵向劈裂引起的侧向膨胀，还会导致表层混凝土膨胀、剥落。然后混凝土受压破碎，箍筋张开，纵筋屈服，造成立柱构件的混凝土压溃。最后，立柱混凝土撒落，箍筋崩开，纵筋呈现为灯笼状，立柱失去承载力而破坏。

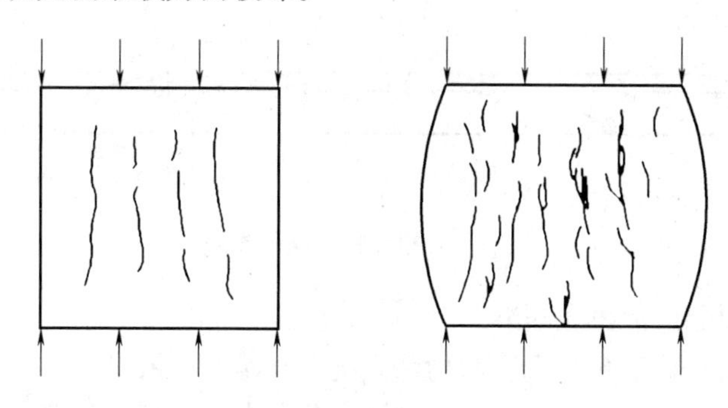

图 2.1.2　混凝土受压裂缝及破坏

(3) 受拉裂缝形成机理

受拉裂缝发生在受拉杆件或承受集中拉力的结构局部区域，受拉杆件的受拉裂缝为贯穿全截面的横向裂缝，与主拉应力迹线垂直，如图 2.1.3 所示。拉力全部由钢筋承担，混凝土不承担，且裂缝宽度取决于配筋率和钢筋应力。对于承受局部拉力的区域，裂缝取决于承载锚筋、吊筋、箍筋的配置方式和数量。

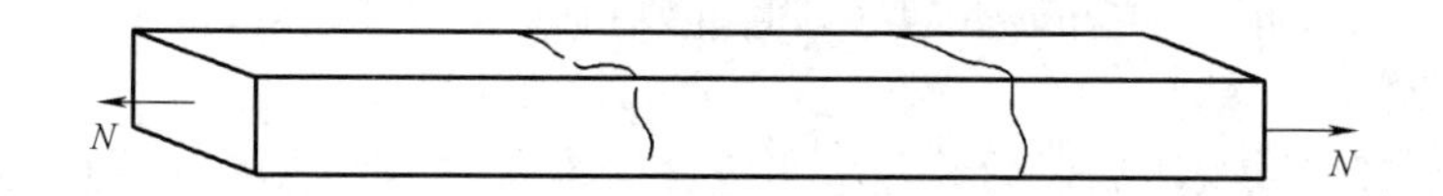

图 2.1.3　混凝土受压裂缝及破坏

(4) 受剪裂缝形成机理

剪力通常与轴力、弯矩共同作用，作为次内力考虑。受剪裂缝平行于主压应力方向斜向产生和发展，如图 2.1.4 所示。剪应力在构件中的分布是在截面边缘最小，中性轴处最大，受剪裂缝也是在截面中间宽，两端窄，呈现为梭子形状。

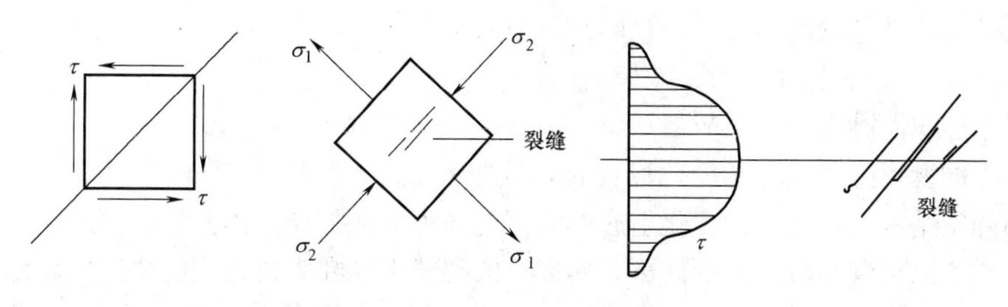

图 2.1.4　剪应力分析及受剪裂缝

(5) 受扭裂缝形成机理

混凝土结构中扭矩通常与弯矩、剪力共同作用。受扭构件上的剪力呈扇形分布，如图2.1.5所示。扭转斜裂缝一般在构件表面发生，呈45°斜向发展，裂缝呈连续螺旋状，在相对两侧互相垂直，且为不贯通的表层裂缝。由于支座约束和荷载分布不同，扭转裂缝分为单向扭转裂缝和双向扭转裂缝。

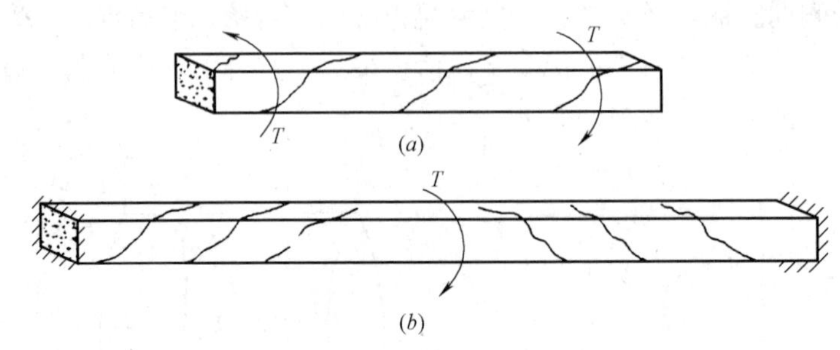

图2.1.5　扭转螺旋状斜裂缝

(6) 设计方面引起的混凝土裂缝

构造钢筋配置过少或过粗等会引起构件裂缝（如墙板、楼板），从而使混凝土出现裂缝。对于混凝土结构是否会产生变形没有进行充分考虑，以至于裂缝出现。由于环境温度发生了一些变化，使得保护措施不能够适应当前需要，例如保护层厚度、管线配置等。

2. 收缩裂缝

(1) 胶凝裂缝

由于在水泥胶体凝固的过程中晶体发生固化，铝酸三钙胶体的体积明显小了很多，从宏观的角度上来说，其主要表现为混凝土材料收缩。这是混凝土材料的自主收缩，与外界条件无关，收缩时间贯穿于水泥胶体水化到凝固的全过程，是引起间接作用的最主要因素。从材料学的观点看，只要混凝土胶凝固化的过程存在，收缩是相伴而生的。

(2) 干燥裂缝

混凝土被水打湿以及振捣以后，其中所包含的游离水不断地从混凝土中溢出，从而形成非常细小的孔道。随着静置时间的延长，游离水将继续渗透挥发，造成混凝土体积减小表层收缩；在混凝土振捣以后形成了离析，使得集料没有水泥浆体的成分多，从而导致收缩速度不断加快，裂缝就不断产生。

(3) 碳化收缩

由于混凝土中的二氧化碳和可溶性氧化钙发生了化学反应，最终产生了碳酸钙，混凝土的体积不断变小，这是一个比较长的过程，其宏观角度上的变化并不是非常明显，其反应是从混凝土的外层到内部逐渐进行的。

3. 温差裂缝

(1) 大体积混凝土的表层裂缝

混凝土的变形随着温度的变化而变化，线胀系数为1×10^{-5}/℃，所以，在受到变形约束的超静定结构内，由温度变化引起的应变差异可形成裂缝。温差裂缝普遍比较浅，这是因为温差不会出现在混凝土的内部，所以导致裂缝出现在表层很浅的位置，无论是贯穿型裂缝还是深入型裂缝基本都是温差导致的。

混凝土的温度变形主要是环境温度发生变化导致附加应力的出现，当混凝土强度无法抵抗附加应力时，就会出现裂缝。该裂缝在施工过程中出现的频率非常高。如图 2.1.6 所示，浇筑大体积混凝土时，由于体积比较大的混凝土基础在浇筑后，混凝土不断硬化，从而使得内部出现了水热化，内部的温度高出了混凝土表面的温度，形成了比较明显的温差，表面温差裂缝由此产生。其他原因也是多种多样的，例如施工人员过早地对保温层进行拆除、天气突然变冷，这些都会导致混凝土表面温度快速变化，产生表面温差裂缝。

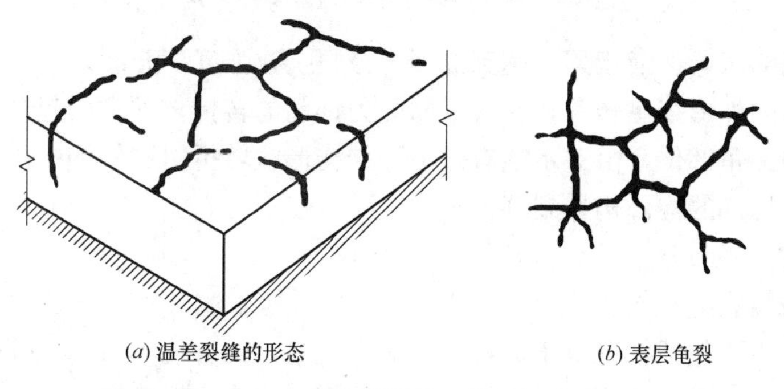

(a) 温差裂缝的形态　　(b) 表层龟裂

图 2.1.6　大体积混凝土的温差裂缝

(2) 暴露结构的季节温差裂缝

檐口、雨篷等长期处于外部环境中，昼夜的更替以及四季的变化，使得支承部分发生变化，受到主体结构的约束而产生变形，从而在单薄的截面上出现温差裂缝。环境变化引起的温差裂缝随季节变化，夏季膨胀使得裂缝宽度变小，甚至闭合；冬季材料收缩，使得裂缝变宽。

4. 沉降裂缝

地基产生不均匀沉降的原因是多样的，其中一部分原因是地基基础本身并不是非常均匀，如图 2.1.7 所示。另外一部分原因是建筑物在修建后，每个位置的荷载差异性比较明显。可以确定的是，地基的不均匀沉降会产生一定的拉应力以及剪应力，当建筑物本身的抗拉强度和抗剪强度不能抵抗拉应力和剪应力时，裂缝会在建筑结构比较脆弱的地方产生，这种裂缝就被称为沉降裂缝。沉降裂缝是由于地基不均匀沉降产生，其形态并不是单一的，它会随着地基受力而发生相应变化。一般情况下，弯曲裂缝和剪切裂缝是沉降裂缝的两种主要表现形式，也会产生水平裂缝、斜向裂缝、正八字裂缝等。

沉降裂缝通常都是串联在一起的，并非独立的，其位置正好对应了沉降位置，而地基的变形情况也决定了裂缝的方向以及形状大小，通常情况下，地基变形造成的应力很大，裂缝与地面垂直或呈 45°～60°角。

5. 构造裂缝

除了混凝土材料内部缺陷外，混凝土结构局部区域还可能由于刚度突变、质量不均匀、形状突变引起传力转折、应力集中等原因出现裂缝。这些裂缝很难通过定量的设计加以规避，通常采用构造措施加以控制，混凝土结构中这类裂缝称为构造裂缝。构造裂缝分两类：宏观的结构体形裂缝和局部的构件构造裂缝。

宏观的结构体形裂缝的形成过程是由于体形突变，刚度不均匀，结构对其形成约束作

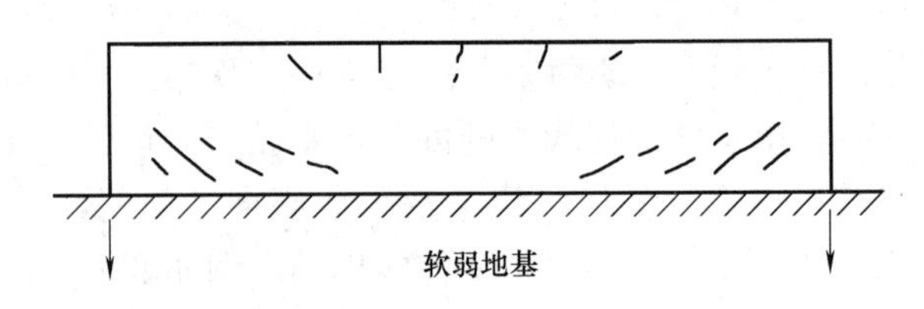

图 2.1.7　两端地基软弱引起的裂缝

用，在相对薄弱的区域逐渐积累，达到混凝土极限抗拉强度而开裂。

混凝土结构的外形存在转角，造成纵向受力钢筋的转折，常常引起横向的附加力而形成裂缝。特别在凹角部位，由于不能有效消除结构形状转折引起的侧向拉力，传力不平衡和应力集中产生局部的构件构造裂缝。

6. 施工裂缝

（1）建筑材料裂缝

该类型裂缝主要包括：混凝土原材料质量不合格，配合比不恰当，拌合物性能缺陷引起的裂缝；模板及支模刚度不足，模板变形，跑模，胀模，拆模过早，模板配置不合理引起的裂缝。

（2）浇筑裂缝

该类型裂缝主要包括：混凝土浇筑振捣时操作不规范引起离析、分层、漏浆、夹渣、钢筋移位等，从而产生的裂缝或混凝土施工接茬、后浇带的留置不合理、截面处理不干净引起的裂缝。

（3）养护裂缝

该类型裂缝主要包括：混凝土表面未经压抹处理，养护覆盖不及时，养护的保温保湿不够等造成的裂缝。

（4）预应力裂缝

该类型裂缝主要包括：预应力张拉失控，骤然放张造成的突然施力，锚固端局部区域压力过大，局部构造措施等引起的裂缝。

7. 耐久性裂缝

（1）钢筋锈蚀膨胀产生的裂缝

钢筋本身的质量问题导致钢筋表面出现锈渍，锈渍进一步发展造成整个钢筋表面都出现锈层，从而使得钢筋出现了膨胀，与混凝土之间的黏结性降低，与混凝土分离，如图 2.1.8（*a*）所示。混凝土本身发生破坏，出现顺筋裂缝，混凝土脱离。此时，钢筋锈蚀膨胀会加剧混凝土裂缝发展，如图 2.1.8（*b*）所示。

（2）碱-骨料反应裂缝

混凝土骨料石子中的活性二氧化硅（SiO_2），如白云质、石灰岩石子等，能够与水泥中的碱发生一定的化学反应。其主要发生在水泥硬化后，反应生成膨胀性的碱性硅酸盐或碳酸盐，导致混凝土体积膨胀，使混凝土产生裂纹并破坏，如图 2.1.9 所示。

（3）盐碱类介质等引起的裂缝

酸性液体以及盐碱类物质导致混凝土的 pH 值发生了变化，进一步引起钢筋腐蚀，与混凝土黏结性降低。具有较强腐蚀性的气体或者液体与建筑物构件的材料发生反应，使构

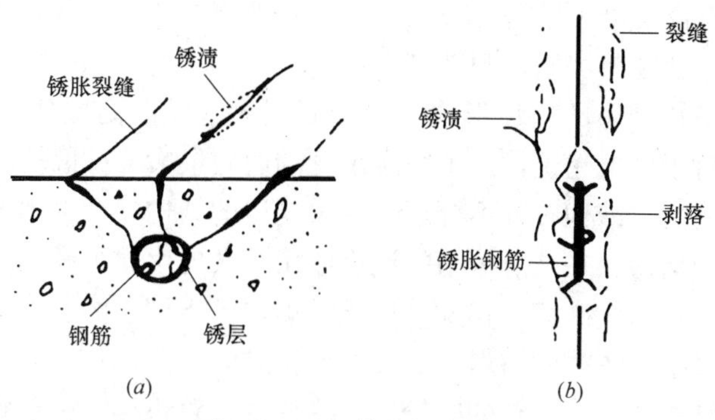

图 2.1.8　钢筋的锈胀裂缝

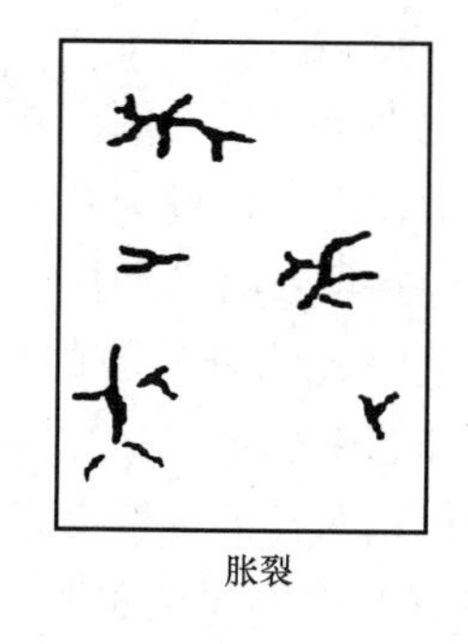

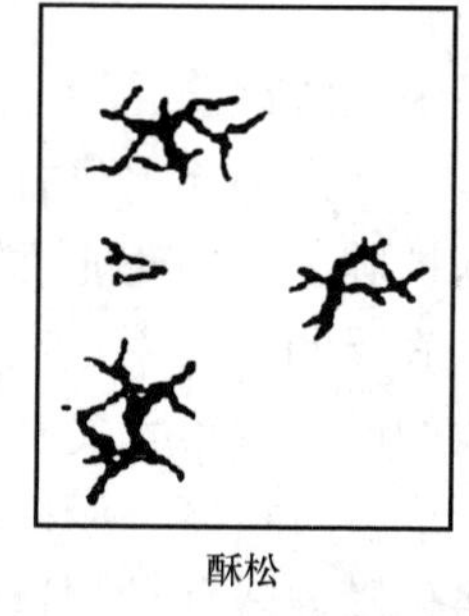

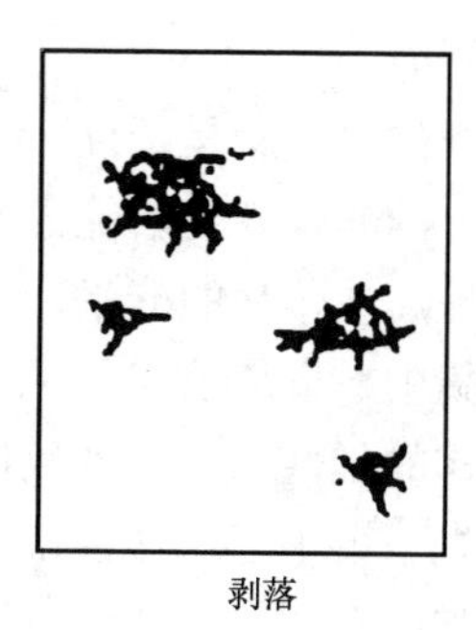

图 2.1.9　碱-骨料反应裂缝

件产生裂缝甚至大面积损害。

（4）冻融循环造成的裂缝

在建筑物施工过程中，一些温度较低的地区，室外气温达到 0℃以下，混凝土受冻。此时，受冻的混凝土内部水分结冰，产生膨胀，膨胀应力较大时，使结构出现裂缝。混凝土内部所含的水分和外部所含有的水分出现同时融化以及冻结的现象，产生冻融循环。这种现象的反复出现，导致混凝土内部产生裂缝，造成结构严重破坏，如图 2.1.10 所示。

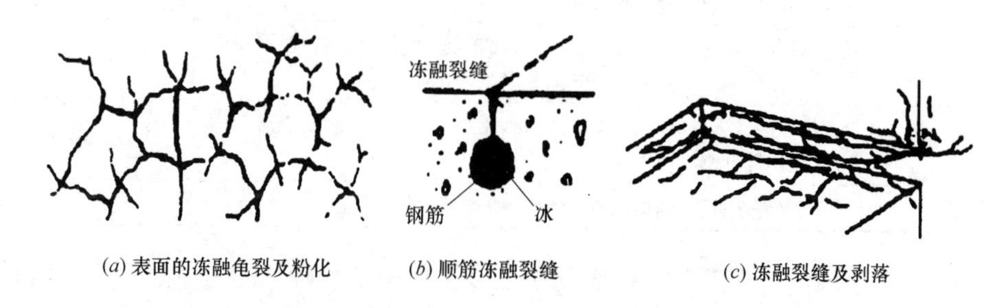

(a) 表面的冻融龟裂及粉化　(b) 顺筋冻融裂缝　(c) 冻融裂缝及剥落

图 2.1.10　混凝土的冻融裂缝

2.1.3　偶然作用下的损伤与机理

1. 地震作用

地震时，在地震波的冲击作用下，复杂的应力状态使钢筋混凝土结构及其构件发生不同程度的破坏。不同的混凝土结构形式，其破坏的特征不同。对震后工程现场的调查研究表明，地震作用下钢筋混凝土结构一般发生以下几种破坏特征，分别为底层破坏、中间层破坏、叠饼式坍塌以及整体坍塌，归纳如下：

（1）底层破坏是较普遍的破坏形式。对于底层大空间的高层建筑，由于底层相对较弱，易发生破坏；对于多层建筑，由于底层承受的剪力最大，一般均发生此类破坏。

（2）对有刚度突变、结构布置不合理、有软弱层的结构，会发生中间层破坏。对刚度和质量分布较均匀的结构，在高阶振型的地震作用下会发生此种破坏。

（3）柱子或墙体较弱，破坏后各层楼板重叠坍塌。当柱子的截面尺寸沿房屋高逐渐减小时，结构很容易发生叠饼式的坍塌。

（4）对于框架结构在产生足够的梁铰后，形成的侧移机构会引起整体坍塌。虽然这种破坏的破坏程度较重，但是，结构坍塌以前要经历较大的塑性变形，结构具有良好的延性性能和耗能能力。

结构抗震的本质就是延性。以最常见的钢筋混凝土多层框架结构为例，其结构延性主要体现在构件的非弹性变形能力上，在保证必要承载力的前提下，通过构件规律的滞回变形曲线耗散地震波传来的能量。结构抗震主要的耗能机制包括梁铰机制和柱铰机制，非弹性变形主要集中在框架节点处和建筑底层的柱底附近，即容易产生塑性铰的梁端和柱底。多层框架结构的延性与其塑性铰形成的区域有很大关系。如若未满足“强柱弱梁”的设计方法，柱中先于梁中出现塑性铰而形成柱铰机制，而柱铰机制对柱的延性要求很高，这在一般的柱中难以实现，且柱铰机制将伴随着较大的层间侧移，这不仅会引起结构不稳定，还会影响结构承受垂直荷载的能力，将最终导致整个框架结构的失稳倒塌。钢筋混凝土框架结构震害等级与损伤指数见表2.1.1。

钢筋混凝土框架结构震害等级与损伤指数 **表2.1.1**

震害等级	震害描述	损伤指数
基本完好	梁或柱端有局部不贯通的细小裂缝，墙体局部有细小裂缝，稍加修复即可使用	0～0.20
轻微破坏	梁或柱有贯穿的细小裂缝，节点处混凝土保护层局部剥落，墙体大都有内外贯穿裂缝，较易修复	0.20～0.40
中等破坏	柱端周围裂缝，混凝土局部压碎和露筋，节点严重裂缝，梁折断等，墙体普遍严重开裂或部分墙裂缝扩张，难以修复	0.40～0.60
严重破坏	柱端混凝土压碎崩落，钢筋压屈，梁板下塌，节点混凝土压裂露筋，墙体部分倒塌	0.60～0.90
倒塌	主要构件折断、倒塌或整体倾倒，结构完全丧失功能	>0.90

通过震后灾害现场调查发现，钢筋混凝土多层框架结构破坏的另一个重要原因是刚度分布不均匀。对于多层框架结构，建筑物各层布置不合理造成刚度突变，地震时各层的运动不协调，在刚度较弱的楼层形成的柔弱层变形集中，造成建筑结构的严重破坏或倒塌。如底层为商铺，其余层为住宅的框架结构，底层的刚度较小，形成薄弱层。在地震时，这一层的框架柱最先出现塑性铰，导致较大的残余变形，结构的侧移明显，最终建筑物整体倾斜倒塌。

2. 火灾作用

混凝土是由砂石、胶凝材料和水搅拌混合而成的建筑结构材料，火灾产生的高温对混凝土结构具有很大的破坏作用。

（1）火灾对混凝土中水分的破坏

混凝土拌制过程中添加的水在混凝土凝固硬化过程中以不同的状态发生变化，一部分在混凝土凝固硬化过程中从混凝土中蒸发掉，一部分在混凝土凝固硬化过程中与混凝土中的胶凝材料发生水化形成结构水，一部分在混凝土凝固硬化过程中吸附在混凝土中砂石等材料的毛细管和颗粒纤维中形成水膜留存于混凝土中，形成大气吸附水，一部分为在混凝土凝固硬化过程中留存在混凝土闭环孔隙的自由水。留存在混凝土结构中的结构水、大气吸附水和自由水在混凝土结构中形成了混凝土的微观结构。当火灾发生时，可燃性材料燃烧产生的热量通过传导辐射使混凝土结构温度快速提升，随着温度的升高，留存在混凝土中的结构水因温度升高发生分解汽化逃逸，留存在混凝土中的大气吸附水因温度升高从毛细管纤维中脱附汽化逃逸，破坏了混凝土微观结构。留存在混凝土闭环孔隙中的自由水因温度升高体积急剧膨胀，使混凝土产生裂缝，造成混凝土的承载能力下降，发生倒塌事故。

（2）火灾对混凝土中净浆硬化体的破坏

净浆硬化体即硬化后的水泥浆体，是由胶凝体、未水化的水泥颗粒内核、毛细孔等组成的非均质体，俗称水泥石。其具有一定的强度和耐久性，在混凝土结构中起着重要作用。当建筑发生火灾时，随着温度的升高，混凝土中净浆硬化体发生破坏，主要体现在：胶凝体干缩和净浆硬化体与集料产生裂缝。

当火灾导致混凝土结构温度达到500℃时，胶凝体中留存的水随着温度的升高，汽化蒸发逸出，胶凝体结构破坏，黏结力降低，净浆硬化体表观密度下降，强度降低，细微裂缝加剧扩大。净浆硬化体承载能力下降导致混凝土结构破坏，承载能力急剧降低，混凝土结构表面发生起砂、龟裂、边角脱落等。火灾对混凝土中净浆硬化体的破坏致使混凝土强度下降，发生倒塌事故。

净浆硬化体与集料热胀冷缩的性能各不相同，如图2.1.11所示。当火灾导致混凝土结构温度升高时，净浆硬化体与集料随着温度的升高发生膨胀，混凝土结构的温度升高到一定温度以后，集料继续膨胀，净浆硬化体开始收缩，混凝土结构内部因净浆硬化体收缩产生拉应力，因集料膨胀产生压应力，相互之间的结构受到破坏形成裂缝并迅速扩大，致使混凝土开裂，抗压强度急剧下降。

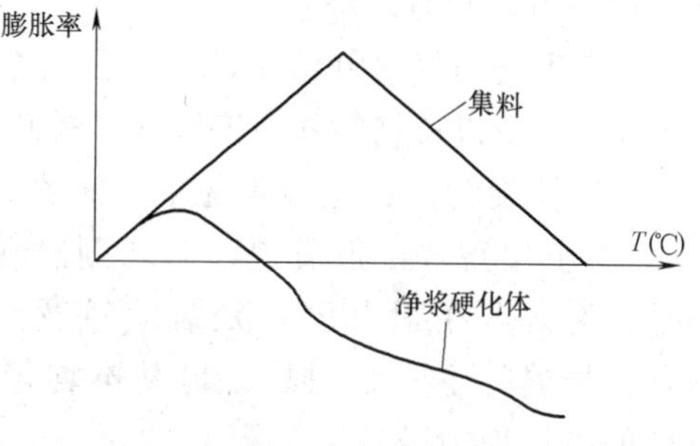

图2.1.11　净浆硬化体与集料受热变形状况

2.2　砌体结构损伤类型与机理

2.2.1　砌体材料缺陷常见类型

砌体材料常见缺陷是砂浆和砌块的腐蚀等损伤，其中砌筑砂浆粉化最普遍。砌筑砂浆是砖砌体结构重要组成部分，它的作用是将单个块体连接成整体，因此砌筑砂浆粉化将对整个砖砌体结构产生直接影响。砌筑砂浆粉化的实质是砂浆与砖砌体的线膨胀系数不同，在风力、日照等自然外力侵蚀下，两者变形不同导致砂浆发生组织解体，砂浆粉化通常发生于砂子和胶凝材料的界面，这也是砂浆最薄弱的部位。砌筑砂浆粉化发生后，会逐渐丧失强度，不能起到有效的黏结作用。当砌筑砂浆出现剥落后，块体之间的缝隙随之增大，降低了结构的隔热、防水、抗冻性能。

砌筑砂浆发生粉化的同时还会发生碳化现象。碳化是指水泥石中的水化产物与环境中的二氧化碳作用，生成碳酸钙及其他物质的现象。这是一个极其复杂的多相物理化学过程。砌筑砂浆中普通硅酸盐水泥的主要矿物成分有硅酸三钙、硅酸二钙、铝酸三钙、铁铝酸四钙及石膏等。其水化产物为氢氧化钙（约占25%）、水化硅酸钙（约占60%）、水化铝酸钙等，充分水化后，砌筑砂浆空隙水溶液为氢氧化钙饱和溶液，其pH为12～13，呈强碱性。在水泥水化过程中，由于化学收缩、自由水蒸发等多种原因，在砂浆内部存在大小不同的毛细管、空隙、气泡等，大气中的二氧化碳通过这些空隙向砂浆内部扩散，并溶解于空隙内的液相，在空隙溶液中与水泥水化过程中产生的可碳化物质发生碳化反应，生成碳酸钙。

砌筑砂浆碳化的主要化学反应如下：

$$CO_2+H_2O\rightarrow H_2CO_3$$

$$Ca(OH)_2+H_2CO_3\rightarrow CaCO_3+2H_2O$$

$$3CaO\cdot 2SiO_2\cdot 3H_2O\rightarrow 3CaCO_3+2SiO_2+6H_2O$$

$$2CaO\cdot SiO_2\cdot 4H_2O\rightarrow 2CaCO_3+SiO_2+6H_2O$$

2.2.2 砌体结构裂缝

1. 地基不均匀沉降

地基不均匀变形引起裂缝较常见。这类裂缝与工程地质条件、基础构造、上部结构刚度、建筑体形以及材料和施工质量等因素有关。常见裂缝有以下几种类型：

（1）斜裂缝：这是最常见的一种裂缝。建筑物中间沉降大，两端沉降小（正向挠曲），墙上出现八字形裂缝，反之则出现倒八字形裂缝，如图2.2.1所示。多数裂缝通过窗对角，在紧靠窗口处裂缝较宽。在等高长条形房屋中，两端比中间裂缝多。这种斜裂缝的主要原因是：地基不均匀变形，使墙身受到较大的剪切应力，造成了砌体的主拉应力破坏。

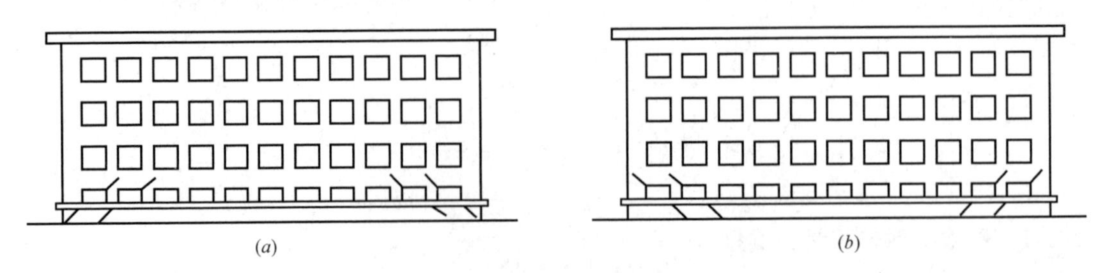

图2.2.1 地基不均匀沉降引起的裂缝

(2) 窗间墙上水平裂缝：这种裂缝一般成对地出现在窗间墙的上下对角处，沉降大的一边裂缝在下，沉降小的一边裂缝在上，靠窗口处裂缝较宽。裂缝的主要原因是地基不均匀沉降，使窗间墙受到较大的水平剪力。

(3) 竖向裂缝：这种裂缝一般产生在纵墙顶部或底层窗台墙上。墙顶竖向裂缝多数是建筑物反向挠曲，使墙顶受拉而开裂。底层窗台上的裂缝，多数是由于窗口过大，窗台墙起了反梁作用。两种竖向裂缝都是上面宽，向下逐渐缩小。

(4) 单层厂房与生活间连接墙处的水平裂缝：多数是温度变形造成，但也有的是地基不均匀沉降，使墙身受到较大的来自屋面板水平推力而产生的裂缝。

(5) 底层墙的水平裂缝：这类裂缝比较少见，主要原因是地基局部陷落。

以上各种裂缝出现在建筑物建成后不久，裂缝的严重程度随着时间逐渐发展，也有少数工程施工中发生地基明显不均匀下沉而造成墙体裂缝，严重时甚至无法继续施工。

2. 结构受力

砖砌体受力后开裂的主要特征是：一般轴心受压或小偏心受压的墙、柱裂缝方向是垂直的；在大偏心受压时，可能出现水平方向裂缝。裂缝位置常在墙、柱下部 1/3 位置，上下两端除了局部承压强度不够外，一般很少有裂缝，裂缝宽度 0.1～0.3mm，中间宽，两端细。通常在楼盖（屋盖）支撑拆除后立即可见裂缝，也有少数在使用荷载突然增加时开裂。由于结构局部承压能力不够也可能出现裂缝，其特征与上述类似。砖砌体受力后产生裂缝的原因比较复杂，断面过小，稳定性不够，结构构造不良，砖及砂浆强度等级低等均可能引起开裂。

3. 温度变形

由于温度变化引起砖墙、砖柱开裂的情况较普遍，如图 2.2.2 所示。最典型的是位于房屋顶层墙上的八字形裂缝，其他还有女儿墙裂缝，女儿墙根部的水平裂缝，沿窗边（或楼梯间）贯穿整个房屋的竖直裂缝，墙面局部的竖直裂缝，单层厂房与生活间连接处的水平裂缝，以及较空敞高大房间窗口上下水平裂缝等。温度收缩裂缝产生的主要原因如下：砖混建筑由砖墙、钢筋混凝土楼盖和屋盖组成，单层厂房与多层框架大多数是由钢筋混凝土结构与砖墙组成。当环境温度变化或材料收缩时，两种材料的膨胀系数和收缩率不同，因此将产生各自不同的变形。当建筑物一部分结构发生变形，而又受到另一部分结构的约束时，其必然在结构内部产生应力。当温度升高时，钢筋混凝土变形大于砖，砖墙阻碍屋盖（或楼盖）伸长，因此在屋盖（楼盖）中产生压应力，在墙体中引起拉应力和剪应力。当墙体中的主拉应力超过砌体的抗拉能力时，就会在墙中产生斜裂缝（八字形缝）。女儿墙角与根部的裂缝也是屋盖的温度变形引起的。贯穿的竖直裂缝发生原因往往是房屋太长或伸缩缝间距太大。单层厂房在生活间处的水平裂缝除了少数是地基不均匀下沉造成外，

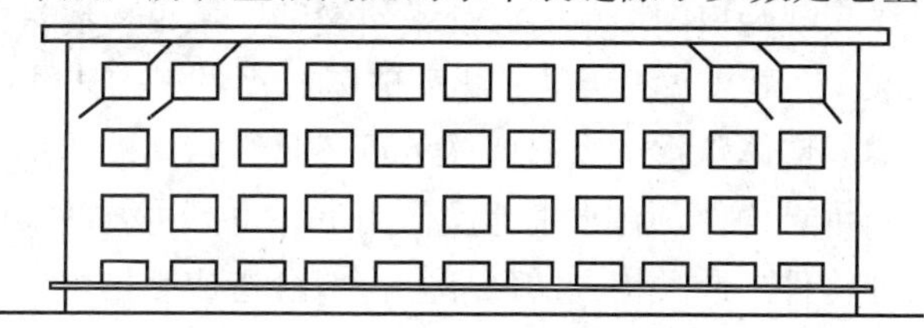

图 2.2.2 温度变化引起的裂缝

主要是由于屋面板在阳光曝晒下，温度升高而伸长，砖墙受到较大的水平推力。

4. 建筑构造

建筑构造不合理也能造成砖墙裂缝，最常见的是在扩建工程中，新旧建筑砖墙如果没有适当的构造措施而砌成整体，在新旧墙结合处往往发生裂缝。圈梁不封闭，变形缝设置不当等均可能造成砖墙局部裂缝。

5. 施工质量

在砖墙砌筑时由于组砌方法不合理，重缝、通缝多等施工质量问题，在混水墙往往出现无规则的较宽裂缝。另外，留置脚手眼的位置不当、断砖集中使用、砖砌中砂浆不饱满等也易形成裂缝。

6. 相邻建筑的影响

在已有建筑邻近新盖多层、高层建筑的施工中，开挖排水、人工降低地下水位、打桩等都可影响原有建筑地基基础和上部结构，从而造成砖墙开裂，如图 2.2.3 所示。另外因新建工程的荷载造成旧建筑地基应力和变形加大，使旧建筑产生新的不均匀沉降，造成砖墙等处产生裂缝。

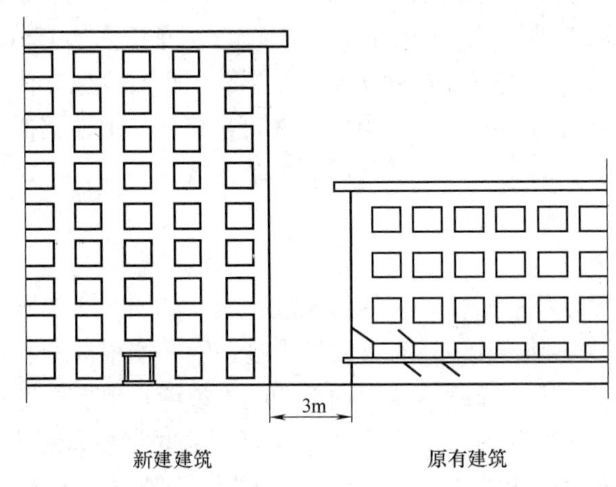

图 2.2.3　相邻建筑物引起的裂缝

2.2.3　砌体结构偶然作用下的损伤与机理

1. 地震作用

砌体结构在地震作用下的破坏大体可以分为以下几种情况：

(1) 窗间墙或承重横墙剪切破坏

此类破坏形式具体表现为窗间墙单向或交叉斜裂缝，承重横墙贯通整个墙体的斜裂缝和交叉裂缝，如图 2.2.4、图 2.2.5 所示。此类破坏形式对于砌体结构建筑整体抗震性能影响较大，无论对于横向墙体承重、纵向墙体承重还是纵横向墙体均承重的结构，窗间墙和横墙均是主要的竖向承重构件，在水平地震作用下，也是主要的横向抗剪构件，其作用就如同框架结构中的柱构件。此类构件的破坏，一般会造成结构整体安全性能的丧失，严重的情况便是：墙倒→板坠→楼倒。

造成此类破坏形式的主要原因是：大开间、大开窗。对于横向承重墙体，单片墙体的跨度过大，刚度大，变形能力小，在高烈度地区极易受到严重破坏。

另外，圈梁、构造柱设置不合理也是此类破坏的一大原因。构造柱、圈梁作为砌体的约束构件可以提高墙体延性。圈梁与构造柱的共同设置，可形成较好的封闭约束框架，以约束砌体墙体，使砌体结构的变形能力和延性大为提高，降低砌体结构脆性的特点，可避免砌体结构在地震作用下发生突然破坏，从而提高墙体的抗震能力和承载力。

图 2.2.4　窗间墙交叉裂缝破坏

图 2.2.5　横墙剪切破坏

构造柱对砌体结构墙体有显著的约束作用，墙体裂缝贯通达到本身的承载能力后，构造柱的裂缝才开始发展，两者的极限承载能力不同时达到。当构造柱达到极限时，墙体进入摩擦抗剪状态。构造柱的存在能使开裂墙体维持较大位移而荷载下降不多。在地震反复作用下，构造柱与墙体产生摩擦，耗散地震能量，这就是共同作用的重要体现。因此构造柱设置不合理或者不设置的情况下，易发生窗间墙的剪切破坏。

图 2.2.6　窗肚墙剪切破坏

(2) 窗肚墙的剪切破坏

由于窗肚墙属薄弱区，在地震作用下易发生斜裂缝或交叉裂缝的剪切破坏，如图 2.2.6 所示。其破坏程度一般从底层至顶层依次减轻，窗肚墙可看作为类似框架结构中的“梁”，在地震作用下，窗肚墙开裂破坏，耗散地震能量，而使砌体结构整体不倒，从而保证砌体结构在大震、罕遇地震作用下坏而不倒。因此，在大地震来临，结构破坏不可避免的情况下，使破坏尽量产生在对结构整体性影响相对较小的窗肚墙，而使对结构整体性影响较大的窗间墙或承重横墙尽量不产生破坏或者只产生小破坏。

(3) 窗间墙的弯曲破坏

其破坏具体表现为窗间墙在承重梁底部出现明显水平裂缝，如图 2.2.7 所示。该类水平裂缝多发生在具有大横墙间距的学校教室，由于大多数教室的横墙间距大，楼板荷载向基础的传递分别通过教室两端的横墙和教室中部的梁到窗间纵墙然后到基础，横墙对横墙之间楼板的侧向变形约束减弱，在水平地震作用下，由于承担教室中部大梁的窗间纵墙墙

图 2.2.7　窗间墙弯曲破坏

段抗平面外变形能力很低，楼板连同开间大梁发生明显横向变形，导致窗间纵墙在大梁底部截面产生明显水平弯曲裂缝，地震作用超过其抗侧力能力时，将直接导致墙体平面外失稳，引起结构局部乃至整体垮塌。

2. 火灾作用

砌体结构是由块材和砂浆两种材料结合而成，其房屋的抗火灾性能远不如混凝土结构。在我国，目前砌体房屋中大量使用的块材仍然是实心黏土砖和混凝土砌块。黏土砖具有较好的稳定性和抗火灾的能力，但其抗震和抗爆的能力却很弱；混凝土砌块结构的抗火灾性能与混凝土结构相近。砌体房屋在未受灾害荷载作用时，砂浆在砌体内部一般不易碳化，表现出较稳定的特性；一旦遭遇灾害，砌体结构内部块材和砂浆的性能发生改变，这时砂浆的抗灾性能则决定了砌体房屋的抗灾性能。

以砖为块材的砌体房屋，在常温及正常高温的情况下，砂浆有较好的密集性，砖和砂浆两种材料间的黏结作用较大，在火灾发生时，在火灾温度作用下砖和砂浆的材料性能发生变化，导致砌体强度损失。砂浆的弹性模量比砖的弹性模量小，热膨胀比砖大，故砂浆在高温受压时产生的横向变形比砖大，此时砂浆和砖之间的黏结作用增大了砖块的横向受拉使砌体产生竖向裂缝。随着温度升高，砂浆开始疏松，强度下降较快，砂浆产生的脱水和相应的化学变化降低了它对砖的黏结约束作用，减小了由于砌体竖向受压而产生的横向拉应力，改变了砌体的内部结构。混凝土砌块受火灾作用时，表面受火处温度升高较快，而内部温度升高较慢，二者间的温差会引起墙体开裂，温差导致混凝土砌块中应力集中并出现微裂缝，从而使混凝土砌块强度、弹性模量及塑性降低。火灾时由于砌体温度的不均匀，在整体结构内产生温度应力，结构构件之间约束越大，温度应力也越大，对结构的损伤也越大。

2.3　钢结构损伤类型与机理

2.3.1　钢材材料缺陷常见类型

1. 钢材的脆性断裂

钢材或钢结构的脆性断裂是指应力低于钢材抗拉强度或屈服强度情况下发生突然断裂的破坏。钢结构尤其是焊接结构，由于钢材、加工制造、焊接等质量和构造上的原因，往往存在类似于裂纹的缺陷。脆性断裂大多是因这些缺陷发展以致裂纹失稳扩展而发生的，当裂纹缓慢扩展到一定程度后，断裂即以极高速度扩展，脆断前无任何预兆，如图 2.3.1 所示。

钢结构脆性断裂破坏往往是多种不利因素综合影响的结果，主要是以下几方面：

（1）钢材质量

钢材质量差、厚度大：钢材的碳、硫、磷、氧、氮等元素含量过高，晶粒较粗，夹杂物等冶金缺陷严重，韧性差等；较厚的钢材辊轧次数较少，材质差、韧性低，可能存在较多的冶金缺陷。

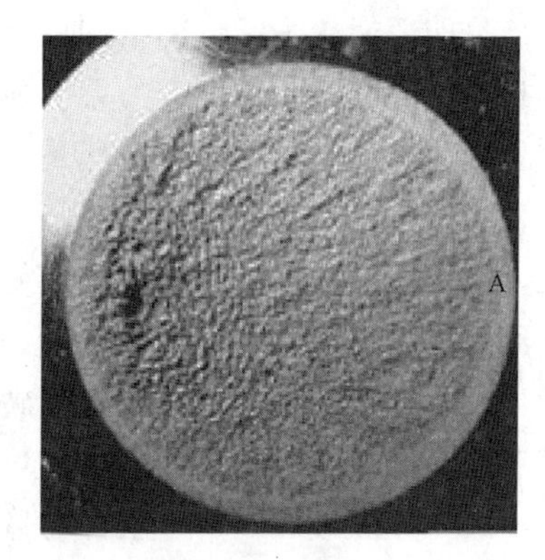

图 2.3.1　脆性断裂

（2）荷载作用

结构受到较大动力荷载或反复荷载作用：荷载在结构上作用速度很快时（如吊车行进时由于轨缝处高差而造成对吊车梁的冲击作用和地震作用等），材料的应力-应变特性要发生很大改变。随着加荷速度增大，屈服点提高而韧性降低，特别是与缺陷、应力集中、低温等因素同时作用时，材料的脆性将显著增加。

（3）结构构造

结构或构件构造不合理：孔洞、缺口、截面急剧改变或布置不当等使应力集中严重。

（4）温度影响

在较低环境温度下工作：当温度从常温开始下降时，材料的缺口韧性随之降低，材料逐渐变脆，这种性质称为低温冷脆。不同的钢种，向脆性转化的温度并不相同。同一种材料，也会由于缺口形状的尖锐程度不同，而在不同温度下发生脆性断裂。所以，这里所说的“低温”并没有固定的界限。

（5）制造安装

制造安装质量差：焊接、安装工艺不合理，焊缝交错，焊接缺陷大，残余应力严重；冷加工引起的应变硬化和随后出现的应变时效使钢材变脆。

2. *钢材的疲劳破坏*

在循环荷载（连续反复荷载）作用下，经过有限次循环，钢材发生破坏的现象，称为疲劳，如图 2.3.2 所示。疲劳破坏是损伤积累的结果，即由于钢材内部存在缺陷造成应力集中，循环荷载作用下微观裂纹不断发展形成宏观裂纹引起钢材断裂。钢材的疲劳破坏属于脆性破坏，破坏时截面平均应力小于钢材的屈服强度。

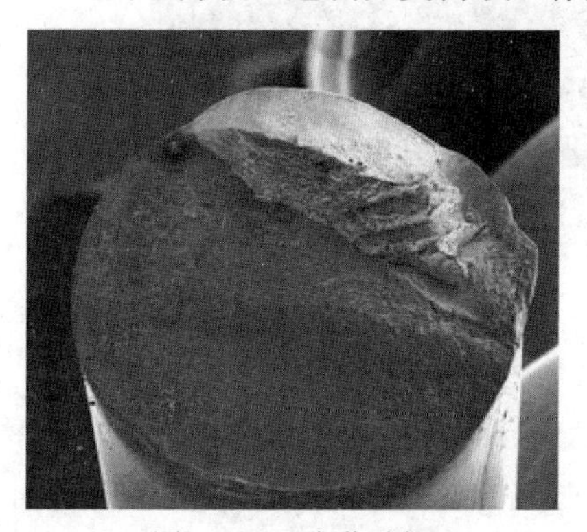

图 2.3.2　疲劳破坏

疲劳破坏会经历三个阶段：裂纹的形成、裂纹的缓慢扩展和裂纹的迅速发展。对于钢结构，实际上只有后两个阶段，因为在钢材生产和结构制造等过程中，不可避免地在结构的某些部位存在局部微小缺陷，这些缺陷本身就起着裂纹的作用。疲劳破坏的起点多数在构件的表面，非焊接构件表面上的刻痕、轧钢皮的凹凸、轧钢缺陷和分层及制造时的冲孔、剪边、火焰切割带来的毛边和裂纹，都是裂纹可能出现的地方。

钢材的疲劳破坏首先是由于钢材内部结构不均匀和应力分布不均匀所引起的。应力集中可以使个别晶粒很快出现塑性变形及硬化，从而大大降低钢材的疲劳强度。对于承受连续反复荷载的结构，设计时必须考虑钢材的疲劳问题。

目前普遍认为影响钢结构疲劳破坏的主要因素是应力幅、构造细节和循环次数，而与钢材的静力强度和最大应力无明显关系，对焊接钢结构该观点尤其正确。

疲劳破坏与静力强度破坏是截然不同的两个概念。疲劳破坏与塑性破坏、脆性破坏相比，具有以下特点：

(1) 疲劳破坏是钢结构在反复交变动载作用下的破坏形式，而塑性破坏和脆性破坏是钢结构在静载作用下的破坏形式。

(2) 疲劳破坏虽然具有脆性破坏特征，但不完全相同。疲劳破坏经历了裂缝起始、扩展和断裂的漫长过程，而脆性破坏往往是无任何先兆的情况下瞬间发生。

(3) 疲劳破坏断口一般分为疲劳区和瞬断区。疲劳区记载了裂缝扩展和闭合的过程，颜色发暗，表面有较清楚的疲劳纹理，呈沙滩状或波纹状。瞬断区真实反映了当构件截面因裂缝扩展削弱到一临界尺寸时脆性断裂的特点，且瞬断区晶粒粗亮。

2.3.2 钢结构稳定性问题

1. 钢结构稳定性

钢结构因具有自重轻、强度高、工业化程度高等优点，在建筑工程中得到了广泛的应用，如图 2.3.3 所示。另一方面，因其结构失稳破坏造成的人员伤亡、财产损失的事故案例也常有耳闻，通常失稳破坏的原因是结构设计缺陷。

图 2.3.3 钢结构

2. 影响结构整体稳定性的主要原因

(1) 构件设计的整体稳定不满足。影响构件整体稳定最主要的因素是长细比 λ，即构件的计算长度与截面回转半径之比。应注意截面两个主轴方向的计算长度可能有所不同，以及构件两端实际支承情况与采用的理想支承情况间的差别。

(2) 构件的各类初始缺陷。在构件的稳定分析中，各类初始缺陷对其极限承载力的影响比较显著。这些初始缺陷主要包括：初弯曲、初偏心（轴压构件）、热轧和冷加工产生的残余应力和残余变形及其分布、焊接残余应力和残余变形等。

(3) 构件受力条件的改变。钢结构使用荷载和使用条件的改变，如超载、节点的破坏、温度的变化、基础的不均匀沉降、意外的冲击荷载、结构加固过程中计算简图的改变等，引起受压构件应力增加或使受拉构件转变为受压构件，从而导致构件整体失稳。

（4）施工临时支撑体系不够。在结构的安装过程中，由于结构并未完全形成一个设计要求的受力整体或其整体刚度较弱，因而需要设置一些临时支撑体系来维持结构或构件的整体稳定。若临时支撑体系不完善，轻则会使部分构件丧失整体稳定，重则造成整个结构的倒塌或倾覆。空旷的单层工业厂房在这方面的问题比较突出。目前解决单层工业厂房结构稳定问题的方法主要是设置支撑。设置支撑后，整个厂房的结构构件形成整体，像一个大的网架，大大增加了结构抵抗侧向作用（如风、吊车制动、地震作用等）的能力。

3. 导致构件局部失稳的主要原因

（1）构件局部稳定的不满足。在钢结构构件，特别是组合截面构件的设计中，当规范规定的构件局部稳定的要求不满足时，如工形、槽形等截面的翼缘的宽厚比和腹板的高厚比大于限值等，易发生局部失稳。而从节约钢材的角度出发，其腹板应尽量取薄一点，并通过设置加劲肋的方法进行局部加强。加劲肋的布置和构造应合理、经济。

（2）局部受力部位加劲构造措施不合理。当在构件的局部受力部位，如支座、较大集中荷载作用点，未设支承加劲肋，使外力直接传给较薄的腹板而产生局部失稳。如构件运输单元的两端以及较长构件的中间没有设置横隔，截面的几何形状难以承受荷载而丧失局部稳定性。

（3）吊装时吊点位置选择不当。在吊装过程中，由于吊点位置选择不当会造成构件局部较大的压应力，从而导致局部失稳。所以钢结构在设计时，图纸中应详细说明正确的起吊方法和吊点位置。对于存有这类问题隐患构件，一般应遵循减小构件长细比的原则。而减小长细比通常有两种方法，其一是减小构件的计算长度，其二是增大构件的截面面积。此外，对于钢柱还可以用外包混凝土或钢筋混凝土的方法提高柱的截面惯性矩，对于内空的封闭钢柱也可以采用内部填充混凝土的处理方法。这几种方法都可以增加构件刚度和提高稳定性能。

2.3.3 钢结构连接损伤

1. 焊接连接

（1）热影响区母材的塑性、韧性降低；钢材硬化、变脆和开裂；

（2）焊接残余应力和残余应变；

（3）各种焊接缺陷，如裂纹、气孔、夹渣、焊瘤、烧穿、弧坑、咬边、未熔合和未焊；

（4）焊接带来的应力集中等。

2. 铆钉连接

（1）铆钉孔引起构件截面削弱；

（2）铆合质量差，铆钉松动；

（3）铆合温度过高，引起局部钢材硬化；

（4）构件间紧密度不够等。

3. 螺栓连接

（1）螺栓孔引起构件截面削弱；

（2）对于普通螺栓连接在长期动荷载作用下的螺栓松动；

（3）对于高强度螺栓连接预应力松弛引起的滑移变形；

（4）螺栓及其附件钢材质量不符合设计要求。

2.3.4 钢结构偶然作用下的损伤与机理

1. 地震作用

从抗震性能上来看，钢材具有轻质高强的特性，可减轻结构的自重，从而减轻结构所受地震作用；并且材质均匀，强度易于保证，因此结构的可靠性大；此外，钢材的延性好，使结构具有很大的变形能力，即使在很大的变形下仍不倒塌，从而保证结构的安全性。所以说钢材是一种很适宜建造抗震结构的材料。

但是，对于高层钢结构来说，如果设计和制造不当，在地震作用下，仍然有可能会发生构件失稳、材料脆性破坏以及连接破坏，使得钢结构的优良特性无法充分发挥，失去其较高的承载力和延性。根据以往的震害记录表明，钢结构较少出现倒塌破坏的情况，主要震害表现为构件破坏、节点破坏、基础连接破坏等。其中，构件破坏主要有翼缘屈曲、腹板屈曲和裂缝、截面扭转屈曲等破坏形式。框架梁或柱的局部屈曲是因为梁或柱在地震作用下反复受弯，以及构件的截面尺寸和局部构造（如长细比、板件宽厚比）设计不合理；柱的水平断裂是因为地震动造成的倾覆拉力较大、动应变速率较高、材性变脆。支撑的破坏形式主要是轴向受压失稳。其主要原因是支撑构件为结构提供了较大的侧向刚度，当地震烈度较大时，承受的轴向力（反复拉压）增加，如果支撑的长度、局部加劲板构造与主体结构的连接构造等出现问题，就会出现破坏或失稳。节点破坏是地震中发生最多的一种破坏形式，由于节点传力集中、构造复杂、施工难度大，容易造成应力集中、强度不均衡现象，再加上可能出现的焊缝缺陷、构造缺陷，就更容易发生节点破坏。节点域的破坏形式比较复杂，主要有加劲板的屈曲和开裂、加劲板焊缝出现裂缝、腹板的屈曲和裂缝。

2. 火灾作用

钢材在火灾中升温迅速（表 2.3.1），故无防火保护的钢构件在火灾中很容易被破坏。因此，钢结构抗火设计的一般要求是：如何定量地确定防火保护措施，使得钢结构构件的耐火时间大于或等于规定的耐火极限。

ISO 834 标准升温曲线温度时间关系 **表 2.3.1**

时间（min）	0	5	10	15	30	60	90	120	180	240	360
温度 $T_g \sim T_0$（℃）	0	556	659	718	821	925	986	1029	1090	1133	1193

钢材的力学性能对温度变化很敏感。当温度升高时，钢材的屈服强度 $\sigma_{0.2}$、抗拉强度 σ_b 和弹性模量 E 的总趋势是降低的。当温度在 250℃时钢材的抗拉强度反而有较大提高，而塑性和冲击韧性下降，出现“蓝脆现象”；当温度超过 300℃时，钢材的 $\sigma_{0.2}$、σ_b、E 开始显著下降，而变形显著增大，钢材产生徐变；当温度超过 400℃时，强度和弹性模量都急剧下降；达到 600℃时其承载力几乎完全丧失。因此我们说钢材耐热而不耐火。

火灾下，热空气向构件传热主要通过辐射、对流，而固体构件内部的传热则是热传导。随着温度的不断升高，钢材的物理特性和力学性能发生变化，钢结构的承载能力下降。火灾中钢结构的最终失效是由构件的屈服或屈曲造成的。钢结构具有典型的热胀冷缩特性，高温受热后急剧变形，很短的时间内承载能力和支撑力都将下降，但当遇到水流冲击，如灭火或是防御冷却时，钢结构会急剧收缩，转瞬间即形成收缩拉力，破坏建筑结构的整体稳定性，造成坍塌。

钢材在火灾中失效还受到各种因素的影响，如钢材的种类、规格、荷载水平、温度高低、升温速率、高温蠕变等。

2.4 地基基础损伤类型与机理

2.4.1 地基基础损伤机理

支承建筑物上部结构荷载的土体或岩体称为地基，建筑物向地基传递荷载的下部结构叫作基础。通常建筑物的地基可分为天然地基和人工地基两大类：不加处理就能够满足建筑物对地基要求的地基，称为天然地基；需进行处理（例如换土垫层、机械夯实、土桩挤密、堆载预压等方法）才能够满足建筑物对地基要求的地基，叫作人工地基。基础分类方法很多，按基础埋置深度可分为浅埋基础和深埋基础；按基础变形特性可分为柔性基础和刚性基础；按基础形式可分为独立基础、联合基础、条形基础、筏形基础、箱形基础、桩基础、地下连续墙基础等。地基基础是建筑物的重要组成部分，属于地下隐蔽工程，它的勘察、设计和施工质量直接关系着建筑物的安危。建筑工程事故的发生，很多与地基基础损伤有关，而且地基基础事故一旦发生，补救难度较大。为保证建筑物的安全性和满足正常使用要求，地基基础设计必须满足两个基本要求：①工程结构在各类荷载的组合作用下，作用于地基上的设计荷载不超过地基承载力设计值，土体应满足整体稳定要求，不产生滑动破坏；②建筑物基础沉降不超过地基变形允许值，保证建筑物不因地基变形发生损坏或影响正常使用。

地基与基础工程事故主要是由于勘察设计、施工不当或使用环境改变而引起的。其最终反映是建筑物产生过量的沉降或不均匀沉降，上部结构出现裂缝或整体倾斜，削弱和破坏了结构的整体性和耐久性，并影响建筑物的正常使用，严重时可能导致地基失稳破坏，引起建筑物倒塌，如图 2.4.1 所示。

2.4.2 地基失稳

1. 地基失稳的机理

试验研究和工程实践均表明，在局部荷载作用下，地基承载力的破坏形式主要有三种。对于压缩性较小的密实砂土和坚硬黏土，当地基发生整体剪切破坏时，在地基中从基础的一侧到另一侧形成连续滑动面，基础四周的地面明显隆起，基础倾斜，甚至倒塌，这种破坏形式称为整体剪切破坏，如图 2.4.2 所示。压缩性较大的松砂和软黏土地基的破坏是基础下面软弱土的变形使基础连续下沉，产生过量的沉降，破坏时基础切入土中，地基中没有滑动面，基础四周面也不隆起，基础不发生很大的倾斜更不会倒塌，称为冲切剪切破坏，如图 2.4.3 所示。此外，还有一种介于整体剪切破坏和冲切剪切破坏之间的破坏形式，它类似于整体剪切破坏，滑动面从基础一边开始，终止于地基中的某点，只有当基础发生相当大的竖向位移时，滑动面才发展到地面，破坏时基础四周地面略有隆起，但基础

图 2.4.1　上海莲花河畔景苑小区 13 层楼房倒塌事故

不会明显倾斜或倒塌，称为局部剪切破坏。

地基破坏形式与地基土层分布、基础埋深、加荷速率等因素有关，当基础埋置较浅，荷载为缓慢施加的恒载时，将趋于形成整体剪切破坏；当基础埋置较深，荷载施加速率较快或受冲击荷载作用，则趋于形成冲切剪切破坏和局部剪切破坏。

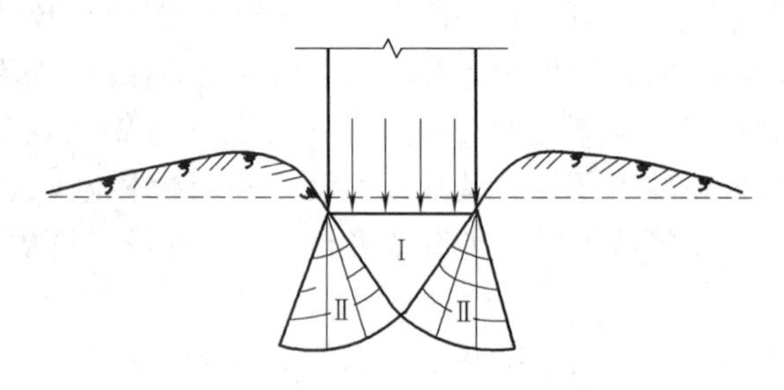

图 2.4.2　地基整体剪切破坏

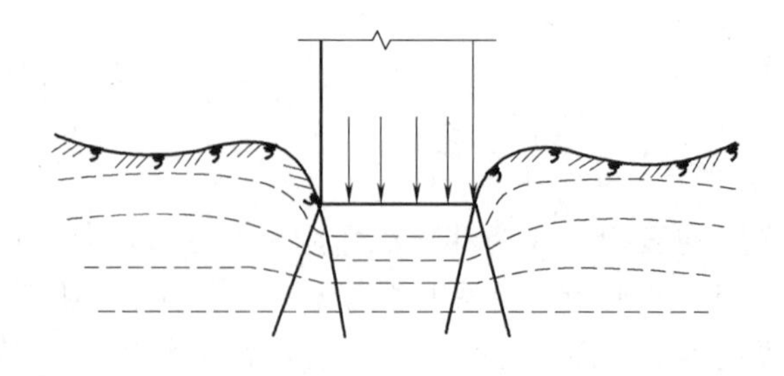

图 2.4.3　地基冲切剪切破坏

2. 地基失稳的危害

地基失稳造成的工程事故在建筑工程中较少见，在道路工程和堤坝工程中相对较多，这与工程设计中安全度控制有关。建筑工程对地基变形要求较严，地基稳定安全储备大，地基失稳事故很少发生，但是地基失稳一旦发，后果常常十分严重，有时甚至是灾难性的。

2.4.3 土坡失稳

1. 土坡失稳的机理

在土坡上或土坡顶和土坡趾附近的建筑物会因土坡滑动产生破坏。土坡失稳是指土坡沿某一滑动面向下和向外产生滑动而丧失其稳定性。土坡失稳滑动主要是受外界不利因素影响，土体内剪应力增加及抗剪强度降低，一般有以下几种原因：

（1）土体内剪应力增加：在土坡上建造房屋或堆放重物增加了土坡上作用的荷载；雨季中土的含水量增加使土的自重增加；由于打桩、爆破、地震等原因引起振动改变了土体原来的平衡状态。

（2）土的抗剪强度降低：气候变化使土质变松；黏土夹层因水浸湿而发生润滑作用；长时间下雨后土中渗流时产生动水力。

（3）静水力作用：雨水或地面水流入土坡中的竖向裂缝，对土坡产生侧向压力，从而促使土坡滑动。

2. 土坡失稳的危害

当土体中剪应力超过土的抗剪强度时，土坡就失去稳定发生滑动，土坡发生滑动可能是缓慢进行，也可能是突然发生；滑动的土体小则数千、数万立方米，大则数百万立方米；滑动的速率可达每秒几米甚至每秒几十米。土坡失稳不仅危及边坡上的建筑物，而且危及坡顶和坡脚附近的建筑物安全。根据建筑物位于土坡位置的不同，土坡滑动对工程结构的危害大致可分为三种情况：

（1）建筑物建于边坡顶部时，由于土坡作用荷载发生变化或其他不利因素影响，从顶部沿滑动面形成滑坡，往往是上部先行滑动，推动下部一起滑动。轻则导致地基不均匀沉降，房屋开裂或倾斜；重则会使地基丧失承载力，房屋发生倒塌。

（2）建筑物建于斜坡上时，在某些外界不利因素作用下，建筑物下的土体沿某一层面发生滑动，基础将会移位和倾斜，从而使得上部结构发生倾斜，甚至破坏。某工程1954年建于江岸边的一个古滑坡体上，由于江水冲刷坡脚，以及工厂投产后排水和堆放荷载的影响，先后在古滑坡体上发生了10个新的滑坡，严重影响该厂正常生产，整治滑坡花费了大量的人力、物力。

（3）建筑物建于坡脚时，土体滑动形成推力，将会冲垮甚至吞没坡脚下的建筑物，带来灾难性后果。1972年6月中国香港地区连降暴雨，山坡土体受雨水浸湿，下滑力增大。7月18日晨，数万立方米的土体从土坡下滑，将坡脚的一栋大厦冲倒，并造成120余人死亡，酿成大灾。

2.4.4 软弱地基

1. 软弱地基破坏机理

软土具有抗剪强度较低、压缩性较高、透水性小等特性，地基变形是软土地基的主要问题，具体表现为建筑物沉降量大而不均匀，沉降速率大以及沉降稳定历时较长。在软土地基上修建建筑物，如果不进行地基处理，当建筑物荷载较大时，软土地基就有可能出现局部剪切甚至整体滑动。此外，软土地基上建筑物的沉降和不均匀沉降较大，沉降稳定历时较长，会造成建筑物开裂或严重影响使用。

土地基上建筑物沉降通常较大，观测资料统计表明，一般三层房屋沉降量为150～200mm，四层以上变化范围较大，沉降量在200～500mm，其中五、六层房屋沉降量有时大于600mm。对于有吊车的一般工业厂房，其沉降量在200mm左右，而大型构筑物，如水池、料仓、储气柜、油罐等，沉降量一般都大于50mm，有的甚至超过100mm。建筑物均匀沉降对上部结构影响不大，但沉降过大，可能造成室内地坪低于室外地坪，引起雨水倒灌、管道断裂等问题。上海锦江饭店老楼，地基位于深厚淤泥质土上，建筑物累计沉降量达1500mm，一层房间变成半地下室，原先进入饭店要上几个台阶，现在室内地坪比室外地坪反而低5个台阶。此栋房屋虽然地基下沉，但沉降较为均匀，再加上上部结构整体刚度较好，未发现墙体开裂，仍可继续使用。

上部结构荷载差异大，结构体型复杂以及土层均匀性较差时，会引起很大不均匀沉降，沉降差有可能超过总沉降量的50%。某市一栋六层住宅楼，砌体结构，平面长4.84m，宽9.78m，高18.45m，该楼建造在土质不均匀的地基上，地基软弱下卧层厚度变化较大，房屋西侧墙下软黏土厚4.20m，而东侧墙下软黏土厚16.80m，房屋建成后产生不均匀沉降，最大沉降差达210mm，导致房屋墙体开裂，整体倾斜，只得拆除重建。

沉降速率大是软土地基又一特点，如果作用在地基上的荷载较大，加荷速率过快则可能出现等速沉降或加速沉降现象。施工加荷速率对软土地基的变形和强度影响是比较显著的，加荷速率大会使地基土产生塑性流动，从而降低地基的强度，增大了基础的沉降量，甚至使地基丧失稳定。如能控制加荷速率，使软土层逐步固结，地基强度逐步增长，便能适应荷载增长要求，同时也可降低总沉降量，防止建筑物产生局部破坏和倾斜。一般建筑工程活荷载较小时，竣工时沉降速率为0.5～15mm/d；活载较大时，最大沉降量可达40mm/d。

建造在软土地基上的建筑物沉降稳定历时较长，在比较深厚的软土层上，建筑物基础沉降往往持续数年乃至数十年之久。建筑物沉降主要是由于地基受荷后，孔隙水压力逐渐消散，有效应力不断增加，地基土发生固结作用。因为软土渗透性差，孔隙水压不易消散，从而使得建筑物沉降稳定历时较长。上海展览馆中央大厅为框架结构，箱形基础底尺寸为46.5m×46.5m，基础埋深7.27m，箱基顶面至中央大厅上部塔尖总高96.63m，地基为淤泥质软土，压缩性很大。展览馆于1954年5月动工，竣工时实测基础平均沉降量为600mm，以后沉降继续发展，30年后沉降趋向稳定，此时累计沉降量已达1800mm。

2. 不均匀沉降的危害

建筑物均匀沉降对于上部结构影响不大，不均匀沉降过大是造成建筑物倾斜和产生裂缝的主要原因。建筑物不均匀沉降对上部结构影响主要反映在以下几方面：

（1）墙体产生裂缝

地基发生不均匀沉降时，砖砌体房屋产生整体弯曲作用，从而在砌体中引起附加拉力或剪力，当附加内力超过砌体本身强度便产生裂缝。对于长高比较大的砖混结构，当中部沉降比两端大时产生八字形裂缝；当两端沉降比中部大时产生倒八字形裂缝。

（2）建筑物产生倾斜

高宽比较大的房屋，不均匀沉降将引起建筑物倾斜。某市招待所楼为六层框架结构，房屋高17.6m，宽7.8m，筏形基础，建造在高压缩性软土地基上。根据使用要求，布置外挑阳台，挑出长度1.5m，导致房屋整体重心偏离筏形基础形心，造成筏形基础不均匀沉降，整栋房屋发生倾斜。经测量筏形基础前后沉降差为135mm，房屋东倾350mm，该房屋只能拆除重建。

（3）钢筋混凝土排架柱倾斜或损伤

钢筋混凝土排架结构常因地面大面积堆载或厂房设备动力作用造成柱基偏移或倾斜。对于带顶厂房，由于刚性屋盖支撑作用，柱倾斜受阻，在柱头产生较大的附加水平力，使柱身在弯矩作用下开裂，裂缝多集中在柱底弯矩最大处或柱身变截面处。对于露天厂房，栈桥柱的倾斜不至于造成柱身损伤，但会影响吊车正常运行，引起滑车或卡轨现象。

2.4.5 湿陷性黄土地基

1. 湿陷性黄土地基破坏机理

湿陷性黄土在天然含水量下，一般强度较高，压缩性较小，受水侵蚀后，土的结构迅速破坏，强度随之降低，并发生显著的附加下沉。这种变形大速率高的湿陷，会导致建筑物产生严重变形甚至破坏。我国黄土分布很广，主要集中在西北地区，面积达63.5万km^2，其中湿陷性黄土约占3/4。黄土在天然含水量时往往具有较高的强度和较小的压缩性，在上覆土层自重压力或自重压力和建筑物附加压力共同作用下，土的结构迅速破坏，强度随之降低，并发生显著附加下沉，称为湿陷性黄土；有的黄土遇水浸湿后却并不发生湿陷，称为非湿陷性黄土。湿陷性黄土又可分为自重湿陷性和非自重湿陷性两种。自重湿陷性黄土在自重压力下受力浸湿后发生湿陷；非自重湿陷性黄土在土自重压力下受力浸湿后不发生湿陷。黄土湿陷会引起地基不均匀沉降，影响建筑物的使用和安全。因此，对于黄土地基首先应当判别它是否具有湿陷性，进而判别它是属于自重湿陷性还是非自重湿陷性，以便采取相应措施。

黄土是干旱气候条件下的沉积物，在其形成过程中，因环境干燥，土中水分不断蒸发，水中所含碳酸钙、硫酸钙等盐类在土颗粒面析出沉淀，形成胶结物。随着含水量的减少，土颗粒彼此靠近，颗粒间的分子引力以及结合水和毛细水的联结力也逐渐增大。这些因素增强了土颗粒之间抵抗滑移的能力，阻止了土体自重压密，从而形成了多孔及大孔结构。黄土受水浸湿后，水分子渗入颗粒之间，导致结合水连接消失，盐类溶于水中，骨架强度随之降低，在土自重压力或自重压力和附加压力共同作用下，土体结构迅速破坏，土颗粒向大孔滑动，骨架挤紧，发生湿陷。土的大孔性和多孔性是湿陷的内在因素，水和压力则是湿陷的外在条件，后者通过前者起作用。

2. 黄土地基湿陷变形的危害

（1）基础及上部结构开裂

黄土地基的湿陷变形往往引起建筑物大幅度沉降和较大沉降差，造成基础及上部结构开裂。西北某冶金厂建于黄土高原的沟谷地带，1974年年底建成投产，由于尾矿池水渗漏，引起区域性地下水位上升，在投产后的4年中，厂区20座建筑物和构筑物基础均出现急剧下沉，最大累计沉降量达1231mm，最大差异沉降量达625mm。不均匀沉降导致墙体地面开裂，框架梁柱歪斜，管线接头扭损，被迫停产整治。

（2）上部结构倾斜

整体刚度较大的房屋或烟囱、水塔等构筑物，当地基发生湿陷变形产生不均匀沉降时上部结构会发生倾斜。西北地区某钢筋混凝土支架水塔，建于非自重湿陷性黄土地基上，因塔底给水管渗漏，地基局部湿陷，造成塔身歪斜，顶部向南倾斜 24mm，向东倾斜 95mm。

（3）管网扭曲或折断

地基湿陷时会引起地下土层和地面变形，导致地面管道或地下管道扭曲或扭断，影响正常生产和使用。当埋置于地下的给水或排水管道折断，还会进一步加剧湿陷变形。

2.4.6 膨胀土地基

1. 膨胀土地基破坏特征

膨胀土是一种高塑性黏土，具有吸水膨胀、失水收缩的性质。这种土一般强度较高压缩性较低，多呈坚硬状态或硬塑状态，易被误认为是良好的天然地基，但由于它具有胀缩的特性，利用这种土作为地基时，如果不加处理，地基变形会使基础移位、墙体开裂、地坪隆起，给建筑物造成危害。

膨胀土黏粒成分主要由强亲水性矿物组成，其黏粒矿物成分可归纳为两类：一类以蒙脱石为主，蒙脱石具有很强的亲水性，浸湿后膨胀强烈；另一类以伊利石为主，伊利石亲水性较蒙脱石为弱，但也具有较高的亲水性。试验结果表明，黏粒主要矿物为蒙脱石时，自由膨胀率为 80%～100%；黏粒主要矿物为伊利石并含有少量蒙脱石时，自由膨胀率为 50%～80%；黏粒主要矿物为伊利石并含有少量其他矿物时，自由膨胀率为 40%～70%。一般认为土的自由膨胀率大于 80%时，应视为较强膨胀性的土；自由膨胀率低于 40%时，可看成非膨胀性土。膨胀土遇水膨胀，失水收缩，胀缩之间具有可逆性。

2. 膨胀土变形危害

膨胀土上的建筑物开裂破坏具有地区性和成群出现的特点。大部分在建筑物建成后三五年就出现裂缝，也有建成后 10～20 年才开裂的。破坏的建筑物多为 1、2 层砖木结构，因为这类房屋重量轻，整体性差，基础埋置较浅，地基土易受外界因素干扰而产生胀缩变形。

膨胀土地基上房屋墙面开裂具有特殊性，房屋墙面角端的裂缝常表现为山墙上对称或不对称的倒八字形裂缝，这是由于山墙两侧下沉量较中部大。纵墙上有水平裂缝，同时伴有墙体外倾，常见内外墙脱开现象；纵墙和内横墙还会出现斜向裂缝或交叉裂缝，这些都是土的胀缩交替变形，地基不均匀往复运动的结果。土体升降变形会导致地坪隆起、开裂，室内地坪的裂缝常与室外地面裂缝相连。在地面裂缝通过建筑物的地方，房屋墙体上出现上小下大的竖向或斜向裂缝。

2.4.7 季节性冻土地基

1. 季节性冻土地基破坏机理

季节性冻土是指冬季冻结夏季融化的土层，每年冻融交替一次。冻土地基因环境条件变化在冻结和融化过程中往往产生不均匀冻胀和融陷，过大的冻融变形将导致建筑物开裂或破坏，影响建筑物正常使用和安全。地基土的冻胀，除与当地气温条件有关外，还与土的类别和含水量有关。土的冻融主要是由于土中结合水从未冻区向冻结区转移形成的，对于含少量结合水的土，冻结过程中由于没有水分转移，土的冻胀仅是土中原有水分冻结时产生的体积膨胀，可被土的骨架冷缩抵消，实际上不呈现冻胀。碎石类土、中粗砂在天然情况下含黏土和粉土颗粒很少，不会发生冻胀，细砂在高水位的情况下只表现出轻微冻胀，冻胀一般只发生在黏性土和粉土地基中。

2. 地基冻融危害

地基冻融过程中会导致墙体开裂，裂缝形状分为斜裂缝、水平裂缝和垂直裂缝三种类型。斜裂缝主要表现为八字形和倒八字形裂缝，这是由于房屋四周冻深不同，角端冻胀较中间大，房屋两端抬起，受力状态类似于中部沉降比两端大的房屋，产生八字形裂缝。而当冻土融化时，角端沉陷较大，出现与冻胀时相反的变形，产生倒八字形裂缝。水平裂缝常沿房屋纵向出现在门窗洞口上下的横断面上，这是由于冻深沿基底分布不等，冻胀力可按三角形或梯形分布，法向冻胀力的合力与基础轴线产生偏心；同时基础两侧的冻胀力外大内小也产生一个与之同向的弯矩，导致墙体在弯矩作用下产生水平裂缝。垂直裂缝出现在内外墙连接处或外门斗与主体结构连接处，主要是各部分基础冻胀不均匀而引起的。

冬季外墙基础冻胀抬起，室内因供暖温度较高，内墙基础没有冻胀或冻胀甚微，会导致支承于外墙上的顶棚和内墙脱开，或使得楼盖整体弯曲受损。某些东西朝向的建筑物，冻融会使主体结构倾斜或倾倒，特别是围墙一类建筑，春季基础解冻时，往往向阳面先融化，而背阳面融化较晚，地基融陷不均匀导致建筑物南倾。电线杆、桥墩、塔架、管道支架等构筑物，本身重量较轻，在切向冻胀力作用下，有逐年上拔的现象。土的冻胀还会使台阶隆起，影响门的开启；使散水抬起，形成倒坡等。

思考题

1. 什么是混凝土的中性化？混凝土碳化对结构有何影响？影响混凝土碳化的主要因素有哪些？

2. 混凝土材料的质量问题体现在哪几个方面？

3. 什么是混凝土中的碱集料反应？碱集料反应的类型有哪几种？碱集料反应破坏的主要特征是什么？

4. 混凝土冻融破坏的机理是什么？冻融破坏的主要防治措施是什么？

5. 混凝土结构中的裂缝有哪几种形式？其有何危害？

6. 地震造成建筑物破坏的主要原因是什么？主要有哪几种破坏形式？

7. 钢筋混凝土框架结构震害等级分为哪几类？各自的特征是什么？

8. 什么是钢结构的脆性断裂？造成脆性断裂的主要原因有哪些？

9. 什么是钢结构的疲劳破坏？造成疲劳破坏的主要原因有哪些？

10. 钢结构连接有哪几种形式？分别给结构带来哪些问题？

11. 常见的地基或基础工程事故由哪些原因造成？

12. 简述土坡失稳的主要原因及其危害。
13. 软土地基的不均匀沉降对工程结构会造成哪些危害？
14. 什么是湿陷性黄土？其危害是什么？
15. 什么是膨胀土及其特征？其造成结构破坏的主要形式有哪几种？

第3章　建筑结构检测技术

3.1　混凝土结构检测

混凝土结构是建筑工程应用较多的工程结构类型，混凝土结构工程的检测研究较深入。混凝土结构工程现场检测可分为混凝土强度、裂缝、碳化深度、变形和钢筋的配置与锈蚀等检测工作。

3.1.1　混凝土强度检测

1. *回弹法*

回弹法的基本原理是使用回弹仪的弹击拉簧驱动仪器内的弹击重锤通过中心导杆弹击混凝土表面，并测得重锤反弹的距离，以反弹距离与弹簧初始长度之比作为回弹值R，由它与混凝土强度的相关关系来推定混凝土强度。

由于在混凝土表面进行测量，所以回弹法属于一种表面硬度法，是基于混凝土表面硬度和强度之间存在相关性而建立的一种检测方法。

回弹仪配置如图3.1.1所示。

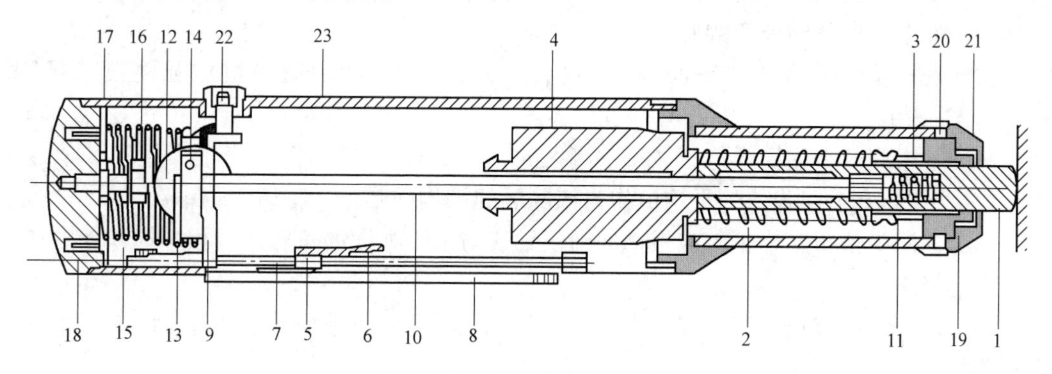

图3.1.1　回弹仪配置示意图

1—弹击杆；2—弹击拉簧；3—拉簧座；4—弹击重锤；5—指针块；6—指针片；7—指轴；8—刻度尺；9—导向阀；10—中心导杆；11—缓冲压簧；12—挂钩；13—挂钩压簧；14—挂钩子；15—压簧；16—调零螺钉；17—紧固螺母；18—尾盖；19—盖帽；20—卡环；21—密封毡圈；22—按钮；23—外壳

回弹法检测混凝土强度的步骤如下：

（1）检测准备

检测前，一般需要了解工程名称、设计单位、施工单位和建设单位名称；结构或构件名称、外形尺寸、数量及混凝土设计强度等级；水泥品种、安定性、强度等级；砂、石种类、粒径；外加剂或掺合料品种、掺量；施工时材料计量情况等，成形日期；配筋及预应力情况；结构或构件所处环境条件及存在的问题。其中以了解水泥的安定性最为重要，若水泥的安定性不合格，则不能采用回弹法检测。

（2）测区的布置

取一个结构或构件作为1个评点时，每个构件的测区数不少于10个，并尽可能均匀布置。测区最好布置在试样的两个对称的测试面，如不能满足，也可选择在一个测面上；测区应优先考虑布置在混凝土浇筑的侧面；测区必须避开位于混凝土保护层附近的钢筋或预埋铁件；测区表面应清洁、平整，干燥，不应留有残余粉末。

测试的构件必须具有一定的刚度和稳定性，对于体积小、刚度差以及测试部位厚度小于100mm的构件，应设置临时支撑加以固定。

（3）回弹值的测定

测试时，回弹仪应始终与测试面垂直，并不得打在气孔和外露石子上，每个测区的两个测面用回弹仪各弹击8点，如一个测区只有一个测面，则必须测16点，同一测点只允许弹击1次，测点应在测面范围内均匀分布，每个测点的回弹值读数准确至1mm，相邻测点的净距不小于20mm，测点距构件边缘或外露钢筋、预埋铁件的距离不得小于30mm。

（4）混凝土碳化深度的测定

用电锤或其他工具在混凝土检测位置凿孔，凿出直径12～25mm，深度约15mm的缺口（但不应小于碳化深度，否则应当加深），清除缺口中的粉末和碎屑后（不能用液体冲洗），立即用1%的酚酞乙醇溶液滴在缺口内壁的边缘处，未碳化的混凝土变为红色，已碳化的混凝土不变色，用钢尺测量不变色的深度若干次，精确到0.5mm，取其平均值。应在有代表性的位置选择测点，其数量不少于构件测区数的30%。

（5）数据处理及回弹值的修正

数据处理及回弹值的修正必须严格执行《回弹法检测混凝土抗压强度技术规程》JGJ/T 23—2011。

第一，求测区平均回弹值。从每一测区的16个回弹值中剔除3个最大值和3个最小值，取余下的10个回弹值的平均值作为该测区的平均回弹值，保留1位小数。

第二，回弹仪角度修正。应根据回弹仪轴线与水平方向的角度，按相应规程查出其修正值进行修正。

第三，浇筑面修正。当回弹仪水平方向测试混凝土浇筑顶面或底面时，应参照相关规程将测得的数据进行修正。

2. 超声波法

超声波法的原理是利用超声波穿过混凝土结构并进行波反射，依靠信号接收器和接收换能器接收检测数据，这些检测参数结果包括波幅、波速和频谱等，通过分析处理过的接收数据就可准确描绘混凝土结构的强度、结构缺陷位置、缺陷性质等。

超声波仪器如图3.1.2所示。

超声波法检测混凝土强度的步骤为：

（1）测区布置：在构件上均布画出不少于10个200mm×200mm方网格，将每个网格视为一个测区。对同批构件，抽检30%，且不少于4个，每个构件测区不少于10个。测区应布置在构件混凝土浇筑方向的侧面，侧面应清洁平整。

（2）测点布置：为使混凝土测试条件、方法尽可能与率定曲线时一致，在每个测区内布置3～5对测点。

（3）数据采集：量测每对测点之间的直线距离，即声程，采集记录对应声时。根据不同区段混凝土强度的差异，可布置多个测站，在同一测站中应布置不同的测点（比如3～5个），测区声速取其平均值。

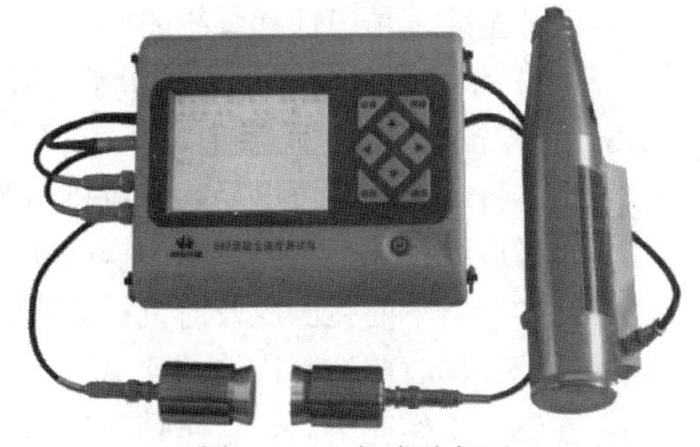

图3.1.2 超声波仪器

（4）强度推定：根据各测区超声声速检测值，按回归方程计算或查表得出对应测区混凝土强度值。

1）当按单个构件检测时，单个构件的混凝土强度推定值取该构件各测区中最小的混凝土强度换算值。

2）当按批抽样检测时，该批构件的混凝土强度推定值应按数理统计公式计算。

3）当同批测区混凝土强度换算值标准差过大时，以该批每个构件中最小的测区混凝土强度换算值的平均值和任意构件中的最小测区混凝土强度换算值为准。

4）当属同批构件按批抽样检测时，按单个构件检测：当混凝土强度等级小于或等于C20时，$S>2.45$MPa；当混凝土强度等级大于C20时，$S>5.5$MPa（S指测区混凝土强度换算值）。

3. 钻芯法

钻芯法是利用专用钻机，从结构混凝土中钻取芯样以检测混凝土强度或观察混凝土内部质量的方法。由于它对结构混凝土造成局部损伤，因此是一种半破损的现场检测手段。

图3.1.3 钻芯机

钻芯法检测混凝土强度是从混凝土结构物中钻取芯样来测定混凝土的抗压强度。当对试块抗压强度的测试结果有怀疑时，因材料、施工或养护不良而发生混凝土质量问题时，混凝土遭受冻害、火灾、化学侵蚀或其他损害时，需检测经多年使用的建筑结构或构筑物中混凝土强度时，均可采用钻芯法进行检测。当钻芯法与回弹法、超声回弹综合法等混凝土强度间接测试方法配合使用时，可用芯样抗压强度值间接方法的结果进行修正。钻芯机如图3.1.3所示。

钻芯法检测混凝土强度的步骤如下：

（1）钻机选取

钻芯机应具有足够的刚度、操作灵活、固定和移动方便，并应有水冷却系统。

钻取的芯样直径一般不宜小于集料最大粒径的3倍，构件截面较小或钢筋密度较大时可为混凝土集料粒径的2倍，检测混凝土内部缺陷时直径不受限制。

（2）钻取芯样位置的确定

1）结构或构件受力较小的部位；

2）混凝土强度质量具有代表性的部位；

3）便于钻芯机安放与操作的部位；

4）避开主筋、预埋件和管线的位置。

合理选择钻芯位置可减少测试误差、避免出现意外事故。

（3）芯样钻取

1）钻芯机就位并安放平稳后，应将钻芯机固定；

2）芯样应进行标记。当所取芯样高度和质量不能满足要求时，则应重新钻取芯样；

3）钻芯后留下的孔洞应及时进行修补；

4）钻取芯样时应控制进钻的速度；

5）在钻芯工作完毕后，应对钻芯机和芯样加工设备进行维修保养。

钻取的芯样数量应符合下列规定：

1）钻芯确定单个构件的混凝土强度推定值时，有效芯样试件的数量不应少于 3 个；对于较小构件，有效芯样试件的数量不得少于 2 个。

2）按批量检测时，标准芯样试件的最小样本量不宜小于 15 个，小直径芯样试件的最小样本量应适当增加。芯样应从检测批的结构构件中随机抽取，每个芯样应取自一个构件或结构的局部部位。

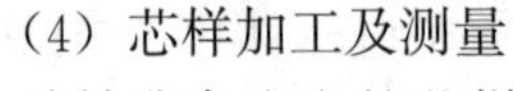

图 3.1.4　芯样

（4）芯样加工及测量

从钻孔中取出的芯样试件尺寸一般不满足要求，必须进行切割加工和断面修补后，才能够进行抗压强度试验。芯样试件测试采用直径和高度均为 100mm 的圆柱体标准试件。芯样如图 3.1.4 所示。

芯样试件内不宜含有钢筋。如不能满足此项要求时，抗压试件应符合下列要求：

1）标准芯样试件，每个试件内最多只允许有两根直径小于 10mm 的钢筋；

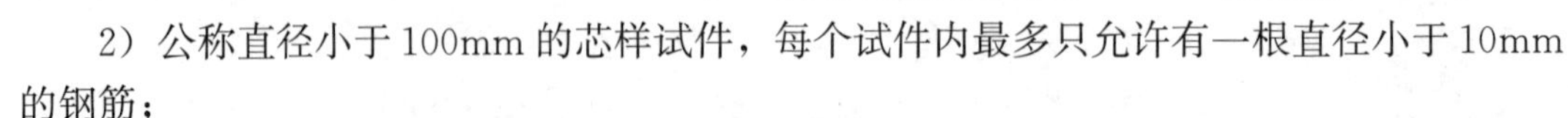

2）公称直径小于 100mm 的芯样试件，每个试件内最多只允许有一根直径小于 10mm 的钢筋；

3）芯样内的钢筋应与芯样试件的轴线基本垂直并离开端面 10mm 以上。

芯样试件尺寸偏差及外观质量超过下列数值时，相应的测试数据无效：

1）芯样试件的实际高径比（H/d）小于要求高径比的 0.95 或大于 1.05 时；

2）沿芯样试件高度的任一直径与平均直径相差大于 2mm；

3）抗压芯样试件端面的不平整度在 100mm 长度内大于 0.1mm；

4）芯样试件端面与轴线的不垂直度大于 1°；

5）芯样有裂缝或有其他较大缺陷。

（5）强度检测、混凝土强度计算

1）试验芯样试件抗压强度试验分为潮湿状态和干燥状态两种。压力机精度不低于 ±2%。试件的破坏荷载为压力机量程的 20%～80%。加载速率一般控制在 0.3～0.8MPa/s；

2）芯样试件的混凝土强度换算值，应按式（3.1.1）计算：

$$f_{cu}^{c}=\alpha\frac{4F}{\pi d^{2}} \tag{3.1.1}$$

式中 f_{cu}^{c}——芯样试件混凝土强换算值（MPa），精确至 0.1MPa；

α——不同高径比的芯样试件混凝土强度换算系数，按表 3.1.1 取值；

F——芯样试件抗压试验测得的最大压力（N）；

d——芯样试件的平均直径（mm）。

芯样试件混凝土强度换算系数 **表 3.1.1**

高径比	1.0	1.1	1.2	1.3	1.4	1.5	1.6	1.7	1.8	1.9	2.0
α	1.00	1.04	1.07	1.10	1.13	1.15	1.17	1.19	1.21	1.22	1.24

3.1.2 混凝土裂缝检测

对裂缝的检测，主要包括裂缝的宽度、深度、长度、走向、形态、分布特征、是否稳定等内容。

1. 裂缝深度

超声法检测混凝土裂缝深度，一般与被测裂缝所处部位的具体情况有关，一般采用单面平测法、双面斜测法或钻孔测法。这里主要讲单面平测法和双面斜测法。

（1）单面平测法

当混凝土结构被测位置只有一个表面可供超声检测时，可采用单面平测法进行裂缝检测，如混凝土路面、飞机跑道、隧道、洞窟建筑裂缝检测以及其他大体积混凝土的裂缝检测。

1）适用范围

① 适用于检测深度 500mm 以内的裂缝。

② 结构的裂缝部位只有一个可测表面。

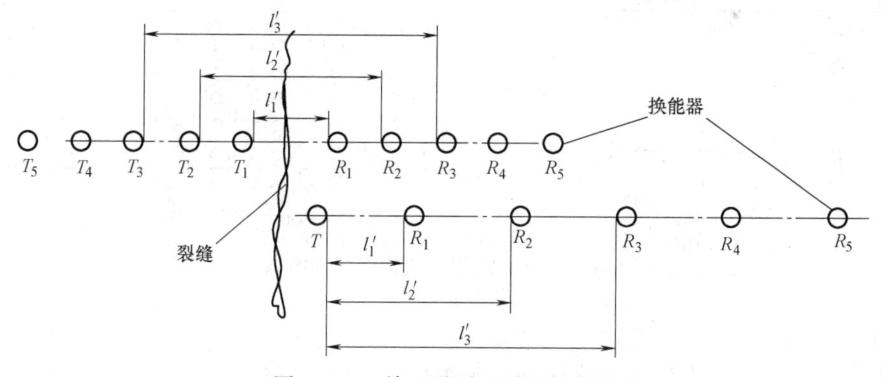

图 3.1.5 单面平测法裂缝示意图

2）检测步骤

① 选择被测裂缝较宽、尽量避开钢筋的影响且便于测试操作的部位。

② 打磨清理混凝土表面，当被测部位不平整时，应打磨、清理表面，以保证换能器与混凝土表面耦合良好。

③ 布置超声测点。所测的每一条裂缝在布置跨缝测点的同时，都应该在其附近布置不跨缝测点。测点间距一般可设 T、R 换能器内边缘 $l'=50\sim100$mm，$l_2'=2l_1'$，$l_3'=3l_1'$ 等，如图 3.1.5 所示。

④ 分别以不同的间距作跨缝超声测试。跨缝测试过程中注意观察首波相位变化，记录首波反相时的测试距离。

⑤ 求不跨缝各测点的声波实际传播距离及混凝土声速。

（2）双面斜测法

由于实际裂缝不可能被空气完全隔开，总是存在局部连通点，单面平测时超声波的一部分绕过裂缝末端传播，另一部分穿过裂缝中的连通点，以不同声程到达接收换能器，在仪器接收信号首波附近形成一些干扰波，严重时会影响首波起始点辨认，如操作人员经验不足，会产生较大的测试误差。所以，当混凝土结构的裂缝部位具有一对相互平行的测试表面时，宜优先用双面斜测法。

1）适应范围

只要裂缝部位具有两个相互平行的表面，都可用等距斜测法检测。如常见的梁、柱及其结合部位。这种方法较直观，检测结果较可靠。

2）检测方法

如图 3.1.6 所示，采用等测距、等斜角的跨缝与不跨缝的斜测法检测。

3）裂缝深度

在保持 T、R 换能器连线的距离、倾斜角一致的条件下进行跨缝与不跨缝检测，分别读取相应的声时、波幅和主频值。当 T、R 换能器连线通过裂缝时，由于混凝土失去连续性，超声波在裂缝界面上产生很大衰减，仪器接收到的首波信号很微弱，其波幅、声时测值与不跨缝测点相比较，存在显著差异（一般波幅差异最明显）。据此判定裂缝深度以及是否在所处断面内贯通。

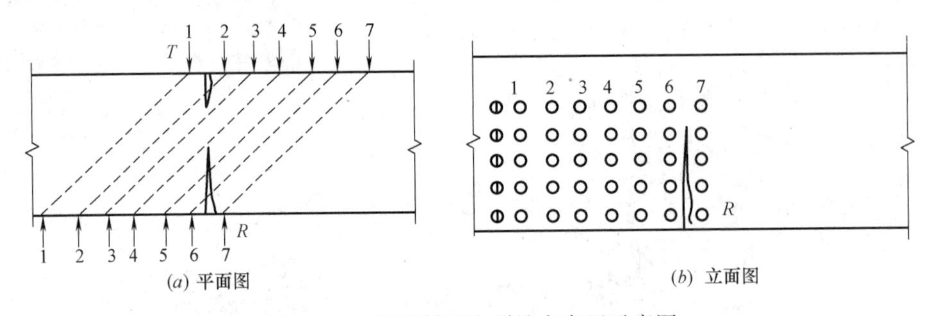

图 3.1.6 双面斜测法裂缝点布置示意图

2. 裂缝宽度

以前常用裂缝对比卡测量裂缝宽度，后来用光学读数显微镜测量，现在能够用电子裂缝观测仪测量，裂缝对比卡上印有粗细不等、标注着宽度值的平行线，将其覆在裂缝上，可比较出裂缝的宽度。光学读数显微镜是配有刻度和游标的光学透镜，从镜中看到的是放大的裂缝，通过调节游标读出裂缝宽度。带摄像头的电子缝观测仪克服了人直接俯在裂缝上进行观测的诸多不便，颇受技术人员青睐。

一般来说，裂缝宽度往往是不均匀的，工程鉴定时关注的是特定位置的最大裂缝宽度。限制裂缝宽度的主要目的是防止侵蚀性介质渗入而导致钢筋锈蚀。因此，测量裂缝宽度的位置应在受力主筋附近，如测量梁的弯曲裂缝，应在梁受拉侧主筋的高度处。

3. 裂缝稳定

构件上出现裂缝后，首先应判定裂缝是否趋于稳定，裂缝是否有害；然后根据裂缝特征判定裂缝产生的原因，并考虑修补措施。

裂缝是否趋于稳定可根据下列观测和计算判定：

（1）观测判定。定期对裂缝宽度、长度进行观察、记录。观测的方法为：在裂缝的个别区段及裂缝顶端涂覆石膏，用读数放大镜读出裂缝宽度，如果在相当长的时间内石膏没有开裂，则说明裂缝已经稳定，但有些裂缝是随时间和环境变化的，比如温度裂缝冬季增大，夏季缩小；收缩裂缝在初期发展快，1～2 年后基本稳定，这些裂缝的变化属于正常现象。所谓不稳定裂缝，主要是指随时间不断增大的荷载裂缝、沉降裂缝等。

（2）计算判定。对适筋梁，钢筋应力是影响裂缝宽度的主要因素，因此，可通过对钢筋应力的计算来判定裂缝是否稳定，如果钢筋应力小于 $0.8f_y$（其中 f_y 为钢筋强度设计值），裂缝就处于稳定状态。

3.1.3 混凝土的变形检测

混凝土结构或构件变形的检测可分为构件的挠度、结构的倾斜和基础不均匀沉降等项目。混凝土结构损伤的检测可分为环境侵蚀损伤、灾害损伤、人为损伤、混凝土有害元素造成的损伤以及预应力锚夹具的损伤等项目。

1. 挠度的检测

混凝土构件的挠度，可采用激光测距仪、水准仪或拉线等方法检测。

梁、板结构跨中变形测量的方法是在梁、板构件支座之间用仪器找出一个水平面或水平线，然后测量构件跨中部位、两端支座与水平线（或面）之间的距离。采用水准仪、全站仪等测量梁、板跨中变形，其数据较拉线的方法更为精确。具体做法如下：

（1）将标杆分别垂直立于梁、板构件两端和跨中，以仪器或拉线为基准测出同一水准高度时标杆上的读数。

（2）将测得的两端和跨中的读数相比较即可求得梁、板构件的跨中挠度值：

$$f=f_0-\frac{f_1+f_2}{2} \tag{3.1.2}$$

式中 f_0、f_1、f_2——分别为构件跨中和两端水准仪的读数值。

用水准仪量标杆读数时，至少测读 3 次，并以 3 次读数的平均值作为跨中标杆读数。

2. 倾斜检测

混凝土构件或结构的倾斜，可采用经纬仪、激光定位仪、三轴定位仪或吊锤的方法检测，宜区分倾斜中施工偏差造成的倾斜、变形造成的倾斜、灾害造成的倾斜等。

检测墙、柱和整幢建筑物倾斜一般采用经纬仪，其主要步骤有：

（1）经纬仪位置的确定

测量墙体、柱以及整幢建筑物的倾斜时，经纬仪至墙、柱及建筑物的间距需大于墙、柱及建筑物的宽度。

（2）数据测读

如图 3.1.7 所示，瞄准墙、柱以及建筑物顶部 M 点。

向下投影得 N 点，然后量出其间的水平距 a（即 MM' 的距离）。

以 M 点为基准，采用经纬仪测出垂直角角度 α。

结果整理：根据垂直角 α，计算测点高度 H。计算公式为：$H=I\cdot\tan\alpha$。

则墙、柱或建筑物的倾斜量为：$i=a/H$。

墙、柱或整幢建筑物的倾斜量为：

$$\Delta=i\cdot(H-H')。$$

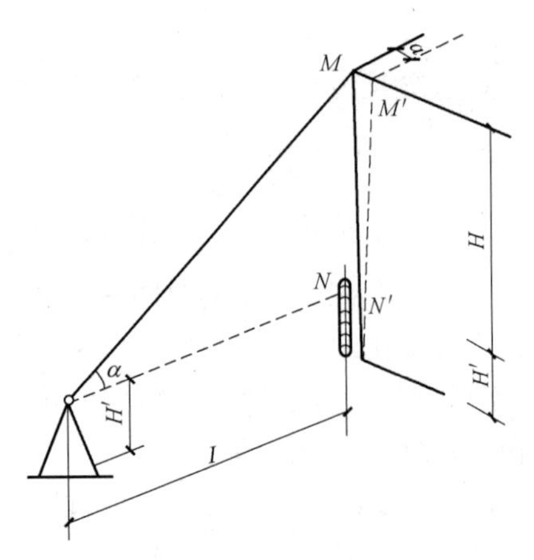

图 3.1.7　倾斜测量

3.1.4　混凝土中钢筋的检测

在钢筋混凝土结构设计中对钢筋保护层厚度有明确的规定，不符合规范要求将影响结构的耐久性。由于施工原因，钢筋保护层厚度经常有不符合设计要求的情况。工程中要求对结构物的钢筋保护层厚度进行无损检测。另外，由于施工疏忽，钢筋位置往往产生移位，不符合设计受力规定。在对钢筋混凝土钻孔取芯或安装设备孔时，需要避开主筋位置以及探明钢筋的实际位置。再者，为校核所用的主筋直径，或者旧建筑的质量复查，新建扩建需要确定结构承载力等，在缺乏施工图纸的情况下，查明钢筋混凝土内钢筋的位置、尺寸，保护层厚度和锈蚀情况是十分必要。综上所述，钢筋混凝土中钢筋的保护层厚度、钢筋位置和钢筋锈蚀情况是检测技术中的重要内容，需由精度高、功能优的先进仪器设备来进行检测。

1. 钢筋位置与保护层厚度的检测

钢筋位置和保护层厚度的测定可以采用钢筋位置测定仪和钢筋保护层厚度检测仪，如图 3.1.8 所示。

2. 钢筋锈蚀程度的检测

结构混凝土中钢筋的锈蚀使钢筋截面缩小，锈蚀部分体积增大，会造成混凝土胀裂、剥落，降低钢筋与混凝土的黏结力等，使得结构破坏或耐久性降低等。通常对已建建筑进行结构鉴定和可靠性诊断时，必须对钢筋的锈蚀状况进行检测。

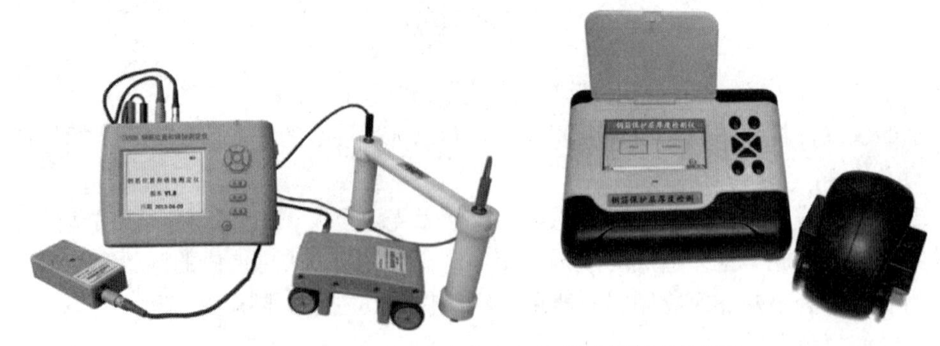

图 3.1.8　钢筋位置测定仪和钢筋保护层厚度检测仪

钢筋锈蚀可采用三种方法检测：局部凿开法、直观检测法和自然电位法。

（1）局部凿开法

凿除混凝土保护层，露出钢筋，直接用卡尺测量锈蚀层厚度和钢筋的剩余直径，或者现场截取锈蚀钢筋的样品，将样品端部锯平，用游标卡尺测量样品的长度，在氢氧化钠溶液中通电除锈。将除锈后的钢筋试样放在天平上称出残余质量，残余质量与该种钢筋公称质量之比即为钢筋的剩余截面率，则除锈前质量与除锈后质量之差即为钢筋锈蚀量。

（2）直观检测法

观察混凝土构件表面有无锈痕、是否出现沿钢筋方向的纵向裂缝，顺筋裂缝的长度和宽度可以反映钢筋的锈蚀程度。

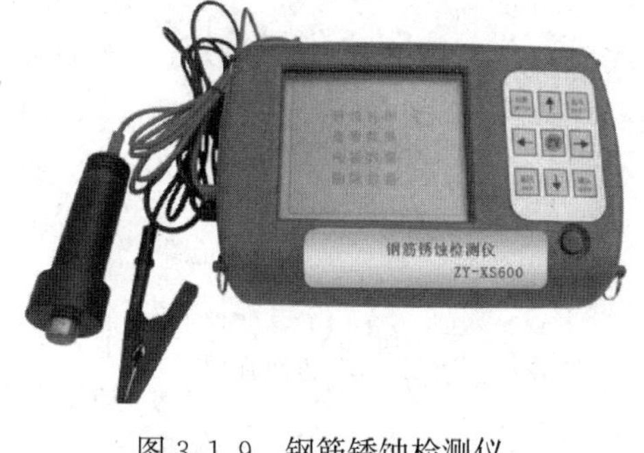

图 3.1.9　钢筋锈蚀检测仪

（3）自然电位法

自然电位法是利用电化学原理来定性判断混凝土中钢筋锈蚀程度的一种方法。当混凝土中的钢筋锈蚀时，钢筋表面便有腐蚀电流，钢筋表面与混凝土表面间存在电位差，电位差的大小与钢筋的锈蚀程度有关，运用电位测量装置，可以判断钢筋锈蚀的范围及严重程度。

钢筋锈蚀检测仪的原理就是采用自然电位法来评估混凝土结构及构件中钢筋的锈蚀性状。钢筋锈蚀检测仪的设备如图 3.1.9 所示。

3.2　砌体结构检测

3.2.1　砌筑块材检测

由于砌体结构的强度低，砂浆和砌块强度差异大，施工质量对砌体结构的强度影响较大。另外，其抗拉、抗弯、抗剪强度低，故砌体结构的整体性、抗震性能差，易于产生各种裂缝，在长期使用过程中会发生不同程度的损伤和破坏。因此，对砌体结构房屋定期进行检测及时采取维护措施，可消除隐患，延长房屋使用寿命，对确保结构安全、发挥房屋的经济效益具有重要意义。

1. 取样法测砌块强度

对既有建筑砌块强度的测定：从砌体上取样，清理干净后，按照常规方法进行试验，但是需要注意的是，如果需要依据块材的强度和砂浆强度确定砌体强度，块材的取样位置应与砌筑砂浆的检测位置相对应。取样后的块材试验方法如下：

取 10 块砖做抗压强度试验，制作成 10 个试样。将砖样锯成两个半砖（每个半砖长度不小于 100mm），放入室温净水中浸 10～20min 后取出，以断口方向相反叠放，两者中间以厚度不超过 5mm 的强度等级为 42.5 的普通硅酸盐水泥调制成稠度适宜的水泥砂浆粘牢，上下面用厚度不超过 3mm 的同种水泥浆抹平，制成的试件上下两面须相互平行并垂直于侧面，在不低于 10℃的不通风室内条件下养护 3 天后进行压力试验。

加荷前测量试件两半砖叠合部分的面积 A(m^2)，将试件平放在加压板中央，垂直于受压面加荷载，应均匀平稳，不得发生冲击或振动，加荷速度宜为 4～5kN/s，加荷至试件全部破坏，最大破坏荷载为 P(N)，则试件 i 的抗压强度 f 按式（3.2.1）计算，精确至 0.1MPa。

2. 回弹法测砌块强度

砌块回弹法的基本原理与混凝土回弹法相同，此处不再详述。按《建筑结构检测技术

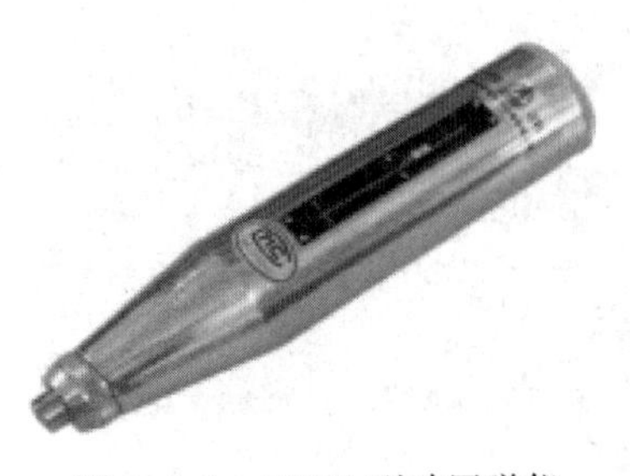

图 3.2.1 HT75 型砖回弹仪

标准》GB/T 50344—2019 所规定的方法检测烧结普通砖的抗压强度时，应遵循以下条件和步骤：

(1) 使用 HT75 型回弹仪（图 3.2.1）；检测的测批、单元、块材的数量均应满足检测样本容量的要求和规范中的推定区间的要求；

(2) 回弹测点应布置在外观质量合格的砖的条面上，每块砖的条面上布置 5 个测点，测点应避开气孔等缺陷位置，且测点之间应留有一定距离；

(3) 对于黏土砖可以采用式（3.2.1）进行强度计算，但要经过试验验证；

(4) 以式（3.2.1）求出的换算强度为代表值，按该标准确定推定区间；

(5) 回弹的结果宜配合取样检验验证。

$$\begin{aligned} &\text{黏土砖}: f_{l,i}=1.08R_{\mathrm{m},i}-32.5 \\ &\text{页岩砖}: f_{l,i}=1.06R_{\mathrm{m},i}-31.4 \\ &\text{煤矸石砖}: f_{l,i}=1.05R_{\mathrm{m},i}-27.0 \end{aligned} \tag{3.2.1}$$

式中 $R_{\mathrm{m},i}$——第 i 块砖回弹检测平均值；

$f_{l,i}$——第 i 块砖抗压强度换算值。

回弹法检测数据处理时，需查《建筑结构检测技术标准》GB/T 50344—2019 中的相关表格。

3.2.2 砌筑砂浆检测

砌筑砂浆的检测项目可分为砂浆强度、品种、抗冻性和有害元素含量等。砌筑砂浆的强度采用取样的方法检测，如推出法、筒压法、砂浆片剪切法、点荷法等；砌筑砂浆强度的匀质性，可采用非破坏的方法检测，如回弹法、射钉法、贯入法、超声法、超声回弹综合法等，当这些方法用于检测既有建筑砌筑砂浆强度时，宜配合取样的检测方法，下面介绍几种主要的检测方法。

1. 推出法

该方法采用推出仪从墙体上水平推出单块丁砖，测得水平推力及推出砖下的砂浆饱满度，以此推定砌筑砂浆抗压强度。

(1) 试体及测试设备

推出仪由钢制部件、传感器、推出力峰值测定仪等组成，如图 3.2.2 所示。检测时，将推出仪安放在墙体的孔洞内。

测点宜均匀布置在墙上，并应避开施工中预留洞口；被推丁砖的承压面可采用砂轮磨平，并应清理干净；被推丁砖下的水平灰缝厚度应为 8～12mm，在测试前，被推丁砖应编号，并详细记录墙体的外观情况。

(2) 测试方法

取出被推丁砖上部的两块顺砖，应遵守下列规定：

1) 试件准备

使用冲击钻在图 3.2.2 所示 A 点打出约 40mm 的孔洞；用锯条自 A 至 B 点锯开灰缝；将扁铲打入上一层灰缝，取出两块顺砖；用锯条切除被推丁砖两侧的竖向灰缝，直至下皮砖顶面；开洞及清缝时，不得扰动被推丁砖。

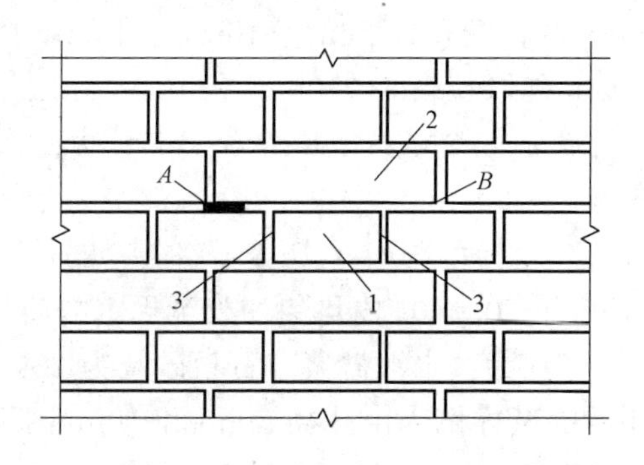

图 3.2.2　试件加工步骤示意图

1—被推丁砖；2—被取出的两块顺砖；3—掏空的竖缝

2）安装推出仪

安装推出仪后，使用钢尺测量前梁两端与墙面距离，误差应小于 3mm。传感器的作用点在水平方向应位于被推丁砖中间，铅垂方向应在被推丁砖下表面之上 15mm 处。

3）加载试验

旋转加载螺杆对试件施加荷载，加载速度宜控制在 5kN/min。当被推丁砖和砌体之间发生相对位移，试件达到破坏状态，记录推出力。取下被推丁砖，用百格网测试砂浆饱满度。

2. 筒压法

将取样砂浆破碎、烘干并筛分成符合一定级配要求的颗粒，装入承压筒并施加筒压荷载后检测其破损程度，用筒压比表示，以此推定其抗压强度。

（1）试体及测试设备

在现场砖墙中抽取砂浆试样，在实验室内进行筒压荷载试验，测试筒压比，然后换算为砂浆强度，承压筒（图 3.2.3）可用普通碳素钢或合金钢自行制作，承压筒也可用测定轻集料筒压强度的承压筒代替。

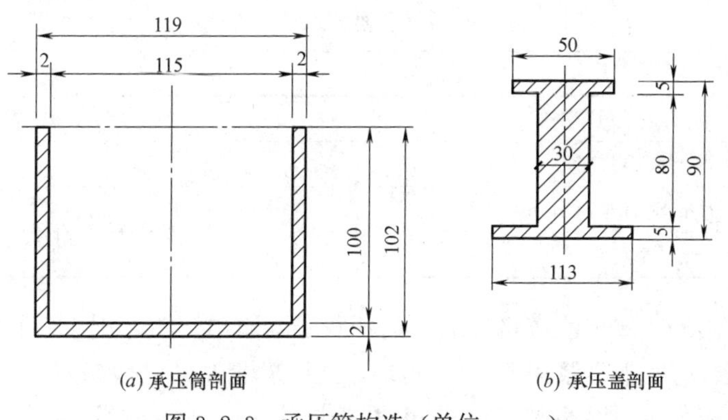

图 3.2.3　承压筒构造（单位：mm）

（2）现场测试

在每一测区，从距墙表面 20mm 内的水平灰缝中凿取砂浆约 4000g，砂浆片（块）的最小厚度不得小于 5mm。

每次取烘干样品约 1000g，置于孔径 5mm、10mm、15mm 标准筛所组成的套筛中，机械筛 2min 或手工摇 1.5min 称取粒级 5～10mm 和 10～15mm 的砂浆颗粒各 250g，混合均匀后即为一个试样。共制备三个试样。每个试样应分两次装入承压筒。每次约装 1/2，在水泥跳桌上跳振 5 次。

第二次装料并跳振后，整平表面，安上承压盖。将装料的承压筒置于试验机上，盖上承压盖，开动压力试验机，应于 20～40s 内均匀加载至规定的筒压荷载值后，立即卸载。不同品种砂浆的筒压荷载值分别为：水泥砂浆、石粉砂浆为 20kN；水泥石灰混合砂浆、粉煤灰砂浆为 10kN。施压后的试样倒入由孔径 5mm 和 10mm 标准筛组成的套筛中，装入摇筛机摇筛 2min 或人工摇筛 1.5min，筛至每隔 5s 的筛出量基本相等。

称量各筛筛余试样的质量（精确至 0.1g），各筛的分计筛余量和底盘剩余量的总和，与筛分前的试样质量相比，相对差值不得超过试样质量的 0.5%，当超过时，应重新进行试验。

（3）数据整理

3. 回弹法

（1）检测原理。回弹法是根据砂浆表面硬度推断砌筑砂浆立方体抗压强度的一种检测方法，是一种非破损的原位技术。砂浆强度的回弹法的原理与混凝土强度回弹法的原理基本相同，即应用回弹仪检测砂浆表面硬度，用酚酞试剂检测砂浆碳化深度，将这两项指标换算为砂浆强度。所使用的砂浆回弹仪也与混凝土回弹仪相似。

（2）回弹法特点。其优点是：操作简便，检测速度快，仪器便于携带，准备工作不多等；其缺点是：检测结果有一定的偏差。测位应选在承重墙的可测面上，并避开门窗洞口及预埋件等附近的墙体。墙面上每个测位的面积应大于 $0.3m^2$。回弹法不适用于推定高温、长期浸水、化学侵蚀、火灾等情况下的砂浆抗压强度。

（3）设备的技术要求。砂浆回弹仪的主要技术性能指标应符合表 3.2.1 的要求，其示值系统为指针直读式，砂浆回弹仪每半年校验一次。在工程检测前后，均应对回弹仪在钢砧上做率定。

砂浆回弹仪主要技术性能指标 **表 3.2.1**

项　目	指　标
标称动能(J)	0.196
指针摩擦力(N)	0.5±0.1
弹击杆端部球面半径(mm)	25±1.0
钢针率定值	74±2

（4）检测方法。在测定前应将砖墙上的抹灰铲除露出灰缝，用小砂轮将灰缝的砂浆磨平，当清水墙灰缝有水泥砂浆勾缝时，应将勾缝砂浆清除（包括原浆勾缝）。应仔细选择测点，筑砂砂浆应与砖黏结良好，缝的厚度适中（9～11mm），每个测位内均匀布置 12 个弹击点，选定弹击点应避开砖的边缘，气孔或松动的砂浆。相邻两弹击点的间距不应小

于 20mm。

在每个弹击点上，使用回弹仪连续弹击 3 次，第 1、2 次不读数，仅记读第 3 次回弹值，精确至 1 个刻度。检测过程中，回弹仪应始终处于水平状态，其轴线应垂直于砂浆表面，且不得移位，在每一测位内，选择 1～3 处灰缝，用游标尺和 1%的酚酞试剂测量砂浆碳化深度，读数应精确至 0.5mm。

从每个测位的 12 个回弹值中，分别删除最大值、最小值，用余下的 10 个回弹值计算算术平均值，以 R 表示；每个测位的平均碳化深度，应取该测位各次测量值的算术平均值，以 d 表示，精确至 0.5mm，平均碳化深度大于 3.0mm 时，取 3.0mm。

3.2.3 砌体强度检测

对使用多年的砌体结构进行检测，首先要检测其强度。砌体强度是由组成砌体的砌块强度和砂浆强度及砌筑质量来决定的，对于砌体结构的强度检测，传统的方法是直接截取标准试样法，即直接从砌体结构上截取试样进行抗压强度试验。但由于砌体结构的特点，直接截取试样会对试样产生较大的损伤，影响试验结果。因此，砌体结构的原位非破损、半破损试验等现场检测技术，越来越受到人们的重视。

砌体结构的现场检测方法有：原位轴压法、扁顶法、原位单剪法、原位单砖双剪法等。本书主要讲解原位轴压法和扁顶法。

1. 原位轴压法

原位轴压法是采用原位压力机在墙体上进行抗压测试检测砌体抗压强度的方法，它适用于测试 240mm 厚普通砖墙体的抗压强度。

试验装置由扁式加载器、自平衡反力架和液压加载系统组成。测试时，先沿砌体测试部位垂直方向在试样高度上、下两端各开凿一个水平槽孔，在槽内各嵌入一体式千斤顶，并用自平衡拉杆固定，通过加载系统对试样进行分级加载，直到试件受压开裂破坏为止，求得砌体的极限抗压强度。原位压力机测试工作状况如图 3.2.4 所示。具体测试方法参见相关标准。

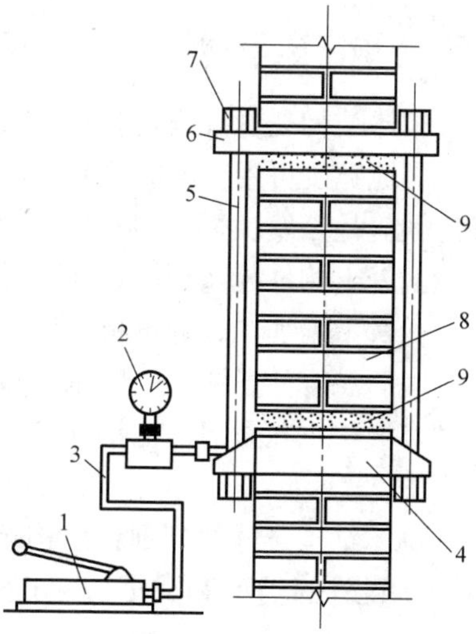

图 3.2.4 原位压力机测试工作状况
1—手泵；2—压力表；3—高压油管；4—扁式千斤顶；5—拉杆；6—反力板；7—螺母；8—槽间砌体；9—砂垫层

该方法的最大优点是综合反映了砌块材料、砂浆变形及砌筑质量对抗压强度的影响；测试设备具有变形适应能力强、操作简便等特点，对低强度砂浆、变形很大或抗压强度较高的墙体均适用。

2. 扁顶法

扁顶法是采用扁式液压千斤顶在墙体上进行抗压测试，检测砌体的受压应力、弹性模量、抗压强度的方法。

扁顶法的试验装置由扁式液压加载器和液压加载系统组成。试验时，在待测砌体部位按所取试样的高度在上、下两端垂直于主应力方向，沿水平灰缝将砂浆掏空，形成两个水平空槽，将扁式液压千斤顶放入灰缝的空槽内，当扁式加载器进油时，液囊膨胀，对砌体产生应力，随着压力的增加，试件所受荷载增大，直到开裂破坏。它是利用砖墙砌合特点，在水平砂浆灰缝处开凿槽口，装入扁式液压千斤顶，依据应力释放和恢复原理，测得墙体的受压工作应力、弹性模量，并通过测量槽体的抗压强度确定其标准砌体的抗压强度。其测试方法如图 3.2.5 所示。

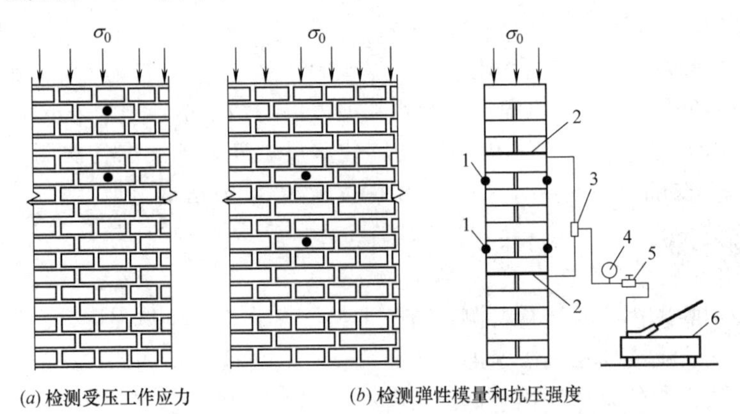

图 3.2.5　扁顶法测试装置与变形测点布置

1—变形测量脚标（两对）；2—扁式液压千斤顶；3—三通接头；4—压力表；5—溢流阀；6—手动油泵

3.2.4　砌体裂缝观测

砌体结构裂缝观测是结构质量检测的重要内容。

裂缝宽度可用 10～20 倍裂纹放大镜和刻度放大镜进行观测，可从放大镜中直接读数确定裂缝是否发展，常用宽 50～80mm、厚 1mm 的石膏板，将石膏板固定在裂缝两侧，一般混凝土构件缝宽 1mm，砖砌体构件缝宽 20mm，若裂缝继续发展，石膏板将被拉裂，即使荷载不增加，裂缝也将继续发展。

裂缝深度的量测，一般采用极薄的薄片插入裂缝中，粗略地测量深度，精确测量可选用超声波法。在裂缝两侧钻孔充水作为耦合介质，通过转换器对测，振幅突变处即为裂缝末端深度。

砌体结构裂缝的判别：结构裂缝检测后，绘出裂缝分布图，并注明宽度和深度，应分析判断裂缝的类型和成因。一般墙柱裂缝由砌体强度、地基基础、温度及材料干缩等引起。

1. *砖砌体的荷载裂缝*

（1）受压裂缝。通常顺压力方向开裂，当有多处单砖断裂时，说明承载不足；裂缝过 4 皮砖时已接近破坏。

（2）受弯或大偏心受压裂缝。一般在远离荷载一侧产生水平裂缝。

（3）稳定性裂缝。长细比过大，砌体发生弯曲区段中部的水平裂缝。

（4）局部受压裂缝。大梁底部局部压力过大，发生局部范围的竖向受压裂缝。

（5）受拉裂缝。受拉构件，当拉力过大常发生与力方向垂直的直缝或齿缝。

（6）受剪裂缝。在水平推力的作用下，砖砌体出现的水平通缝或阶梯形受剪裂缝。

（7）砌体强度不足引起的裂缝。这是一种性质严重的砌体质量事故，需复校原设计资料和施工情况，查明裂缝产生的原因，迅速采取加固措施。

2. 砖砌体的沉降裂缝

地基不均匀沉降时，砖砌体房屋结构发生弯曲和剪切变形，在墙体内产生应力，当超过砌体强度时，墙体开裂。

（1）剪切裂缝。房屋剪切变形引起主拉应力阶梯形斜裂缝。有洞口时，斜裂缝发生在洞口的角部或窗间墙处，剪切裂缝发生在沉降曲线率变化较大部位。当曲线呈向下凹形时，裂缝集中在房屋的下部，往上逐渐减轻；当曲线呈向上凸形时，裂缝集中在房屋上层，向下逐渐减轻，斜裂缝呈 45°并向沉降量较大处倾斜。

房屋的弯曲裂缝是由房屋弯曲变形引起的垂直裂缝。

（2）房屋各部分高差较大或荷载相差悬殊，在高度较低或荷载较轻部分沉降有较大变化，引起墙体开裂，空间刚度较弱部位裂缝密集。横墙刚度大，一般不会开裂。

此外，纵横墙交接处如有沉降差，会剪裂；季节性冻土、膨胀土上的房屋，地基复杂的差异变形会引起各种裂缝。

3. 砖砌体的温度、收缩变形裂缝

钢筋混凝土的线膨胀系数较砖石大 1 倍以上，混凝土的收缩与砌体也不同，混合结构房屋的屋盖、墙体和楼梯等各部位的材料因温度变化或收缩发生不同变形，并互相约束而产生温度、收缩应力。当主拉应力超过墙体的抗拉强度时，就产生裂缝。

（1）八字形缝。升温时，混凝土屋盖变形大，墙体变形小，屋盖受压，墙体受剪和受拉，两端受力最大，会产生正八字形裂缝。

（2）倒八字形裂缝。降温时，屋盖混凝土缩短较砖墙大，受到砖墙约束产生两端倒八字形裂缝。

（3）包角裂缝。由于温度变化在圈梁下皮砖产生包角或水平裂缝。

（4）温度裂缝。一般为对称分布，多发生在顶层，1 年后趋于稳定。

砖墙开裂、屋面渗漏和基础下沉构成了混合结构的三大问题。砖墙开裂更具普遍性。

3.3 钢结构检测

3.3.1 构件表面缺陷检测

构件的表面缺陷可用目测或 10 倍放大镜检查，如怀疑有裂缝等缺陷，可用磁粉渗透等无损检测技术进行检测。

1. 磁粉检测

磁粉检测原理及方法：借助外加磁场将待测工件（只能是铁磁性材料）进行磁化，被磁化后的工件上若不存在缺陷，则其各部位的磁特性基本一致且呈现较高的磁导率；而存在裂纹、气孔或非金属物夹渣等缺陷时，由于它们会在工件上造成气隙或不导磁的间隙，它们的磁导率远远小于无缺陷部位的磁导率，致使缺陷部位的磁阻大大增加，磁导率在此产生突变，工件内磁力线的正常传播遭到阻隔，根据磁连续性原理，这时磁化场的磁力线就被迫改变路径而逸出工件，并在工件表面形成漏磁场，如图 3.3.1 所示。

漏磁场的强度主要取决于磁化场的强度和缺陷对于磁化场垂直截面的影响程度。利用磁粉或其他磁敏感元件，就可以将漏磁场显示或测量出来，从而分析判断出缺陷的存在与

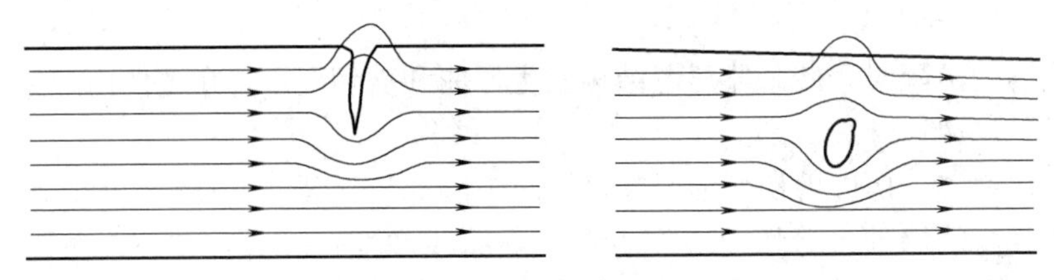
图 3.3.1 漏磁场的形成

否及其位置和大小。

将铁磁性材料的粉末撒在工件上，在有漏场的位置磁粉就被吸附，从而形成显示缺陷形状的磁痕，能比较直观地检出缺陷。这种方法是应用最早、最广的一种无损检测方法。磁粉一般用工业纯铁或氧化铁制作，通常用四氧化三铁（Fe_3O_4）制成细微颗粒的粉末作为磁粉。磁粉可分为荧光磁粉和非荧光磁粉两大类，荧光磁粉是在普通磁粉的颗粒外表面涂上了一层荧光物质，使它在紫外线的照射下能发出荧光，主要作用是提高对比度，便于观察。

磁粉检测又分干法和湿法两种：

（1）干法：将磁粉直接撒在被测工件表面，便于磁粉颗粒向漏磁场滚动。通常干法检测所用的磁粉颗粒较大，所以检测灵敏度较低。但是在被测工件不允许采用湿法接触时，如温度较高的试件，则只能采用干法检测。

（2）湿法：将磁粉悬浮于载液（水或煤油等）之中形成磁悬液，并喷洒于被测工件表面，由于液体流动性较好，磁粉能够比较容易地向微弱的漏磁场移动，同时由于湿法流动性好，可以采用比干法更细的磁粉，使磁粉更易于被微小的漏磁场吸附，因此湿法比干法的检测灵敏度高。

磁粉检测方法简单、实用，能适应各种形状和大小以及不同工艺加工制造的铁磁性金属材料的表面缺陷检测，但不能确定缺陷的深度，由于磁粉检测主要是通过人的肉眼进行观察，所以主要以手动和半自动方式工作，难以实现全自动化。

2. 渗透检测

渗透检测原理及方法：将一根内径很细的毛细管插入液体中，液体对管子内壁的润湿性不同，使得管内液面的高低不同，当液体的润湿性强时，液面在管内上升高度较大，如图 3.3.2 所示，这就是液体的毛细现象。

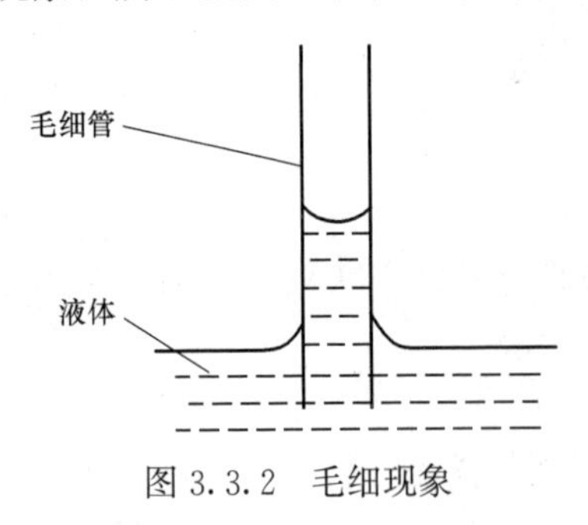

图 3.3.2 毛细现象

液体对固体的润湿能力和毛细现象是渗透检测的基础。图 3.3.2 中的毛细管恰似暴露于试件表面的开口型缺陷。实际检测时，首先将具有良好渗透力的渗透液涂在被测工件表面，由于润湿和毛细作用，渗透液便渗入工件上开口型的缺陷当中，然后对工件表面进行净化处理，将多余的渗透液清洗掉，再涂上一层显像剂，将渗入并滞留在缺陷中的渗透液吸出来，就能得到被放大了的缺陷，从而达到检测缺陷的目的。渗透检测法的检测原理如图 3.3.3 所示。

渗透检测可同时检出不同方向的各类表面缺陷，但是不能检出非表面缺陷，不能用于多孔材料检测。

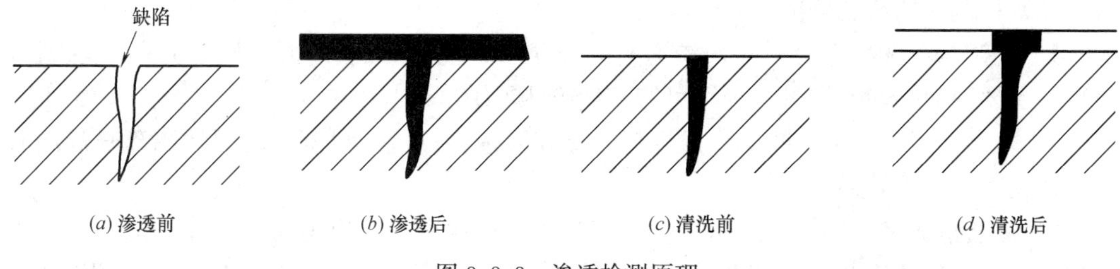

图 3.3.3 渗透检测原理

渗透检测的效果主要与各种试剂的性能、工件表面光洁度、缺陷的种类、检测温度以及各工序操作经验、水平有关。

(1) 方法分类

渗透检测方法主要分为着色渗透检测和荧光渗透检测两大类，这两类方法的原理和操作过程相同，只是渗透和显示方法有所区别。

着色渗透检测是在渗透液中掺入少量染料（一般为红色），形成带有颜色的浸透剂，经显像后最终在工件表面形成以白色显像剂为背衬，由缺陷的颜色条纹所组成的彩色图案，在日光下就可以直接观察到缺陷的形状和位置。

荧光渗透检测是使用含有荧光物质的渗透液，最终在暗室中通过紫外光的照射，在工件上有缺陷的位置发出黄绿色的荧光，显示出缺陷的位置形状。

由于荧光渗透检测比着色渗透检测对于缺陷具有更高的色彩对比度，人的视觉对于缺陷的显示痕迹更为敏感，所以，一般认为荧光法比着色法对细微缺陷检测灵敏度高。

(2) 基本操作步骤

1) 清洗和烘干：使用机械的方式（如打磨）或使用清洗剂（如机溶剂）以及酸洗碱洗等方式将被测工件表面的氧化皮、油污等除掉；再将工件烘干，使缺陷内的清洗残留物挥发干净，这是非常重要的检测前提。

2) 渗透：将渗透液涂敷在试件上，可以喷洒、涂刷等，也可以将整个工件浸入渗透液中，要保证待检测面完全润湿。检测温度通常在 5～50℃。为了使渗透液能尽量充满缺陷，必须保证有足够的渗透时间。要根据渗透液的性能、检测温度、试件的材质和待检测的缺陷种类来设定恰当的渗透时间，一般要大于 10min 。

3) 中间清洗：去除多余渗透液，完成渗透过程后，需除去试件表面所剩下的渗透液，并使已渗入缺陷的渗透液保存下来。清洗方式为：对于水洗型渗透液可以用缓慢流动的水冲洗，时间不要过长，否则容易将缺陷中的浸透液也冲洗掉；对于不溶于水的渗透液，则需要先涂上一层乳化剂进行乳化处理，然后才能用水清洗，乳化时间的长短，以正好能将多余渗透液冲洗掉为宜；着色法最常用的渗透液要用有机溶剂来清洗。清洗完毕后应使工件尽快干燥。

4) 显像：对完成上一工序的试件表面马上涂敷一层薄而均匀的显像剂（或干粉显像材料），显像处理的时间一般与渗透时间相同。

5) 观察：着色检测，用眼目视即可。荧光检测时要在暗室中借助紫外光源的照射，才能使荧光物质发出人眼可见的荧光。

（3）检测中的注意事项

1）要注意清洗一定要干净，渗透时间要足够，乳化时间和中间清洗时间不能过长，显像涂层要薄而均匀且及时，否则可能降低检测灵敏度。

2）检测温度高有利于改善渗透性能，提高渗透度；检测温度低时要适当延长渗透时间，才能保证渗透效果。

3）渗透液的黏度要适中，当黏度过高时，渗透速度慢，但是有利于渗透液在缺陷中的保存，不易被冲洗掉；而黏度过低时的情况则恰恰相反，所以操作时应根据浸透液的性能来检测。

4）由于某种原因造成显示结果不清晰，不足以作为检测结果的判定依据时，就必须进行重复检测，须将工件彻底清理干净再重复整个检测过程。

5）渗透检测用的各种试剂多含有易挥发且易燃的有机溶剂，应注意采取防火以及适当通风、戴橡皮手套、避免紫外线光源直接照射眼睛等防护措施。

3.3.2 钢结构连接检测

1. 焊缝检测

焊接连接目前应用最广，也容易发生事故，应检查其缺陷。焊缝的缺陷种类不少，如图 3.3.4 所示，有裂纹、气孔、夹渣、未熔透、虚焊、咬边、弧坑等。检查焊缝缺陷时，可采用超声波探伤仪或射线探测仪检测。

（1）超声波探伤检测法

超声波是由高频电振荡激励压电晶体产生的一种频率超过 20kHz 的机械波。超声波检测法的基本原理是基于超声波在介质中传播时遇到不同界面，将产生反射、折射、绕射和衰减等现象，从而传播的声时、振幅、波形、频率等发生相应变化，测定这些规律的变化，便可得到材料某些性质与内部构造情况。

钢结构超声波检测与混凝土不同，它主要用于检测钢材内部缺陷和焊缝质量。由于钢的密度较大，故所用超声波频率较高，通常为 0.5～75MHz。

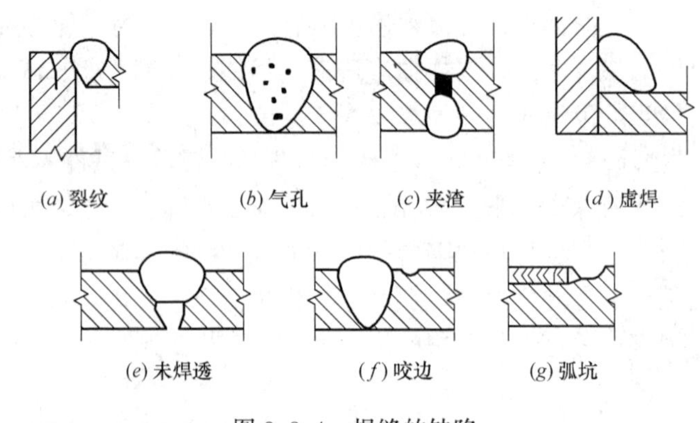

图 3.3.4 焊缝的缺陷

超声波探伤仪（图 3.3.5）具有设备简单、操作简便、探测速度快、成本低且对人体无损伤的优点，便于现场使用，可自动化检测。由于仪器的灵敏度、测点表面情况、缺陷形状和探测方向、结构内部构造等因素，会对测试结果产生一定的误差，评定结果受探伤人员的经验和技术熟练程度的影响较大，而且不够直观，至今仍难以达到精确评定的要求，所以可将超声波检测法与其他检测方法综合应用，互补优缺，抵消误差，以提高检测结果的精度与可靠度。

（2）射线探伤检测

射线探伤指χ射线、γ射线和高能射线探伤，目前应用较多的是χ射线探伤，有的也叫χ光照像。射线探伤是检查焊缝内部缺陷的一种准确而又可靠的方法。它可以无损地显示出焊缝内部缺陷的形状、大小和所在位置。射线探伤仪如图 3.3.6 所示。

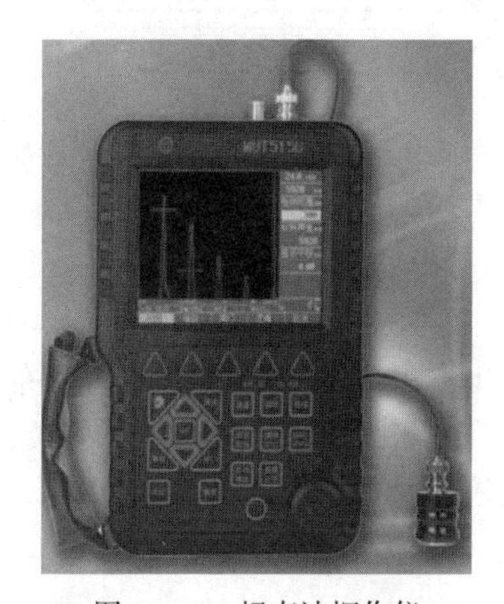
图 3.3.5　超声波探伤仪

图 3.3.6　射线探伤仪

射线探伤有χ射线探伤和γ射线探伤两种。χ射线和γ射线都是波长很短的电磁波，具有很强的穿透非透明物质的能力，并能被物质所吸收。物质吸收射线的程度，与物质本身的密实程度相关。材料越密实，吸收能力越强，射线越易衰减，通过材料后的射线越弱。当材料内部有松孔、夹渣、裂缝时，则射线通过这些部位的衰减程度较小，因而透过试件的射线较强。根据透过试件的射线强弱，即可判断材料内部的缺陷。

进行χ射线检验时，将χ射线管对正焊缝，将装有感光底片的塑料袋放置在焊缝背面，如图 3.3.7 所示。

χ射线透照时间短、速度快、灵敏度高；但设备重复杂、费用大、穿透能力小，一般透照 40mm 以下的焊缝。

γ射线的穿透能力很大，可检查厚度达 300mm 的焊缝。通过γ射线的透视，即可发现缺陷。γ射线检验原理如图 3.3.8 所示。

γ射线设备轻便，操作容易，透视时不需要电源，放射性元素使用寿命长，适合野外工作；但底片感光时间较长，透视小于 50mm 的焊缝时，灵敏度低，若防护不好，射线对人体危害较大。

2. 螺栓检测

螺栓连接检测，需用扳手测试（对于高强度螺栓要用特殊显示扳手），反复仔细检查扳手力矩，判断螺栓是否松动或断裂。紧固件检查判断需一定经验，故对重要结构，应采

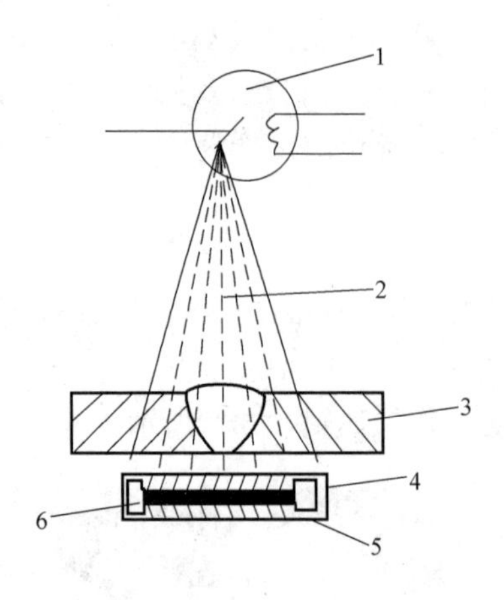

图 3.3.7　X 射线检验原理图

1—X 射线管；2—X 射线；3—焊件；
4—塑料管；5—感光软片；6—铅屏

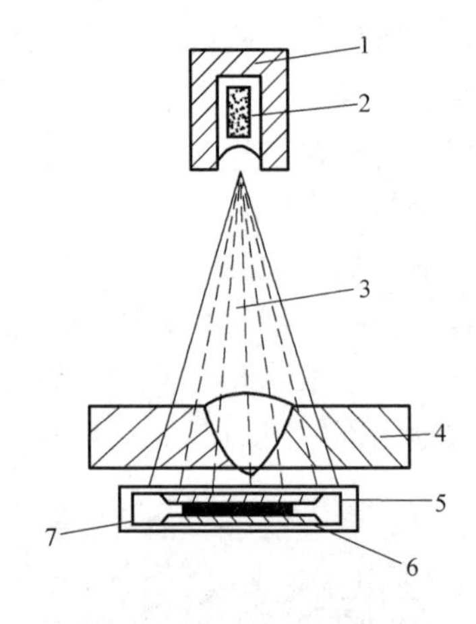

图 3.3.8　γ 射线检验原理

1—铅盒；2—放射性元素；3—γ 射线；
4—焊件；5—塑料袋；6—感光软片；7—铅屏

取不同人员检查二次的方法，作出详细记录及正确判断。由于连接接头处应力分布复杂，连接构造不当会造成局部应力高峰（应力集中），而产生张拉裂纹。连接接头处被连接件的损伤检测，需用 10 倍以上放大镜观察并记录被连接件及拼接板是否有张拉裂纹，以及裂纹的位置、尺寸，孔壁剪切及挤压损伤。

3.3.3　钢结构锈蚀检测

钢结构在潮湿、存水和酸碱盐腐蚀性环境中容易生锈，锈蚀导致钢材截面削弱，承载能力下降。钢材的锈蚀程度可由其截面厚度的变化来反映。检测钢材厚度（必须先除锈）的仪器有超声波测厚仪（图 3.3.9）（声速设定、耦合剂）和游标卡尺，超声波测厚仪采用脉冲反射波法测量厚度。

图 3.3.9　超声波测厚仪

脉冲反射波法的原理就是超声波从一种均匀介质向另一种介质传播时，在界面会发生反射，测厚仪可测出探头自发出超声波至收到界面反射回波的时间。超声波在各种钢材中的传播速度已知，通过实测确定，由波速和传播时间测算出钢材的厚度，对于数字超声波测厚仪，厚度值会直接显示在显示屏上。

检测锈蚀前，应先清除构件表面积灰、油污、锈皮等。对需要量测的部位，应采用钢丝刷、砂轮等工具进行清理，直到露出金属光泽。测量锈蚀损伤构件厚度时，应沿其长度方向至少选取 3 个锈蚀较严重的区段，每个区段选取 8～10 个测点，采用测厚仪测量构件厚度。锈蚀严重时，测点数应适当增加。取各区段算术平均量测厚度的最小值作为构件实际厚度。测量受锈蚀构件厚度，可采用测厚仪直接测量法或超声波测厚法等测量构件的实际厚度。较大范围检测时，可采用漏磁扫描检测仪。

锈蚀损伤量为初始厚度减去实际厚度。初始厚度为构件未锈蚀部分实测厚度。初始厚度取下列两个计算值的较大者：

（1）所有区段全部测点的算术平均值加上 3 倍标准差。

（2）公称厚度减去允许负公差的绝对值。

3.3.4 钢结构防火涂层的检测

涂层常见缺陷有：显刷纹、流挂、皱纹、失光、不沾、颜色不匀、光泽不良、回色、针孔、起泡、粉化、龟裂及不盖底等。

检测内容主要有：①核定涂层设计是否合理。涂层设计包括：钢材表面处理、除锈方法的选用、除锈等级的确定、涂料品种的选择、涂层结构及厚度设计，以及涂装设计要求。②检查涂装施工记录，核定涂装工艺过程是否正确合理。如涂装时的温度、湿度、每道涂层工艺的间隔时间（包括除锈后至第一道涂膜的时间间隔）、涂料质量等。检查涂装施工记录，核定涂层结构是否符合设计要求。测定涂膜厚度是否达到设计要求。涂膜干膜厚度可用漆膜测厚仪测定。

1. 涂层外观检测

构件表面不应脱皮和返锈，涂层应均匀，无明显皱皮、气泡等。

检查方法：观察检查。薄涂型防火涂料涂层表面裂纹宽度不应大于 0.5mm，厚涂型防火涂料涂层表面裂纹宽度不应大于 1mm。检验方法：观察和用量尺检查。

2. 涂层附着力检测

当钢结构有腐蚀时，应进行涂层附着力测试，在检测范围内，当涂层完整程度达到 70%以上时，涂层附着力达到合格质量标准的要求。检验方法：按照现行国家标准《漆膜附着力测定法》GB 1720—79 或《色漆和清漆　漆膜的划格试验》GB/T 9286—1998 执行。

3. 涂层厚度检测

一般涂层干漆膜总厚度：室外应为 150μm，室内应为 125μm，其允许偏差为 −25μm。每层涂层干膜厚度的允许偏差为 −5μm。

检验方法：采用干膜测厚仪检测。每个构件检测 5 处，每处的数值为 3 个相距 50mm 测点涂层干膜厚度的平均值。检测按照《色漆和清漆　漆膜厚度的测定》GB/T 13452.2—2008 或《钢结构现场检测技术标准》GB/T 50621—2010 执行。

3.4 地基基础检测

由于地基基础是位于地面以下的隐蔽体，其质量状况难以直接发现。对既有建筑，地基基础的质量状况往往通过上部结构的某些变化（如建筑物的斜裂缝等）反映出来。对地基检测前，应先搜集原岩土工程勘察资料，了解既有建筑的地基基础和上部结构设计资料（图纸），隐蔽工程的施工记录及竣工图等。查明土层分布及土的物理力学性能，并根据已有的资料，适当补充勘探孔或原位测试孔，孔位应靠近基础。对于重要的增层或增加荷载的建筑，应在基础下取原状土进行室内土工试验或进行基础下的静力载荷试验。

3.4.1 地基检测

1. 地基勘探

(1) 地基坑探

坑探是在建筑场地挖探井（槽）以取得直观资料和原状土样，是一种不必使用专门机具的常用勘探方法。

坑探就是用人工或机械方式进行挖掘，以便直接观察岩土层的天然状态以及各地层之间的接触关系等地质结构，并能取出接近实际的原状结构土样，其缺点是可达到的深度较浅，且易受自然地质条件的限制。

当场地地质条件比较复杂时，利用坑探能直接观察地层的结构和变化情况，但坑探可达到的深度较浅。探井的平面形状一般为 1.5m×1.0m 的矩形或直径 0.8～1.0m 的圆形。在探井中取样时，先在井底处挖一土柱，土柱的直径应稍大于取土筒的直径。放上两端开口的金属筒并削去筒外多余的土，一边削土一边将筒压入，直至筒完全套入地柱后，削平筒两端的土体，盖上筒盖，用熔蜡密封后贴上标签，注明土样的上下方向。

在工程地质勘探中，常用的坑探主要有坑、槽、井、洞等类型，见表 3.4.1。

工程地质勘探中坑的类型　　表 3.4.1

类型	特点	用途
试坑	深数十米的小坑，形状不定	局部剥除地表覆土，揭露基岩
浅井	从地表向下垂直，断面呈圆形或方形，深 5～15m	确定覆盖层及风化层的岩性及厚度，取原状样，静力载荷试验，渗水试验
探槽	从地表垂直岩层或构造先挖掘成深度不大(小于 3～5m)的长条形槽子	追索构造线、断层，探查残积层、坡积层，风化岩石的厚度和岩性
竖井	形状与浅井相同，但深度可超过 20m，一般在平缓山坡、漫滩、阶地等岩层较平缓的地方，有时需要支护	了解覆盖层厚度及性质、构造线、岩石破碎情况、岩溶、滑坡等，岩层倾角较缓时效果较好
平洞	在地面有出口的水平坑道，深度较大，适用较陡的基岩岩坡	调查斜坡地质构造，在查明地层岩性、软弱夹层、破碎带、风化岩层时，效果较好，还可取样或做原位试验

(2) 地基钻探

钻探是用钻机在地层中钻孔，以鉴别和划分地层，并可沿孔深取样，测定岩土的物理力学性能。钻机一般分回转式与冲击式两种。回转式钻机是利用钻机的回转器带动钻具旋转，磨削孔底的地层进行钻进，它通常使用管状钻具，能取柱状岩芯标本。冲击式钻机则利用卷扬机通过钢丝绳带动钻具，依靠钻具的质量上下反复冲击，使钻头冲击孔底，破碎地层形成钻孔，这种方法取出的是岩石碎块或扰动土样。钻探时按不同土质条件，常分别采用击入法或压入法取土器在钻孔中取得原状土样。击入法一般以重锤少击为宜；压入法则以快速压入为宜，这样可减少取土过程中对土样的扰动。

通过钻探的钻孔可以采集原状岩土样，并做现场力学试验，能够进行比较详细的检测。在地层内钻成直径较小并具有相当深度的圆筒形孔眼称为钻孔，直径达 500mm 以上的钻孔称为钻井。

钻探步骤：

1) 破岩。在钻探过程中广泛采用人力和机械方法，使小部分岩土脱离整体而成为粉末、岩土块或岩土芯。

2）取岩。用冲洗液（或压缩空气）将孔底破碎的碎屑冲到孔外或靠人力或机械（抽筒、勺形钻头、螺旋钻头、取土器、岩心管等）将孔底的碎屑或样芯取出地面。

3）护壁。为保证顺利进行钻探工作，必须保护好孔壁，不使其坍塌。一般采用套管或泥浆护壁。

4）取样。取样是钻孔的主要目的，取样时要尽量避免原状土被扰动。土样的扰动程度可以分为 4 个等级，见表 3.4.2。

土样扰动程度等级表 **表 3.4.2**

级别	扰动程度	试验内容
Ⅰ	不扰动	土类定名、含水量、密度、强度试验、固结试验
Ⅱ	轻微扰动土	土类定名、含水量、密度
Ⅲ	显著扰动土	土类定名、含水量
Ⅳ	完全扰动土	土类定名

5）绘制钻孔地质柱状图。钻孔地质柱状图是表示该钻孔所穿过的地层的综合信息图，图中有地质年代、土层埋藏深度、土层厚度、土层底部的绝对标高、岩土的描述、地面绝对标高、地下水的水位和测量日期、岩土样选取位置等，柱状图比例一般为 1∶500～1∶100。

2. *现场原位试验*

地基检测可分为室内试验和野外的现场原位测试。室内试验虽然具有边界条件、排水条件和应力路径容易控制的优点，但由于试验需要取试样，而土样在采样、运送、保存和制备等方面不可避免地受到不同程度扰动，特别是对于饱和状态的砂质粉土和砂土，可能取不到原状土，这使得测得的力学指标严重失真。因此，为了取得准确可靠的力学指标，必须进行一定数量的野外现场原位试验。

野外原位测试是指在不扰动地层的情况下对地层进行测试。它和室内试验相比，有如下优点：

① 不用取样，直接测试；

② 测试的土体范围远比室内试样大，因而更具有代表性。

但原位测试也有许多不足之处，如难以控制边界条件，许多原位测试技术所得的参数和岩土的工程性质之间的关系建立在大量统计的经验关系之上等。因此，岩土的室内试验和原位测试应该相辅相成。

原位试验有：静力荷载试验、静力触探试验、圆锥动力触探试验、标准贯入试验、旁压试验和波速试验等。本书主要介绍静力荷载试验和静力触探试验。

（1）静力荷载试验

1）试验原理

在设计的基础埋置深度处，在一定规格的承压板上逐级施加荷载，并观测每级荷载下地基的变形特性，从而评定地基的承载力，计算地基的变形模量，预测实际基础的沉降量。静力载荷试验又分为浅层平板载荷试验和深层平板载荷试验。

静力载荷试验所反映的是承压板以下 1.5～2.0 倍承压板直径或宽度范围内地基强度、

变形的综合性状。由此可见，该方法犹如基础的一种缩尺模型试验，是模拟建筑物基础工作条件的一种测试方法，因而利用其成果确定的地基容许承载力可靠、有代表性。当试验影响深度范围内土质均匀时，此方法确定的该深度范围内土的变形模量比较可靠。

静力载荷试验一般可用于下列目的：①确定地基土临塑荷载、极限荷载，为评定地基土的承载力提供依据；②估算地基土的变形模量、不排水抗剪强度和基床反力系数。

2）试验方法

静力载荷试验的装置由承压板、加荷装置及沉降观测装置等部分组成。承压板一般为方形板或圆形板；加荷装置包括压力源、载荷台架或反力架，加荷可采用重物加荷和油压千斤顶反压加荷两种方式；沉降观测装置有百分表、位移传感器或水准仪等，如图 3.4.1 所示。

试坑宽度不应小于压板宽度或直径的 3 倍，承压板面积不应小于 $0.25m^2$，对于软土不应小于 $0.5m^2$。应注意保持试验土层的原状结构和天然湿度。宜在准备试压的表面用不超过 20mm 厚的粗、中砂层找平。加荷等级不应少于 8 级。最大加载量不应少于 2 倍荷载设计值。每级加载后，按间隔 10min、10min、10min、15min、15min 读取沉降量，以后每隔 30min 读 1 次，当连续 2h 内每小时的沉降量小于 0.1mm 时，则认为已趋稳定，可再加下一级荷载。

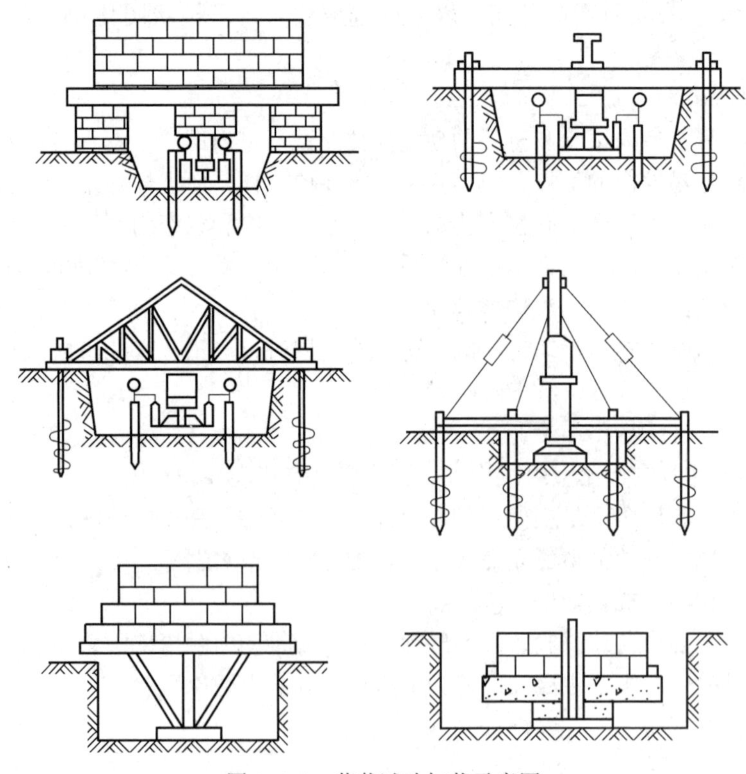

图 3.4.1 荷载试验加载示意图

当出现下列情况之一时，即可终止加载，其对应的前一级荷载定为极限荷载。

① 承压板周围的土明显的侧向挤出；

② 沉降 s 急骤增大，荷载沉降（p-s）（图 3.4.2）曲线出现陡降段；

③ 在某一荷载下，24h 内沉降速率不能达到稳定标准；

④ $s/b \geqslant 0.06$（其中 b 为承压板宽度或直径）。

试验完毕后可进行承载力特征值的推定，即①当 p-s 曲线上有明确的比例界限时，取该比例界限所对应的荷载值；②当极限荷载小于对应比例界限的荷载值的 2 倍时，取荷载极限值的一半；③当不能按上述两点要求确定时，承压板面积为 0.25～0.5m^2，可取 $s/b=0.01$～0.015 对应的荷载，但其值不应大于最大加载量的一半。

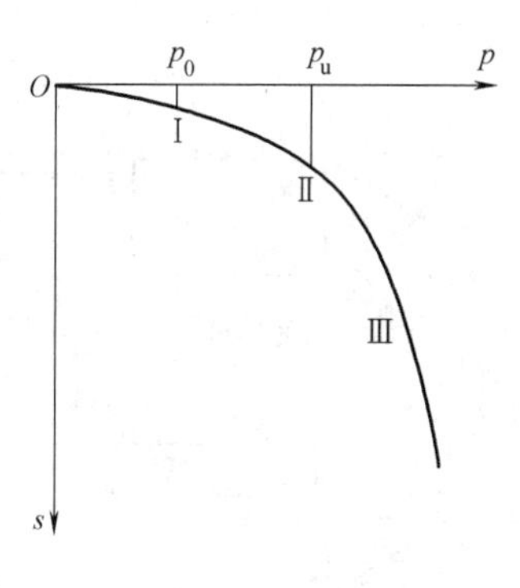

图 3.4.2 p-s 曲线

同一土层参加统计的试验点不应少于 3 点，并按照上述方法确定承载力基本值，如果基本值的极差不超过平均值的 30%，取此平均值作为该土层地基承载力特征值 f_{ak}。

3）技术拓展

按照浅层平板静力载荷试验方法，既可以对地基深层进行平板静力载荷试验，也可以对既有建筑物的地基进行平板静力载荷试验。深层平板静力载荷试验适用于确定深部地基土层的承载力，此处不再详述。对于既有建筑物其试验位置应在承重墙的基础下，依靠建筑物自重，使用千斤顶直接加载，试验装置如图 3.4.3 所示。

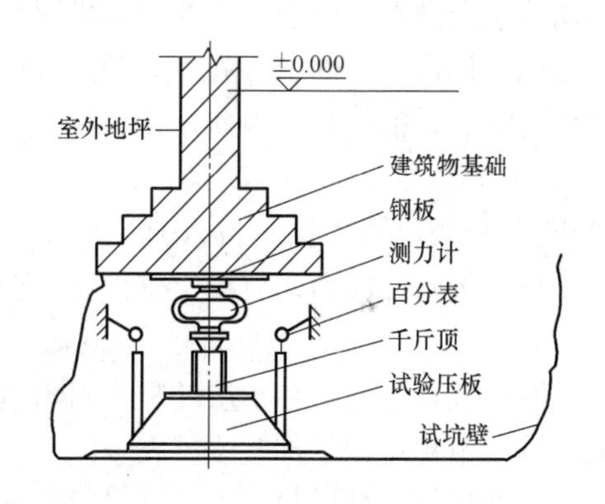

图 3.4.3 基础下荷载试验示意图

（2）静力触探试验

1）静力触探原理

触探是通过探杆用静力或动力将金属探头贯入土层，并量测各层土对探头的贯入阻力大小的指标，从而间接地判断土层性质的一类原位测试技术。触探既可用于划分土层，了解土层的均匀性，又可估计地基承载力和土的变形指标等。

静力触探借助静压力将探头压入土层，利用电测技术测得贯入阻力，以此判断土的力学性质。静力触探设备中的核心部分是触探头（图 3.4.4）。触探杆将探头匀速贯入土层时，一方面引起尖锥以下局部土层的压缩，于是产生了作用于尖锥的阻力；另一方面又在孔壁周围形成一圈挤实层，从而引起作用于探头侧壁的摩阻力。探头的这两种阻力是土的力学性质的综合反映。为了直观地反映勘探深度范围内土层的力学性质，可绘制土层深度（z）与各种阻力间的关系曲线。

静力触探自 1917 年在瑞典正式使用以来，至今已有 100 多年的历史。20 世纪 60 年代初期，我国与其他国家大体上在同一时期发展了电测静力触探，利用传感器直接测量探头的贯入阻力，提高了测量的精度和工效，有很好的再现性，并能实现数据的自动采集和自动绘制静力触探曲线（图 3.4.5），反映土层剖面的连续变化。

静力触探的贯入机理是个很复杂的问题，而且影响因素也比较多，因此，目前土力学还不能完全综合地从理论上解析圆锥探头与周围土体间的接触应力分布及相应的土体变形问题。已有的近似机理的理论分析可分为三大类：承载力理论、孔穴扩张理论和稳定贯入

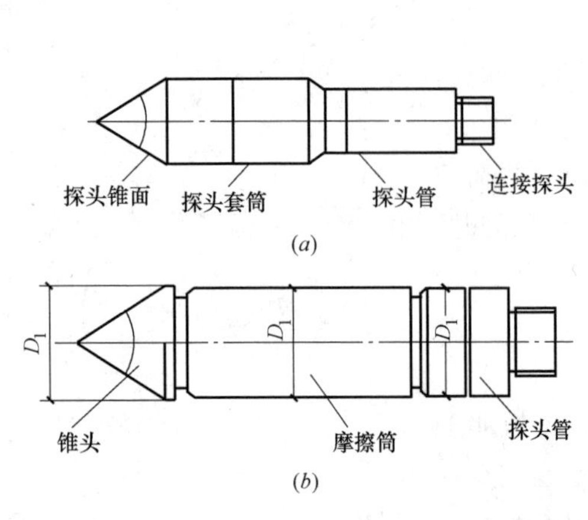

图 3.4.4 探头形状图

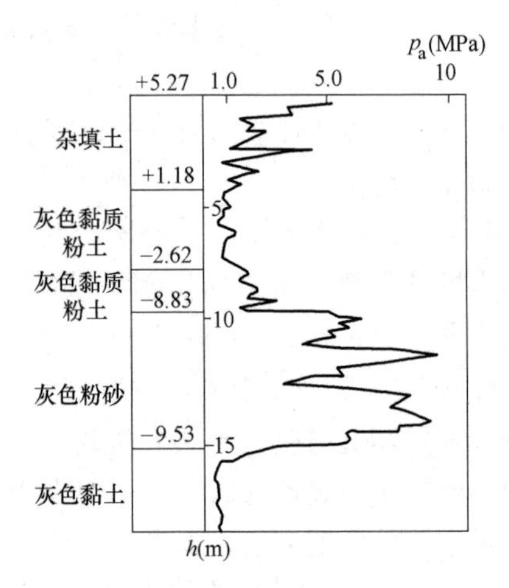

图 3.4.5 静力触探 p_a-h 曲线

流体理论。

承载力理论分析大多借助于对单桩承载力的半经验分析，这一理论把贯入阻力视为探头以下的土体受圆锥头的贯入力的影响，产生整体剪切破坏。承载力理论的分析适用于临界深度以上的贯入情况。

孔穴扩张理论分析的基本假设为：圆锥探头在均质各向同性无限土体中的贯入机理与圆球及圆柱体孔穴扩张问题相似，并将土作为可压缩的塑性体；有的也认为静力触探圆锥头在土中的贯入与桩的刺入破坏相近，孔穴扩张可作为第一近似解释。因此，孔穴扩张理论分析适用于压缩性土层。

稳定贯入流体理论认为：假定土是不可压缩的流动介质，圆锥探头贯入时受应变控制，根据其相应的应变路径求得偏应力，并推导出土体中的八面应力。故稳定贯入流体理论适用于饱和软黏土。

静力触探的主要优点是连续、快速、精确；可以在现场直接测得各土层的贯入阻力指标；掌握各土层在原始状态下有关的物理力学性质。静力触探可用于地基土层在竖向上变化复杂，用其他常规手段不能进行勘探时。比如，在饱和砂土、砂质粉土以及高灵敏度软黏土层中钻探取样时往往不易达到技术要求，或者无法取样，用静力触探连续压入测试，则显出其独特的优越性。但静力触探也有不足之处，如不能对土层进行直接观察、鉴别；由于稳固的反力问题没有解决，测试深度不能超过 80m；对于含碎石、砾石的土层和很密实的砂层一般不适用。

2）静力触探试验的主要技术要求

静力触探的主要设备是静力触探仪，触探仪主要由 3 部分组成：

① 贯入装置（包括反力装置），其基本功能是可控制等速压入；

② 传动系统，目前国内外使用的传动系统有液压和机械两种，按其传动系统静力触探仪可以分为电动机械式、液压式和手摇轻型链式 3 种；

③ 测量系统，包括探头、电缆和电阻应变仪等。

在静力触探的整个过程中，探头应匀速、垂直地压入土层中，压入速率一般控制在 1.2±0.3m/min，静力触探探头上的传感器必须事先进行率定，室内率定非线性误差、重复性误差、滞后误差、温度漂移、归零误差等。在现场试验时，应检验现场的归零误差小于3%，它是试验质量的重要指标。深度记录误差范围一般为±1%。当贯入深度大于50m时，应测量触探孔的偏斜度，校正土的分层界线。

3.4.2 基础检测

对于既有建筑物基础的检验首先应该明确检验的目的，有侧重点地进行检查，对已经暴露出问题的部位更要重点检测。检测前应搜集基础、上部结构和管线设计、施工等资料和竣工图，了解建筑各部位基础的实际荷载。

进行现场检验是基础检测必不可少的步骤，因为对既有建筑来说，有的因建造时间久远，原始资料不全，有的受环境影响，建筑有不同程度的损坏。只有通过开挖探坑，将基础暴露出来，才能对基础的现状有全面了解。通过开挖探坑验证基础类型、材料、尺寸及埋置深度，检查基础开裂、腐蚀或损坏程度，判定基础材料的强度等级。对倾斜的建筑应查明基础的倾斜、弯曲、扭曲等情况。对桩基应查明其入土深度、持力层情况和桩身质量。

1. 桩基础检测

桩基础检测通常是指新建建筑物的桩基检测，对既有建筑物桩基质量进行检测则需要开挖基础或将基础和上部结构断开。

（1）桩基础检测的方法及分类

桩基础检测的主要内容是桩基的承载能力和完整性。按照其完成设计与施工质量验收规范所规定的具体检测项目的方式，桩基的检测可以分为三类。

1）直接法。即通过现场原型试验直接获得检测项目结果的检测方法。直接从桩身混凝土中钻取芯样，测定桩身混凝土的质量。开挖检查桩底沉渣和持力层情况，并测定桩长。水平承载力和竖向承载力的静载试验能够测量桩基的极限承载力；测定桩侧、桩端阻力，可以通过埋设位移计；测定桩身各截面位移量，可测量相应荷载作用下的桩身应力，以此计算桩身弯矩。

2）半直接法。即在现场原型试验的基础上，同时基于一些理论假设和工程实践经验加以综合分析获得检测项目结果的检测方法，主要包括：低应变法、高应变法和声波透射法。

3）间接法。依据直接法已取得的试验成果，结合土的物理力学试验或原位测试数据，通过统计分析，给出经验公式或半理论半经验公式。由于影响因素的复杂性，该方法对设计参数的判断有很大的不确定性，所以只适用于工程初步设计的估算。

由于各种检测方法的可靠性和经济性不同，因此应根据检测目的、检测方法的适用范围，综合考虑各种因素，合理选择检测方法，确定抽检数量，使各种检测方法之间能互为补充或验证，在“安全适用、正确评价”的前提下做到经济合理。各种桩基础检测方法见表3.4.3。

（2）检测结果评价和检测报告

桩的设计要求通常包含承载力、混凝土强度以及施工质量验收规范规定的各项内容，而施工后基桩检测结果的评价包含了承载力和完整性两个相对独立的评价内容。对于桩身完整性检测，《建筑基桩检测技术规范》JGJ 106—2014 给出了完整性类别的划分标准，见表 3.4.4。

基桩检测方法汇总 **表 3.4.3**

检测方法	检测目的	检测方法	检测目的
单桩竖向抗压静载试验	确定单桩竖向抗压极限承载力； 判定竖向抗压承载力是否满足设计要求； 通过桩身内力及变形测试，测定桩侧、桩端阻力； 验证高应变法的单桩竖向抗压承载力检测结果	单桩水平静载试验	确定单桩水平临界和极限承载力，推定土抗力参数； 判定水平承载力是否满足设计要求； 通过桩身内力及变形测试，测定桩身弯矩和挠曲
单桩竖向抗拔静载试验	确定单桩竖向抗拔极限承载力； 判定竖向抗拔承载力是否满足设计要求； 通过桩身内力及变形测试，测定桩的抗拔摩擦阻力	芯法	检测灌注桩桩长、桩身混凝土强度、桩底沉渣厚度，判定或鉴别桩底岩土性状，判定桩身完整性类别
高应变法	判定单桩竖向抗压承载力是否满足设计要求； 检测桩身缺陷及其位置，判定桩身完整性类别； 分析桩侧和桩端土阻力	声波投射法	检测灌注桩桩身缺陷及其位置，判定桩身完整性类别
		低应变法	检测桩身缺陷及其位置，判定桩身完整性类别

桩身完整性分类表 **表 3.4.4**

桩身完整性类别	分类原则
Ⅰ类桩	桩身完整
Ⅱ类桩	桩身有轻微缺陷，不会影响桩身结构承载力的正常发挥
Ⅲ类桩	桩身有明显缺陷，对桩身结构承载力有影响
Ⅳ类桩	桩身存在严重缺陷

检测结果评价要按以下原则进行：

1）完整性检测与承载力检测相互配合，多种检测方法相互验证与补充；

2）在充分考虑受检桩数量及代表性基础上，结合设计条件（包括基础和上部结构形式、地质条件、桩的承载性状和沉降控制要求）与施工质量可靠性，给出检测结论。

检测报告是最终向委托方提供的重要技术文件。作为技术存档资料，检测报告首先应结论准确，用词规范，具有较强的可读性；其次是内容完整、精炼。常规的检测报告主要包括：①委托方名称，工程名称、地点，建设、勘察、设计、监理和施工单位，基础、结构形式，层数，设计要求，检测目的，检测数量，检测日期；②地质条件描述；③受检桩的桩号、桩位和相关施工记录；④检测方法，检测仪器设备，检测过程叙述；⑤受检桩的检测数据，实测与计算分析曲线、表格和汇总结果；⑥与检测内容相应的检测结论。

报告中应包含受检桩原始检测数据和曲线，并附有相关的计算分析数据和曲线，对仅有检测结果而无任何检测数据和曲线的报告，则视为无效报告。

2. 其他基础检测

其他基础的检测方法可以按照其材料分别进行归类，对于混凝土基础（独立基础、条形基础、筏形基础、箱形基础等）其强度检测方法可以采用回弹法、钻芯取样法等；对其浇筑质量和裂缝可以采用超声法，对于保护层厚度和钢筋数量、位置可采用钢筋保护层测定仪检测；对于砖砌条形基础其强度检测可采用取样法等砌体检测方法。

一般地，建筑工程基础的检验应按下列步骤进行：

（1）目测基础的外观质量，检查基础尺寸；

（2）检测基础轴线位置，柱荷载偏心情况，基础埋置深度，持力层情况；

（3）用手锤等工具初步检查基础的质量。用非破损法或钻孔取芯法测定基础材料的强度；

（4）检查钢筋直径、数量、位置和锈蚀情况；

（5）测定基础的变形、裂缝、沉降等情况。根据基础裂缝、腐蚀或破损程度以及基础材料的强度等级，判断基础工程质量；按实际承受荷载和变形特征进行基础承载力和变形验算，确定基础加固的必要性。

3.5 建筑结构沉降和倾斜检测

变形观测就是测定建筑物及其地基在其自身的荷载或外力作用下，一定时间段内所产生的变形量（包括水平移动、沉降、倾斜、挠度、裂缝等）及其数据的分析和处理工作。

建筑物的变形观测主要包括沉降观测、倾斜观测等。

3.5.1 沉降观测

建筑施工阶段沉降观测的规定如下：

（1）普通建筑可在基础完工后或地下室砌完后开始观测，大型、高层建筑可在基础垫层或基础底部完成后开始观测；

（2）观测次数与间隔时间应视地基与加荷情况而定。民用高层建筑可每加高 1～5 层观测 1 次，工业建筑可按回填基坑、安装柱子和屋架、砌筑墙体、设备安装等不同施工阶段分别进行观测，若建筑施工均匀增高，应至少在增加荷载的 25％、50％、75％和 100％时各测 1 次；

（3）施工过程中若暂停施工，在停工时及重新开工时应各观测 1 次。停工期间可每隔 2～3 个月观测 1 次。

建筑使用阶段沉降观测的规定为：应视地基土类型和沉降速率大小而定。除有特殊要求外，可在第 1 年观测 3～4 次，第 2 年观测 2～3 次，第 3 年后每年观测 1 次，直至稳定为止。

3.5.2 倾斜观测

建筑物倾斜观测的常用方法有以下几种：经纬仪观测法、全站仪测量法、铅锤观测法、倾斜仪测量法、基础沉降差法、近景摄影测量法。

全站仪，即全站型电子测距仪（图 3.5.1），是一种集光、机、电为一体的高技术测量仪器，是集水平角、垂直角、距离（斜距、平距）、高差测量功能于一体的测绘仪器系统。

图 3.5.1　全站仪

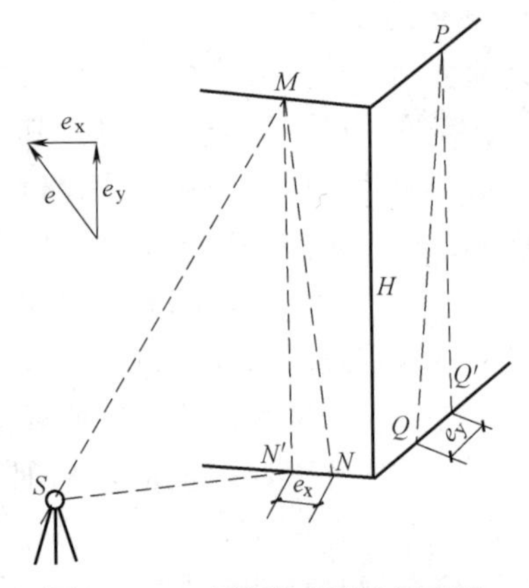

图 3.5.2　全站仪观测法示意图

全站仪观测法：如图 3.5.2 所示，在某一点 S 安置全站仪，照准柱顶某一标志点 M 并向下投影得点 N，然后在该点处做一个标志。过一段时间，再用全站仪照准同一点。由于建筑物已经发生倾斜变形，M 点已经不处于原来的位置，向下投点得到 N'点，N 与 N'之间的距离 e_x 即为建筑物在与视线垂直方向上的偏移量。再将全站仪移到另一个垂直的方向上，用同样的方法可以得到与视线垂直方向上的偏移量 e_y，利用矢量叠加的方法可以求得建筑物的总倾量 e 和倾斜度 i，即 $e=\sqrt{e_x^2+e_y^2}$、$i=e/H$。

思　考　题

1. 混凝土碳化深度如何测定？
2. 混凝土中钢筋锈蚀有哪些检测方法？
3. 采用超声波检测混凝土中裂缝深度有哪些方法？简述单面平测法检测混凝土中裂缝深度的具体步骤。
4. 常用砌体强度的检测方法有哪些？
5. 磁粉检测法的基本原理是什么？简述磁粉检测法的步骤。
6. 渗透检测法的基本原理是什么？
7. 回弹法、钻芯法、超声波检测法的基本原理分别是什么？
8. 砌体结构的检查内容主要包括哪些？如何评定砂浆的强度？
9. 钢结构的现场检测重点项目有哪些？
10. 钢结构焊缝检测有哪些方法？
11. 如何检测钢材的力学性能？
12. 桩基检测的方法有哪些？各自的技术要求是什么？
13. 比较超声波在混凝土结构缺陷检测中与钢结构探伤检测中的区别。
14. 建筑结构倾斜检测有哪些方法？

第4章　建筑结构鉴定

4.1　概　　述

建筑物的鉴定是通过调查、检测、试验及计算分析，按照现行设计规范和相关鉴定标准进行的综合评估。现已颁布的鉴定标准有《民用建筑可靠性鉴定标准》GB 50292—2015、《工业建筑可靠性鉴定标准》GB 50144—2019、《危险房屋鉴定标准》JGJ 125—2016及《建筑抗震鉴定标准》GB 50023—2009。按照相应的标准对建筑物进行鉴定评级。

4.2　民用建筑可靠性鉴定

4.2.1　鉴定分类

民用建筑可靠性鉴定可分为可靠性鉴定、安全性鉴定、使用性鉴定及专项鉴定四大类，分别适用于不同状况的建筑物。

1. 可靠性鉴定

(1) 建筑物大修前；

(2) 建筑物改造或增容、改建或扩建前；

(3) 建筑物改变用途或使用环境前；

(4) 建筑物达到设计使用年限拟继续使用时；

(5) 遭受灾害或事故时；

(6) 存在较严重的质量缺陷或出现较严重的腐蚀、损伤、变形时。

2. 安全性鉴定

(1) 各种应急鉴定；

(2) 国家法规规定的房屋安全性统一检查；

(3) 临时性房屋需延长使用期限；

(4) 使用性鉴定中发现安全问题。

3. 使用性鉴定

(1) 建筑物使用维护的常规检查；

(2) 建筑物有较高舒适度要求。

4. 专项鉴定

(1) 结构的维修改造有专门要求时；

(2) 结构存在耐久性损伤影响其耐久年限时；

(3) 结构存在明显的振动影响时；

（4）结构需进行长期监测时。

4.2.2 鉴定程序及工作内容

鉴定程序包括初步调查、详细调查、补充调查、检测、试验、理论计算等多个环节，民用建筑可靠性鉴定，应按规定的程序进行鉴定（图 4.2.1）。民用建筑可靠性鉴定的目的、范围和内容，应根据委托方提出的鉴定原因和要求，经初步调查后确定。

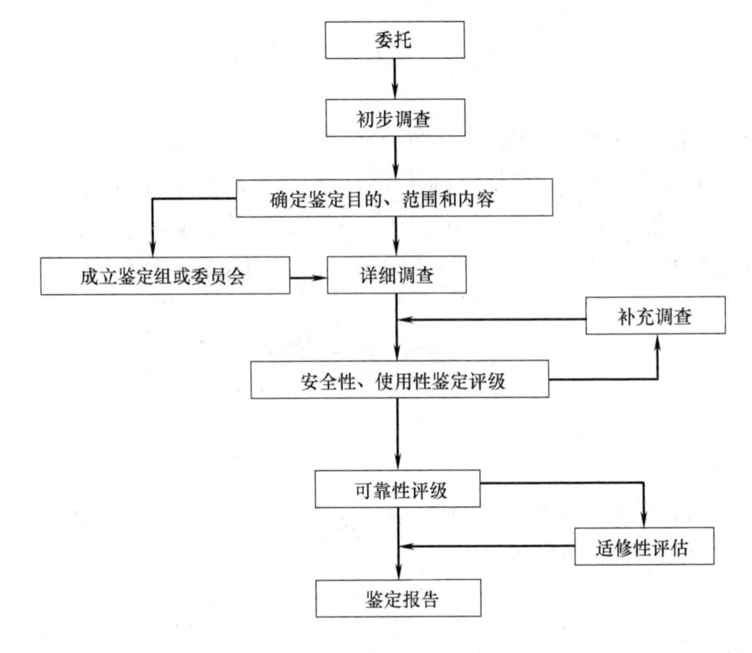

图 4.2.1 鉴定程序

1. 初步调查

（1）查阅图纸资料。其包括岩土工程勘察报告、设计计算书、设计变更记录、施工图、施工及变更记录、竣工图、竣工质检及验收文件（包括隐蔽工程验收记录）、定点观测记录、事故处理报告、维修记录、历次加固改造图纸等。

（2）查询建筑物历史。如原始施工、历次修缮、加固、改造、用途变更、使用条件改变以及受灾等情况。

（3）考察现场。按资料核对实物现状：调查建筑物实际使用条件和内外环境，查看已发现的问题，听取有关人员的意见等。

（4）填写初步调查表。

（5）制定详细调查计划及检测、试验工作大纲，并提出需由委托方完成的准备工作。

2. 详细调查

（1）结构体系基本情况勘查；

（2）结构使用条件调查核实；

（3）地基基础，包括桩基础的调查与检测；

（4）材料性能检测分析；

(5) 承重结构检查；

(6) 围护系统的安全状况和使用功能调查；

(7) 易受结构位移、变形影响的管道系统调查。

3. 民用建筑可靠性鉴定

调查与检测民用建筑可靠性鉴定，应对建筑物使用条件、使用环境和结构现状进行调查与检测；调查的内容、范围和技术要求应满足结构鉴定的需要，且不论鉴定范围大小，均应包括对结构整体牢固性现状的调查。

(1) 使用条件和环境的调查检测

使用条件和环境的调查与检测应包括结构上的作用、建筑所处环境与使用历史情况等。

结构上作用的调查项目：永久作用、可变作用、灾害作用。

建筑物的使用环境调查：气象环境、地质环境、建筑结构工作环境、灾害环境。

民用建筑环境调查：一般大气环境、冻融环境、近海环境等。

建筑物使用历史的调查，包括建筑物设计与施工、用途和使用年限、历次检测、维修与加固、用途变更与改扩建、使用荷载与动荷载作用以及遭受灾害和事故情况。

(2) 建筑物现状的调查与检测

建筑物现状的调查与检测，应包括地基基础、上部结构和围护结构三个部分。

4.2.3 鉴定评级及标准

鉴定评级将建筑结构体系按照结构失效逻辑关系，划分为三个层次：构件、子单元、鉴定单元。三个层次均按《民用建筑可靠性鉴定标准》GB 50292—2015 进行安全性、使用性、可靠性鉴定和等级划分（表 4.2.1～表 4.2.3）。

其中不同的是安全性鉴定和可靠性鉴定的三个层次构件、子单元和鉴定单元分别用四个等级表示，而使用性鉴定的三个层次构件、子单元和鉴定单元分别用三个等级表示。民用建筑安全性鉴定分级标准见表 4.2.1。民用建筑使用性鉴定分级标准见表 4.2.2。民用建筑可靠性鉴定分级标准见表 4.2.3。

民用建筑适修性鉴定分级标准见表 4.2.4。

安全性鉴定分级标准 **表 4.2.1**

层次	鉴定对象	等级	分级标准	处理要求
一	单个构件或其检查项目	a_u	安全性符合本标准对 a_u 级的要求，具有足够的承载能力	不必采取措施
		b_u	安全性略低于本标准对 a_u 级的要求，尚不显著影响承载能力	可不必采取措施
		c_u	安全性不符合本标准对 a_u 级的要求，显著影响承载能力	应采取措施
		d_u	安全性不符合本标准对 a_u 级的要求，已严重影响承载能力	必须及时或立即采取措施

（续）

层次	鉴定对象	等级	分级标准	处理要求
二	子单元或子单元中的某种构件集	A_u	安全性符合本标准对 A_u 级的要求，不影响整体承载	可能有个别一般构件应采取措施
		B_u	安全性略低于本标准对 A_u 级的要求，尚不显著影响整体承载	可能有极少数构件应采取措施
		C_u	安全性不符合本标准对 A_u 级的要求，显著影响整体承载	应采取措施，且可能有极少数构件必须立即采取措施
		D_u	安全性极不符合本标准对 A_u 级的要求，严重影响整体承载	必须立即采取措施
三	鉴定单元	A_{su}	安全性符合本标准对 A_{su} 级的要求，不影响整体承载	可能有极少数一般构件应采取措施
		B_{su}	安全性略低于本标准对 A_{su} 级的要求，尚不显著影响整体承载	可能有极少数构件应采取措施
		C_{su}	安全性不符合本标准对 A_{su} 级的要求，显著影响整体承载	应采取措施，且可能有极少数构件必须及时采取措施
		D_{su}	安全性严重不符合本标准对 A_{su} 级的要求，严重显著影响整体承载	必须立即采取措施

使用性鉴定分级标准 **表 4.2.2**

层次	鉴定对象	等级	分级标准	处理要求
一	单个构件或其检查项目	a_s	使用性符合本标准对 a_s 级的要求，具有足够的使用功能	不必采取措施
		b_s	使用性略低于本标准对 a_s 级的要求，尚不显著影响使用功能	可不必采取措施
		c_s	使用性不符合本标准对 a_s 级的要求，显著影响使用功能	应采取措施
二	子单元或子单元中的某种构件集	A_s	使用性符合本标准对 A_s 级的要求，不影响整体使用功能	可能有极少数一般构件应采取措施
		B_s	使用性略低于本标准对 A_s 级的要求，尚不显著影响使用功能	可能有极少数构件应采取措施
		C_s	使用性不符合本标准对 A_s 级的要求，显著影响使用功能	应采取措施
三	鉴定单元	A_{ss}	使用性符合本标准对 A_{ss} 级的要求，不影响整体使用功能	可能有极少数一般构件应采取措施
		B_{ss}	使用性略低于本标准对 A_{ss} 级的要求，尚不显著影响整体使用功能	可能有极少数构件应采取措施
		C_{ss}	使用性不符合本标准对 A_{ss} 级的要求，显著影响整体使用功能	应采取措施

可靠性鉴定分级标准　　表 4.2.3

层次	鉴定对象	等级	分级标准	处理要求
一	单个构件	a	可靠性符合本标准对 a 级的要求，具有正常的承载能力和使用功能	不必采取措施
		b	可靠性略低于本标准对 a 级的要求，尚不影响承载能力和使用功能	可不采取措施
		c	可靠性不符合本标准对 a 级的要求，显著影响承载能力和使用功能	应采取措施
		d	可靠性极不符合本标准对 a 级的要求，已严重影响安全	必须及时或立即采取措施
二	子单元或子单元中的某种构件集	A	可靠性符合本标准对 A 级的要求，不影响整体承载能力和使用功能	可能有个别一般构件应采取措施
		B	可靠性略低于本标准对 A 级的要求，但尚不影响整体承载能力和使用功能	可能有极少数构件应采取措施
		C	可靠性不符合本标准对 A 级的要求，显著影响整体承载能力和使用功能	应采取措施，且可能有极少数构件必须及时采取措施
		D	可靠性极不符合本标准 A 级的要求，已严重影响安全	必须及时或立即采取措施
三	构件单元	Ⅰ	可靠性符合本标准对Ⅰ级的要求，不影响整体承载能力和使用功能	可能有极少数一般构件应在安全性和使用性方面采取措施
		Ⅱ	可靠性略低于本标准对Ⅰ级的要求，但尚不影响整体承载能力和使用功能	可能有极少数构件应在安全性和使用性方面采取措施
		Ⅲ	可靠性不符合本标准对Ⅰ级的要求，显著影响整体承载能力和使用功能	应采取措施，且可能有极少数构件必须及时采取措施
		Ⅳ	可靠性极不符合本标准Ⅰ级的要求，已严重影响安全	必须及时或立即采取措施

子单元或鉴定单元适修性评定的分级标准　　表 4.2.4

等级	分级标准
A_r	易修，修后功能可达到现行设计标准的要求；所需总费用远低于新建的造价；适修性好，应予修复
B_r	稍难修，但修后尚能恢复或接近恢复原功能；所需总费用不到新建造价的 70%；适修性尚好，宜予修复
C_r	难修，修后需降低使用功能，或限制使用条件，或所需总费用为新建造价 70%以上；适修性差，是否有保留价值，取决于其重要性和使用要求
D_r	该鉴定对象已严重残损，或修后功能极差，已无利用价值，或所需总费用接近甚至超过新建造价，适修性很差；除文物、历史、艺术及纪念性建筑外，宜予拆除重建

4.2.4　安全性鉴定评级

1. 构件

构件安全性鉴定评级可分为混凝土结构构件、砌体结构构件和钢结构构件等单个构件安全性的鉴定评级，应根据构件的不同种类分别评级。当需通过荷载试验评估结构构件的安全性时，应按现行专门标准进行评估。若检验结果表明，其承载能力符合设计和规范要求，可根据其完好程度，定为 a_u 级或 b_u 级，若承载能力不符合设计和规范要求，可根据其严重程度，定为 c_u 级或 d_u 级。

有些结构可不参与鉴定，但若考虑其他层次鉴定评级的需要，且有必要给出该构件的安全性等级时，可根据其实际完好程度定为 a_u 级或 b_u 级。

混凝土结构构件的安全性鉴定，应按承载能力、构造以及不适于承载的位移（或变形）和裂缝（或其他损伤）四个检查项目，分别评定每一受检构件的等级，并取其中最低一级作为该构件安全性等级。当混凝土结构构件有较大范围损伤时，应根据其实际严重程度直接定为 c_u 级或 d_u 级。

（1）承载能力评定

当混凝土结构构件的安全性按承载能力评定时，分别评定每一验算项目的等级，然后取其中最低一级作为该构件承载能力的安全性等级。按表 4.2.5 评定混凝土构件的承载力等级。

混凝土结构构件承载能力等级的评定 **表 4.2.5**

构件类型	$R/(\gamma_0 S)$			
	a_u 级	b_u 级	c_u 级	d_u 级
主要构件及节点连接	≥1.0	≥0.95	≥0.90	≥0.90
一般构件	≥1.0	≥0.90	≥0.85	≥0.85

（2）构造评定

当混凝土结构构件的安全性按构造评定时，检查项目分为结构构造、连接（或节点）构造及受力预埋件。分别评定每一验算项目的等级，然后取其中最低一级作为该构件承载能力的安全性等级。按表 4.2.6 评定混凝土构件的承载力等级。

混凝土结构构件构造等级的评定 **表 4.2.6**

检查项目	a_u 级或 b_u 级	c_u 级或 d_u 级
结构构造	结构、构件的构造合理，符合或基本符合现行设计规范要求	结构、构件的构造不当，或有明显缺陷，不符合现行设计规范要求
连接（或节点）构造	连接方式正确，构造符合国家现行设计规范要求，无缺陷，或仅有局部的表面缺陷，工作无异常	连接方式不当，构造有明显缺陷，已导致焊缝或螺栓等发生变形、滑移、局部拉脱、剪坏或裂缝
受力预埋件	构造合理，受力可靠，无变形、滑移、松动或其他损坏	构造有明显缺陷，已导致预埋件发生变形、滑移、松动或其他损坏

（3）位移或变形评定

对桁架的挠度，当其实测值大于其计算跨度的 1/400 时，应先验算其承载能力。验算时，应考虑由位移产生的附加应力的影响，并按下列规定评级：

1）若验算结果不低于 b_u 级，仍可定为 b_u 级；

2）若验算结果低于 b_u 级，应根据其实际严重程度定为 c_u 级或 d_u 级。

对其他受弯构件的挠度或施工偏差超限造成的侧向弯曲，应按表 4.2.7 的规定评级。

（4）裂缝评定

钢筋混凝土结构出现裂缝的原因很多，裂缝对结构影响的差异也很大，产生原因也不同，可将裂缝大致分为受力裂缝和非受力裂缝。

当混凝土结构构件出现表 4.2.8 所列的受力裂缝时，应视为不适于承载的裂缝，并应根据其实际严重程度定为 c_u 级或 d_u 级。

混凝土受弯构件不适于承载的变形的评定　　表 4.2.7

检查项目	构件类别		c_u 级或 d_u 级
挠度	主要受弯构件——主梁、托梁等		$>l_0/200$
	一般受弯构件	$l_0\leq 7m$	$>l_0/120$ 或 $>47mm$
		$7m<l_0\leq 9m$	$>l_0/150$ 或 $>50mm$
		$l_0>9m$	$>l_0/180$
侧向弯曲的矢高	预制屋面梁或深梁		$>l_0/400$

混凝土构件不适于承载的裂缝宽度的评定　　表 4.2.8

检查项目	环境	构件类别		c_u 级或 d_u 级
受力主筋处的弯曲(含一般弯剪)裂缝和受拉裂缝宽度(mm)	室内正常环境	钢筋混凝土	主要构件	>0.5
			一般构件	>0.7
		预应力混凝土	主要构件	>0.20(0.30)
			一般构件	>0.30(0.50)
	高湿度环境	钢筋混凝土	任何构件	>0.40
		预应力混凝土		>0.10(0.20)
剪切裂缝和受压裂缝(mm)	任何环境	钢筋混凝土或预应力混凝土		出现裂缝

注：括号内数据用于采用热轧钢筋配筋的预应力混凝土构件。

当混凝土结构构件出现下列情况之一的非受力裂缝时，也应视为不适于承载的裂缝，并应根据其实际严重程度定为 c_u 级或 d_u 级：

1）因主筋锈蚀（或腐蚀），导致混凝土产生沿主筋方向开裂、保护层脱落或掉角。

2）因温度、收缩等作用产生的裂缝，其宽度已超过规定的弯曲裂缝宽度值的 50%，且分析表明已显著影响结构的受力。

2. 子单元

(1) 地基基础

地基基础子单元的安全性鉴定评级，应根据地基变形或地基承载力的评定结果进行确定。对建在斜坡场地的建筑物，还应按边坡场地稳定性的评定结果进行确定。

1）地基变形评定

A_u 级不均匀沉降小于现行国家标准《建筑地基基础设计规范》GB 50007—2011 规定的允许沉降差；建筑物无沉降裂缝、变形或位移。

B_u 级不均匀沉降不大于现行国家标准《建筑地基基础设计规范》GB 50007—2011 规定的允许沉降差；且连续两个月地基沉降量小于 2mm/月；建筑物的上部结构虽有轻微裂缝，但无发展迹象。

C_u 级不均匀沉降大于现行国家标准《建筑地基基础设计规范》GB 50007—2011 规定

的允许沉降差；或连续两个月地基沉降量大于 2mm/月；或建筑物上部结构砌体部分出现宽度大于 5mm 的沉降裂缝，预制构件连接部位可能出现宽度大于 1mm 的沉降裂缝，且沉降裂缝短期内无终止趋势。

D_u 级不均匀沉降远大于现行国家标准《建筑地基基础设计规范》GB 50007—2011 规定的允许沉降差；连续两个月地基沉降量大于 2mm/月，且尚有变快趋势；或建筑物上部结构的沉降裂缝发展显著；砌体的裂缝宽度大于 10mm；预制构件连接部位的裂缝宽度大于 3mm；现浇结构个别部分也已开始出现沉降裂缝。

2）地基承载力评定

当地基基础承载力符合现行国家标准《建筑地基基础设计规范》GB 50007—2011 的要求时，可根据建筑物的完好程度评为 A_u 级或 B_u 级。

当地基基础承载力不符合现行国家标准《建筑地基基础设计规范》GB 50007—2011 的要求时，可根据建筑物开裂损伤的严重程度评为 C_u 级或 D_u 级。

3）边坡场地稳定性

A_u 级建筑场地地基稳定，无滑动迹象及滑动史。

B_u 级建筑场地地基在历史上曾有过局部滑动，经治理后已停止滑动，且近期评估表明，在一般情况下，不会再滑动。

C_u 级建筑场地地基在历史上发生过滑动，目前虽已停止滑动，但若触动诱发因素，今后仍有可能再滑动。

D_u 级建筑场地地基在历史上发生过滑动，目前又有滑动或滑动迹象。

（2）上部承重结构

上部承重结构子单元的安全性鉴定评级，应根据其结构承载功能等级、结构整体性等级以及结构侧向位移等级的评定结果进行确定。

上部承重结构的安全性等级，应根据下列原则确定：

1）一般情况下，应按上部结构承载功能和结构侧向位移（或倾斜）的评级结果，取其中较低一级作为上部承重结构（子单元）的安全性等级。

2）当上部承重结构按上款评为 B_u 级，但若发现各主要构件集所含的 C_u 级构件（或其节点、连接域）处于下列情况之一时，宜将所评等级降为 C_u 级：

① 出现 C_u 级构件交汇的节点连接；

② 不止一个 C_u 级存在于人群密集场所或其他破坏后果严重的部位。

3）当上部承重结构按标准评为 C_u 级，但若发现其主要构件集有下列情况之一时，宜将所评等级降为 D_u 级：

① 多层或高层房屋中，其底层柱集为 C_u 级；

② 多层或高层房屋的底层，或任一空旷层，或框支剪力墙结构的框架层的柱集为 D_u 级；

③ 在人群密集场所或其他破坏后果严重部位，出现不止一个 D_u级构件。

4）当上部承重结构按上款评为 A_u 级或 B_u 级，而结构整体性等级为 C_u 级或 D_u 级时，应将所评的上部承重结构安全性等级降为 C_u 级。

5）当上部承重结构在按以上规定作了调整后仍为 A_u 级或 B_u 级，但若发现被评为 C_u 级或 D_u 级的一般构件集，已被设计成参与支撑系统或其他抗侧力系统工作，或已在抗震加固中，加强了其与主要构件集的锚固，应将上部承重结构所评的安全性等级降为 C_u 级。

3. 鉴定单元

（1）民用建筑鉴定单元的安全性鉴定评级，应根据其地基基础、上部承重结构和围护系统承重部分等的安全性等级，以及与整幢建筑有关的其他安全问题进行评定。

（2）鉴定单元的安全性等级时，一般情况下，应根据地基基础和上部承重结构的评定结果按其中较低等级确定。当鉴定单元的安全性等级按上款评为 A_u 级或 B_u 级但围护系统承重部分的等级为 C_u 级或 D_u 级时，可根据实际情况将鉴定单元所评等级降低一级或二级，但最后所定的等级不得低于 C_u 级。

4.2.5 使用性鉴定评级

1. 构件

单个构件使用性的鉴定评级，应根据其不同的材料种类，有不同鉴定标准。

使用性鉴定，应以现场的调查、检测结果为基本依据。

当遇到下列情况之一时，结构的主要构件鉴定，尚应按正常使用极限状态的要求进行计算分析与验算：

1）检测结果需与计算值进行比较；

2）检测只能取得部分数据，需通过计算分析进行鉴定；

3）为改变建筑物用途、使用条件或使用要求而进行的鉴定。

4）混凝土结构构件的使用性鉴定，应按位移（变形）、裂缝、缺陷和损伤四个检查项目，分别评定每一受检构件的等级，并取其中最低一级作为该构件使用性等级。应注意混凝土结构构件碳化深度的测定结果，主要用于鉴定分析，不参与评级。但若构件主筋已处于碳化区内，则应在鉴定报告中指出，并应结合其他项目的检测结果提出处理的建议。

（1）位移评定

当混凝土桁架和其他受弯构件的使用性按其挠度检测结果评定时，宜按下列规定评级：

1）若检测值小于计算值及现行设计规范限值时，可评为 a_s 级；

2）若检测值大于或等于计算值，但不大于现行设计规范限值时，可评为 b_s 级；

3）若检测值大于现行设计规范限值时，应评为 c_s 级。

应注意在一般结构的鉴定中，对检测值小于现行设计规范限值的情况，允许不经计算，直接根据其完好程度评为 a_s 级或 b_s 级。

当混凝土柱的使用性需要按其柱顶水平位移（或倾斜）检测结果评定时，可按下列原则评级：

1）若该位移的出现与整个结构有关，应取与上部承重结构相同的级别作为该柱的水平位移等级；

2）若该位移的出现只是孤立事件，可根据其检测结果直接评级。

（2）裂缝评定

1）裂缝评定分为有计算值评定和无计算值评定，若无计算值时，应按表 4.2.9 或表 4.2.10 的规定评级；

2）当沿主筋方向出现锈迹或细裂缝时，应直接评为 c_s 级；

3）若一根构件同时出现两种或以上的裂缝，应分别评级，并取其中最低一级作为该构件的裂缝等级。

钢筋混凝土构件裂缝宽度等级的评定　　　　表 4.2.9

检查项目	环境类别和作用等级	构件种类		裂缝评定标准		
				a级	b级	c级
受力主筋处的弯曲裂缝或弯剪裂缝宽度(mm)	Ⅰ-A	主要构件	屋架、托架	≤0.15	≤0.20	>0.20
			主梁、托梁	≤0.20	≤0.30	>0.30
		一般构件		≤0.25	≤0.40	>0.40
	Ⅰ-B、Ⅰ-C	任何构件		≤0.15	≤0.20	>0.20
	Ⅱ	任何构件		≤0.10	≤0.15	>0.15
	Ⅲ、Ⅳ	任何构件		无肉眼可见的裂缝	≤0.10	>0.10

预应力混凝土构件裂缝宽度等级的评定　　　　表 4.2.10

检查项目	环境类别和作用等级	构件种类	裂缝评定标准		
			a_s 级	b_s 级	c_s 级
受力主筋处的弯曲裂缝或弯剪裂缝宽度(mm)	Ⅰ-A	主要构件	无裂缝 (≤0.05)	≤0.05 (≤0.10)	>0.05 (>0.10)
		一般构件	≤0.02 (≤0.05)	≤0.10 (≤0.05)	>0.10 (>0.25)
	Ⅰ-B、Ⅰ-C	任何构件	无裂缝	≤0.20 (≤0.05)	>0.02 (>0.25)
	Ⅱ、Ⅲ、Ⅳ	任何构件	无裂缝	无裂缝	无裂缝

注：括号内的限值用于采用热轧钢筋配筋的预应力混凝土构件。

（3）构件缺陷和损伤评定

混凝土构件的缺陷和损伤项目应按表 4.2.11 的规定评级。

混凝土构件的缺陷和损伤等级的评定　　　　表 4.2.11

检查项目	a_s 级	b_s 级	c_s 级
缺陷	无明显缺陷	局部有缺陷，但缺陷深度小于钢筋保护层厚度	有较大范围的缺陷，或局部的严重缺陷，且缺陷深度大于钢筋保护层厚度
钢筋锈蚀损伤	无锈蚀现象	探测表面有可能锈蚀	已出现沿主筋方向的锈蚀裂缝，或明显的锈迹
混凝土腐蚀损伤	无腐蚀损失	表面有轻度腐蚀损伤	有明显腐蚀损伤

2. 子单元

（1）地基使用性鉴定

地基基础的使用性，可根据其上部承重结构或围护系统的工作状态进行评定。当评定地基基础的使用等级时，应按下列规定评级：

1）当上部承重结构和围护系统的使用性检查未发现问题，或所发现问题与地基基础无关时，可根据实际情况定等级。

2）当上部承重结构和围护系统所发现的问题与地基基础有关时，可根据上部承重结构和围护系统所评的等级，取其中较低一级作为地基基础使用性等级。

（2）上部承重结构使用性鉴定

上部承重结构子单元的使用性鉴定评级，应根据其所含各种构件集的使用性等级和结构的侧向位移等级进行评定。当建筑物的使用要求对振动有限制时，还应评估振动（或颤动）的影响。

3. 鉴定单元

（1）民用建筑鉴定单元的使用性鉴定评级，应根据地基基础、上部承重结构和围护系统的使用性等级，以及与整幢建筑有关的其他使用功能问题进行评定。

（2）鉴定单元的使用性等级，应根据三个子单元中最低的等级确定。

4.2.6 可靠性及适修性评级

1. 可靠性

（1）民用建筑的可靠性鉴定，以其安全性和使用性的鉴定结果为依据逐层进行。

（2）当不要求给出可靠性等级时，民用建筑各层次的可靠性，宜采取直接列出其安全性等级和使用性等级的形式予以表示。

（3）当需要给出民用建筑各层次的可靠性等级时，可根据其安全性和正常使用性的评定结果，按下列原则确定：

1）当该层次安全性等级低于 b_u 级、B_u 级或 B_{su} 级时，应按安全性等级确定。

2）除以上的情形外，可按安全性等级和正常使用性等级中较低的一个等级确定。

3）当考虑鉴定对象的重要性或特殊性时，允许对评定结果作不大于一级的调整。

2. 适修性

（1）在民用建筑可靠性鉴定中，若委托方要求对 C_{su} 级和 D_{su} 级鉴定单元，或 C_u 级和 D_u 级子单元（或其中某种构件集）的处理提出建议时，宜对其适修性进行评估。

（2）对有文物、历史、艺术价值或有纪念意义的建筑物，不进行适修性评估，而应予以修复或保存。

4.3 工业建筑可靠性鉴定

4.3.1 鉴定分类

鉴定对象可以是工业建（构）筑物整体或所划分的相对独立的鉴定单元，也可是结构系统或结构。鉴定的目标使用年限，应根据工业建筑的使用历史、当前的技术状况和今后的维修使用计划，由委托方和鉴定方共同商定。对鉴定对象的不同鉴定单元，可确定不同的目标使用年限。

1. 可靠性鉴定

在下列情况下，应进行可靠性鉴定：

(1) 达到设计使用年限拟继续使用时；
(2) 用途或使用环境改变时；
(3) 进行改造或增容、改建或扩建时；
(4) 遭受灾害或事故时；
(5) 存在较严重的质量缺陷或者出现较严重的腐蚀、损伤、变形时。

在下列情况下，宜进行可靠性鉴定：
(1) 使用维护中需要进行常规检测鉴定时；
(2) 需要进行全面、大规模维修时；
(3) 其他需要掌握结构可靠性水平时。

2. 专项鉴定

当结构存在下列问题且仅为局部的不影响建（构）筑物整体时，可根据需要进行专项鉴定：
(1) 结构进行维修改造有专门要求时；
(2) 结构存在耐久性损伤影响其耐久年限时；
(3) 结构存在疲劳问题影响其疲劳寿命时；
(4) 结构存在明显振动影响时；
(5) 结构需要进行长期监测时；
(6) 结构受到一般腐蚀或存在其他问题时。

4.3.2 鉴定程序及工作内容

鉴定内容应包括检测鉴定的依据、详细调查与检测的工作内容、检测方案和主要检测方法、工作进度计划及需由委托方完成的准备工作等。鉴定方案应根据鉴定对象的特点和初步调查结果、鉴定目的和要求制定。鉴定的目的、范围和内容，应在接受鉴定委托时根据委托方提出的鉴定原因和要求，经协商后确定。

1. 初步调查

(1) 查阅图纸资料，包括工程地质勘察报告、设计图、竣工资料，检查观测记录、历次加固和改造图纸和资料、事故处理报告等。

(2) 调查工业建筑的历史情况，包括施工、维修、加固、改造、用途变更、使用条件改变以及受灾害等情况。

(3) 考察现场，调查工业建筑的实际状况、使用条件、内外环境，以及目前存在的问题。

(4) 确定详细调查与检测的工作大纲，拟订鉴定方案。

2. 详细调查与检测

(1) 详细研究相关文件资料。

(2) 详细调查结构上的作用和环境中的不利因素，以及它们在目标使用年限内可能发生的变化，必要时测试结构上的作用或作用效应。

(3) 检查结构布置和构造、支撑系统、结构构件及连接情况，详细检测结构存在的缺陷和损伤，包括承重结构或构件、支撑杆件及其连接节点存在的缺陷和损伤。

(4) 检查或测量承重结构或构件的裂缝、位移或变形，当有较大动荷载时测试结构或构件的动力反应和动力特性。

(5) 调查或测量地基的变形，检查地基变形对上部承重结构、围护结构系统及吊车运行等的影响。必要时可开挖基础检查，也可补充勘察或进行现场荷载试验。

(6) 检测结构材料的实际性能和构件的几何参数，必要时通过荷载试验检验结构或构件的实际性能。

(7) 检查围护结构系统的安全状况和使用功能。

3. 可靠性分析与验算

应根据详细调查与检测结果，对建（构）筑物的整体和各个组成部分的可靠度水平进行分析与验算，包括结构分析、结构或构件安全性和正常使用性校核分析、所存在问题的原因分析等。

4. 调查与检测

(1) 使用条件和环境的调查检测

使用条件和环境的调查与检测应包括结构上的作用、建筑所处环境与使用历史情况等。结构上作用的调查项目包括：永久作用、可变作用、灾害作用。

建（构）筑物的使用环境调查包括：气象环境、地理环境、结构工作环境。

建（构）筑物结构或结构构件所处的环境类别有：一般大气环境、冻融环境、近海环境等。

建（构）筑物的使用历史调查应包括建（构）筑物的设计与施工、用途和使用时间、维修与加固、用途变更与改（扩）建、超载历史、动荷载作用历史以及受灾害和事故等情况。

(2) 工业建筑的调查与检测

对工业建筑物的调查和检测应包括地基基础、上部承重结构和围护结构三个部分。

对地基基础的调查，除应查阅岩土工程勘察报告及有关图纸资料外，应调查工业建筑现状、实际使用荷载、沉降量和沉降稳定情况、沉降差、上部结构倾斜、扭曲和裂损情况，以及邻近建筑、地下工程和管线等情况。当地基基础资料不足时，可根据国家现行有关标准的规定，对场地地基进行补充勘察或进行沉降观测。

对上部承重结构的调查，可根据建筑物的具体情况以及鉴定的内容和要求进行。

对围护结构的调查，除应查阅有关图纸资料外，应现场核实围护结构系统的布置，调查该系统中围护构件和非承重墙体及其构造连接的实际状况、对主体结构的不利影响，以及围护系统的使用功能、老化损伤、破坏失效等情况。

4.3.3 鉴定评级标准

工业建筑物的可靠性鉴定评级，应划分为构件（包括构件本身和构件之间的连接件）、结构系统、鉴定单元三个层次；其中结构系统和构件两个层次的鉴定评级，应包括安全性等级和使用性等级评定，需要时可由此综合评定其可靠性等级；各层次的等级应按表 4.3.1 规定的评定项目分层次进行评定。当不要求评定可靠性等级时，可直接给出安全性和正常使用性评定结果。

专项鉴定的鉴定程序可按可靠性鉴定程序执行，但鉴定程序的工作内容应符合专项鉴定的要求。

工业建筑物可靠性鉴定评级的层次、等级划分及项目内容　　表 4.3.1

<table>
<tr><td>层次</td><td colspan="2">Ⅰ</td><td colspan="3">Ⅱ</td><td>Ⅲ</td></tr>
<tr><td>层名</td><td colspan="2">鉴定单元</td><td colspan="3">结构系统</td><td>构件</td></tr>
<tr><td rowspan="11">可靠性鉴定</td><td>可靠性等级</td><td>一、二、三、四</td><td rowspan="6">安全性评定</td><td>等级</td><td>A、B、C、D</td><td>a、b、c、d</td></tr>
<tr><td colspan="2" rowspan="10">建筑物整体或某一区域</td><td rowspan="2">地基基础</td><td>地基变形、斜坡稳定性</td><td>—</td></tr>
<tr><td>承载力</td><td>—</td></tr>
<tr><td rowspan="2">上部承重结构</td><td>整体性</td><td>—</td></tr>
<tr><td>承载功能</td><td>承载能力和连接</td></tr>
<tr><td>围护结构</td><td>承载功能
构件连接</td><td>—</td></tr>
<tr><td rowspan="5">正常使用性评级</td><td>等级</td><td>A、B、C</td><td>a、b、c</td></tr>
<tr><td>地基基础</td><td>影响上部结构正常使用的地基变形</td><td>—</td></tr>
<tr><td rowspan="2">上部承重结构</td><td>使用状况</td><td>变形
裂缝
缺陷、损伤
腐蚀</td></tr>
<tr><td>水平位移</td><td>—</td></tr>
<tr><td>围护系统</td><td>功能与状况</td><td>—</td></tr>
</table>

4.3.4 构件的鉴定评级

单个构件的鉴定评级，应对其安全性等级和使用性等级进行评定，需要评定其可靠性等级时，应根据安全性等级和使用性等级评定结果确定。构件的安全性等级和使用性等级，应根据实际情况评定。

当构件按结构载荷试验评定其安全性等级和使用性等级时，应根据试验目的和检验结果、构件的实际状况和使用条件，按国家现行有关检测技术标准的规定进行评定。

1. 混凝土构件

(1) 安全性等级

混凝土构件的安全性等级应按承载能力、构造和连接两个项目评定，并取其中较低等级作为构件的安全性等级。

1) 承载能力

混凝土构件的承载能力项目应按表 4.3.2 评定等级。

混凝土结构构件承载力评定　　表 4.3.2

构件种类	$R/(\gamma_0 S)$			
	a	b	c	d
重要构件	≥1.0	<1.0,≥0.90	<0.90,≥0.85	<0.85
次要构件	≥1.0	<1.0,≥0.87	<0.87,≥0.82	<0.82

2）构件的构造和连接

混凝土构件的构造和连接项目包括构造、预埋件、连接节点的焊缝或螺栓等，应根据对构件安全使用的影响按规定评定等级。

（2）使用性等级

混凝土构件的使用性等级应按裂缝、变形、缺陷和损伤、腐蚀四个项目评定，并取其中的最低等级作为构件的使用性等级。

2. 砌体构件

（1）安全性等级

砌体构件的安全性等级应按承载能力、构造和连接两个项目评定，并取其中的较低等级作为构件的安全性等级。

砌体构件的承载能力项目应根据承载能力的校核结果按表 4.3.3 的规定评定。

砌体承载力评定 **表 4.3.3**

构件种类	$R/(\gamma_0 S)$			
	a	b	c	d
重要构件	≥1.0	<1.0 ≥0.90	<0.90 ≥0.85	<0.85
次要构件	≥1.0	<1.0 ≥0.87	<0.87 ≥0.82	<0.82

砌体构件构造与连接项目的等级应根据墙、柱的高厚比，墙、柱、梁的连接构造，砌筑方式等涉及构件安全性的因素，按规定的原则评定。

（2）使用性等级

砌体构件的使用性等级应按裂缝、缺陷和损伤、腐蚀三个项目评定，并取其中的最低等级作为构件的使用性等级。

4.3.5 结构系统的鉴定评级

工业建筑物鉴定第二层次结构系统的鉴定评级，应对其安全性等级和使用性等级进行评定，需要评定其可靠性等级时，应按标准规定的原则确定。地基基础、上部承重结构和围护结构三个结构系统的安全性等级和使用性等级，应分别按标准规定评定。

1. 地基基础

（1）按地基变形观测资料和建（构）筑物现状的检测结果评定。

（2）当地基基础的安全性需要按承载力项目评定时，应根据地基和基础的检测、验算结果，按国家标准《建筑地基基础设计规范》GB 50007—2011 规定分为 A 级、B 级、C 级和 D 级评定等级。

（3）根据上部承重结构和围护结构使用状况评定地基基础使用性等级时，应按下列规定评定等级：

A 级：上部承重结构和围护结构的使用状况良好，或所出现的问题与地基基础无关。

B 级：上部承重结构或围护结构的使用状况基本正常，结构或连接因地基基础变形有个别损伤。

C 级：上部承重结构和围护结构的使用状况不完全正常，结构或连接因地基变形有局部或大面积损伤。

2. 上部承重结构

上部承重结构的安全性等级，应按结构整体性和承载功能两个项目评定，并取其中较低的评定等级作为上部承重结构的安全性等级，必要时应考虑过大水平位移或明显振动对该结构系统或其中部分结构安全性的影响。

结构整体性的评定应根据结构布置和构造、支撑系统两个项目，按表 4.3.4 的要求进行评定，并取结构布置和构造、支撑系统两个项目中的较低等级作为结构整体性的评定等级。

上部承重结构承载功能的评定等级，精确的评定应根据结构体系的类型及空间作用等，按照国家现行标准规范规定的结构分析原则和方法以及结构的实际构造和结构上的作用确定合理的计算模型，通过结构作用效应分析和结构抗力分析，并结合该体系以往的承载状况和工程经验进行。在进行结构抗力分析时还应考虑结构、构件的损伤、材料劣化对结构承载能力的影响。

结构整体性评定等级 **表 4.3.4**

评定等级	A或B	C或D
结构布置和构造	结构布置合理，形成完整的体系；传力路径明确或基本明确；结构形式和构件选型、整体性构造和连接等符合或基本符合国家现行标准规范的规定，满足安全要求或不影响安全	结构布置不合理，基本上未形成或未形成完整的体系；传力路径不明确或不当；结构形式和构件选型、整体性构造和连接等严重不符合国家现行标准规范的规定，影响安全或严重影响安全
支撑系统	支撑系统布置合理，形成完整的支撑系统；支撑杆件长细比及节点构造符合或基本符合国家现行标准规范的要求，无明显缺陷或损伤	支撑系统布置不合理，基本上未形成完整的支撑系统；支撑杆件长细比及节点构造不符合或严重不符合国家现行标准规范的要求，有明显缺陷或损伤

3. 围护结构系统

围护结构系统分为安全性等级和使用性等级。

围护结构系统的安全性等级，应按承重围护结构的承载功能和非承重围护结构的构造连接两个项目进行评定，并取两个项目中较低的评定等级作为该围护结构系统的安全性等级。

承重围护结构承载功能的评定等级，应根据其结构类别按国家标准规范规定评定。非承重围护结构的构造连接项目的评定等级取其最低等级作为该项目的安全性等级。

围护结构系统的使用性等级，应根据承重围护结构的使用状况、围护系统的使用功能两个项目评定，并取两个项目中较低评定等级作为该围护结构系统的使用性等级。

承重围护结构使用状况的评定等级，应根据其结构类别按相应标准规定评定。

4.4 危险房屋鉴定

4.4.1 鉴定程序及方法

1. 鉴定程序

房屋危险性鉴定应根据委托要求确定鉴定范围和内容。鉴定实施前应调查、收集和分析房屋原始资料，并应进行现场查勘，制定检测鉴定方案。

应根据检测鉴定方案对房屋现状进行现场检测，必要时应采用仪器测试、结构分析和验算。

房屋危险性等级评定应在对调查、查勘、检测、验算的数据资料进行全面分析的基础上进行综合评定。

应按《危险房屋鉴定标准》JGJ 125—2016 第 7 章的相关规定出具鉴定报告，提出原则性的处理建议。

2. 鉴定方法

房屋危险性鉴定应根据地基危险性状态和基础及上部结构的危险性等级按下列两阶段进行综合评定：

(1) 第一阶段为地基危险性鉴定，评定房屋地基的危险性状态；

(2) 第二阶段为基础及上部结构危险性鉴定，综合评定房屋的危险性等级。

基础及上部结构危险性鉴定应按下列三层次进行：

1) 第一层次为构件危险性鉴定，其等级评定为危险构件和非危险构件两类。

2) 第二层次为楼层危险性鉴定，其等级评定为 A_u、B_u、C_u、D_u 四个等级。

3) 第三层次为房屋危险性鉴定，其等级评定为 A、B、C、D 四个等级。

4.4.2 地基危险性鉴定

地基的危险性鉴定包括地基承载能力、地基沉降、土体位移等内容。

对地基进行承载力验算时，应通过地质勘察报告等资料来确定地基土层分布及各土层的力学特性，同时宜根据建造时间确定地基承载力提高的影响，地基承载力提高系数可按现行国家标准《建筑抗震鉴定标准》GB 50023—2009 相应规定取值。地基危险性状态鉴定应符合下列规定：

(1) 可通过分析房屋近期沉降、倾斜观测资料和其上部结构因不均匀沉降引起的反应的检查结果进行判定；

(2) 必要时宜通过地质勘察报告等资料对地基的状态进行分析和判断，缺乏地质勘察资料时，宜补充地质勘察。

4.4.3 构件危险性鉴定

当构件同时符合下列条件时，可直接评定为非危险构件：

(1) 构件未受结构性改变、修复或用途及使用条件改变的影响；

(2) 构件无明显的开裂、变形等损坏；

(3) 构件工作正常，无安全性问题。

1. 基础构件

基础构件的危险性鉴定应包括基础构件的承载能力、构造与连接、裂缝和变形等内容。基础构件的危险性鉴定可通过分析房屋近期沉降、倾斜观测资料和其因不均匀沉降引起上部结构反应的检查结果进行判定。判定时，应检查基础与承重砖墙连接处的水平、竖向和斜向阶梯形裂缝状况，基础与框架柱根部连接处的水平裂缝状况，房屋的倾斜位移状况，地基滑坡、稳定、特殊土质变形和开裂等状况。必要时，宜结合开挖方式对基础构件进行检测，通过验算承载力进行判定。

2. 砌体结构构件

砌体结构构件的危险性鉴定应包括承载能力、构造与连接、裂缝和变形等内容。砌体结构构件检查应包括下列主要内容：

(1) 查明不同类型构件的构造连接部位状况；

(2) 查明纵横墙交接处的斜向或竖向裂缝状况；

(3) 查明承重墙体的变形、裂缝和拆改状况；

(4) 查明拱脚裂缝和位移状况，以及圈梁和构造柱的完损情况；

(5) 确定裂缝宽度、长度、深度、走向、数量及分布，并应观测裂缝的发展趋势。

3. 混凝土结构构件

混凝土结构构件的危险性鉴定应包括承载能力、构造与连接、裂缝和变形等内容。混凝土结构构件检查应包括下列主要内容：

(1) 查明墙、柱、梁、板及屋架的受力裂缝和钢筋锈蚀状况；

(2) 查明柱根和柱顶的裂缝状况；

(3) 查明屋架倾斜以及支撑系统的稳定性情况。

4.4.4 房屋危险性鉴定

房屋危险性鉴定时应根据被鉴定房屋的结构形式和构造特点，按其危险程度和影响范围进行鉴定。

根据房屋的危险程度按下列等级划分：

A级：无危险构件，房屋结构能满足安全使用要求；

B级：个别结构构件评定为危险构件，但不影响主体结构安全，基本能满足安全使用要求；

C级：部分承重结构不能满足安全使用要求，房屋局部处于危险状态，构成局部危房；

D级：承重结构已不能满足安全使用要求，房屋整体处于危险状态，构成整幢危房。

综合评定原则：房屋危险性鉴定应以房屋的地基、基础及上部结构构件的危险性程度判定为基础，结合下列因素进行全面分析和综合判断：

(1) 各危险构件的损伤程度；

(2) 危险构件在整幢房屋中的重要性、数量和比例；

(3) 危险构件相互间的关联作用及对房屋整体稳定性的影响；

(4) 周围环境、使用情况和人为因素对房屋结构整体的影响；

(5) 房屋结构的可修复性。

4.5 建筑抗震鉴定

4.5.1 抗震鉴定分级

抗震鉴定分为两级。第一级鉴定应以宏观控制和构造鉴定为主进行综合评价，第二级鉴定应以抗震验算为主结合构造影响进行综合评价。

A类建筑的抗震鉴定，当符合第一级鉴定的各项要求时，建筑可评为满足抗震鉴定要求，不再进行第二级鉴定；当不符合第一级鉴定要求时，除《建筑抗震鉴定标准》GB 50023—2009有明确规定的情况外，应由第二级鉴定作出判断。

B类建筑的抗震鉴定，应检查其抗震措施和现有抗震承载力再作出判断。当抗震措施不满足鉴定要求而现有抗震承载力较高时，可通过构造影响系数进行综合抗震能力的评定；当抗震措施鉴定满足要求时，主要抗侧力构件的抗震承载力不低于规定的95%、次要抗侧力构件的抗震承载力不低于规定的90%，也可不要求进行加固处理。

对不符合鉴定要求的建筑，可根据其不符合要求的程度、部位对结构整体抗震性能影响的大小，以及有关的非抗震缺陷等实际情况，结合使用要求、城市规划和加固难易等因素的分析，提出相应的维修、加固、改变用途或更新等抗震减灾对策。

4.5.2 建筑抗震鉴定的基本规定

现有建筑的抗震鉴定的内容及要求为：

（1）搜集建筑的勘察报告、施工和竣工验收的相关原始资料；当资料不全时，应根据鉴定的需要进行补充实测。

（2）调查建筑现状与原始资料相符合的程度、施工质量和维护状况，发现相关的非抗震缺陷。

（3）根据各类建筑结构的特点、结构布置、构造和抗震承载力等因素，采用相应的逐级鉴定方法，进行综合抗震能力分析。

（4）对现有建筑整体抗震性能做出评价，对符合抗震鉴定要求的建筑应说明其后续使用年限，对不符合抗震鉴定要求的建筑提出相应的抗震减灾对策和处理意见。

4.5.3 场地、地基及基础

1. 场地

（1）抗震设防烈度为6、7度时及建造于对抗震有利地段的建筑，可不进行场地对建筑影响的抗震鉴定，应注意：

1）对建造于危险地段的建筑，场地对建筑影响应按专门规定鉴定；

2）有利、不利等地段和场地类别，按现行国家标准《建筑抗震设计规范》GB 50011—2010划分。

（2）对建造于危险地段的现有建筑，应结合规划更新（迁离）；暂时不能更新的，应进行专门研究，并采取应急的安全措施。

（3）抗震设防烈度为7～9度时，建筑场地为条状突出山嘴、高耸孤立山丘、非岩石和强风化岩石陡坡、河岸和边坡的边缘等不利地段，应对其地震稳定性、地基滑移及对建筑的可能危害进行评估；非岩石和强风化岩石陡坡的坡度及建筑场地与坡脚的高差均较大时，应估算局部地形导致其地震影响增大的后果。

（4）建筑场地有液化侧向扩展且距常时水线100m范围内，应判明液化后土体流滑与开裂的危险。

2. 地基及基础

地基基础现状的鉴定，应着重调查上部结构的不均匀沉降裂缝和倾斜，基础有无腐蚀、酥碱、松散和剥落，上部结构的裂缝、倾斜以及有无发展趋势。

对下列现有建筑，可不进行地基基础的抗震鉴定：

（1）丁类建筑。

（2）地基主要受力层范围内不存在软弱土、饱和砂土和饱和粉土或严重不均匀土层的乙类、丙类建筑。

（3）抗震设防烈度为6度时的各类建筑。

（4）抗震设防烈度为7度时，地基基础现状无严重静载缺陷的乙类、丙类建筑。

对地基基础现状进行鉴定时，当基础无腐蚀、酥碱、松散和剥落，上部结构无不均匀沉降裂缝和倾斜，或虽有裂缝、倾斜但不严重且无发展趋势，该地基基础可评为无严重静载缺陷。

存在软弱土、饱和砂土和饱和粉土的地基基础，应根据烈度、场地类别、建筑现状和基础类型，进行液化、震陷及抗震承载力的两级鉴定。符合第一级鉴定的规定时，应评为地基符合抗震要求，不再进行第二级鉴定。

静载下已出现严重缺陷的地基基础，应同时审核其静载下的承载力。

同一建筑单元存在不同类型基础或基础埋深不同时，宜根据地震时可能产生的不利影响，估算地震导致两部分地基的差异沉降，检查基础抵抗差异沉降的能力，并检查上部结构相应部位的构造抵抗附加地震作用和差异沉降的能力。

4.5.4 多层砌体房屋

对于多层砌体房屋的抗震鉴定，房屋的高度和层数、抗震墙的厚度和间距、墙体实际达到的砂浆强度等级和砌筑质量、墙体交接处的连接以及女儿墙、楼梯间和出屋面烟囱等易引起倒塌伤人的部位应重点检查；抗震设防烈度为7～9度时，应检查墙体布置的规则性，检查楼、屋盖处的圈梁，检查楼、屋盖与墙体的连接构造等。

现有砌体房屋的抗震鉴定，应按房屋高度和层数、结构体系的合理性、墙体材料的实际强度、房屋整体性连接构造的可靠性、局部易损易倒部位构件自身及其与主体结构连接构造的可靠性以及墙体抗震承载力的综合分析，对整幢房屋的抗震能力进行鉴定。

当砌体房屋层数超过规定时，应评为不满足抗震鉴定要求；当仅有出入口和人流通道处的女儿墙、出屋面烟囱等不符合规定时，应评为局部不满足抗震鉴定要求。

根据《高层建筑混凝土结构技术规程》JGJ 3—2010，多层砌体房屋分为A类砌体房屋和B类砌体房屋。

A类砌体房屋应进行综合抗震能力的两级鉴定。在第一级鉴定中，墙体的抗震承载力应依据纵、横墙间距进行简化验算，当符合第一级鉴定的各项规定时，应评为满足抗震鉴定要求；不符合第一级鉴定要求时，除有明确规定的情况外，应在第二级鉴定中采用综合抗震能力指数的方法，计入构造影响作出判断。

B类砌体房屋，在整体性连接构造的检查中尚应包括构造柱的设置情况，墙体的抗震承载力应采用现行国家标准《建筑抗震设计规范》GB 50011—2010的底部剪力法等方法进行验算，或按照A类砌体房屋计入构造影响进行综合抗震能力的评定。

1. A 类多层砌体房屋抗震鉴定

(1) 第一级鉴定

对砌体房屋第一级鉴定应注意：砌体房屋应满足表 4.5.1 和表 4.5.2 的鉴定标准要求；承重墙体的砖、砌块和砂浆实际达到的强度等级要符合要求；现有房屋的整体性连接构造和房屋中易引起局部倒塌的部件及其连接，应着重检查。

A 类砌体房屋的最大高度（m）和层数限值　　表 4.5.1

墙体类别	墙体厚度(mm)	6度		7度		8度		9度	
		高度	层数	高度	层数	高度	层数	高度	层数
普通砖实心墙	≥240	24	八	22	七	19	六	13	四
	180	16	五	16	五	13	四	10	三
多孔砖墙	180～240	16	五	16	五	13	四	10	三
普通砖空心墙	420	19	六	19	六	13	四	10	三
	300	10	三	10	三	10	三		
普通砖空斗墙	240	10	三	10	三	10	三		
混凝土中砌块墙	≥240	19	六	19	六	13	四		
混凝土小砌块墙	≥190	22	七	22	七	16	五		
粉煤灰中砌块墙	≥240	19	六	19	六	13	四		
	180～240	16	五	16	五	10	三		

A 类砌体房屋刚性体系抗震横墙的最大间距（m）　　表 4.5.2

楼、屋盖类型	墙体类型	墙体厚度(mm)	6、7度	8度	9度
现浇或装配整体式混凝土	砖实心墙	≥240	15	15	11
	其他墙体	≥180	13	10	
装配式混凝土	砖实心墙	≥240	11	11	7
	其他墙体	≥180	10	7	
木、砖拱	砖实心墙	≥240	7	7	4

多层砌体房屋符合各项规定可评为综合抗震能力满足抗震鉴定要求，当遇下列情况之一时，可不再进行第二级鉴定，但应评为综合抗震能力不满足抗震鉴定要求，且要求对房屋采取加固或其他相应措施：

1) 房屋高宽比大于 3，或横墙间距超过刚性体系最大值 4m。

2) 纵横墙交接处连接不符合要求，或支承长度少于规定值的 75%。

3) 仅有易损部位非结构构件的构造不符合要求。

(2) 第二级鉴定

A 类砌体房屋采用综合抗震能力指数的方法进行第二级鉴定时，应根据房屋不符合第一级鉴定的具体情况，分别采用楼层平均抗震能力指数方法、楼层综合抗震能力指数方法和墙段综合抗震能力指数方法进行鉴定。

A 类砌体房屋的楼层平均抗震能力指数、楼层综合抗震能力指数和墙段综合抗震能力指数应按房屋的纵横两个方向分别计算。当最弱楼层平均抗震能力指数、最弱楼层综合抗震能力指数或最弱墙段综合抗震能力指数大于等于 1.0 时，应评定为满足抗震鉴定要求；当小于 1.0 时，应对房屋采取加固或其他相应措施。

房屋的质量和刚度沿高度分布明显不均匀，或 7、8、9 度时房屋的层数分别超过六、五、三层，可按标准的方法进行抗震承载力验算，并按《建筑抗震鉴定标准》GB 50023—2009 的规定估算构造的影响，由综合评定进行第二级鉴定。

2. B 类多层砌体房屋抗震鉴定

（1）抗震措施鉴定

B 类多层砌体房屋实际层数和总高度限值不超过表 4.5.3 中限值。

B 类多层砌体房屋的层数和总高度限值（m） **表 4.5.3**

砌体类别	最小墙厚（mm）	烈度							
		6		7		8		9	
		高度	层数	高度	层数	高度	层数	高度	层数
普通砖	240	24	八	21	七	18	六	12	四
多孔砖	240	21	七	21	七	18	六	12	四
	190	21	七	18	六	15	五	不宜采用	
混凝土小砌块	190	21	七	18	六	15	五		
混凝土中砌块	200	18	六	15	五	9	三		
粉煤灰中砌块	240	18	六	15	五	9	三		

现有多层砌体房屋的结构体系，应符合下列要求：

1）房屋抗震横墙的最大间距，不应超过表 4.5.4 的要求。

B 类多层砌体房屋的抗震横墙的最大间距（m） **表 4.5.4**

楼、屋盖类别	普通砖、多孔砖房屋				中砌块房屋			小砌块房屋		
	6 度	7 度	8 度	9 度	6 度	7 度	8 度	6 度	7 度	8 度
现浇和装配整体式钢筋混凝土	18	18	15	11	13	13	10	15	15	11
装配整体式钢筋混凝土	15	15	11	7	10	10	7	11	11	7
木	11	11	7	4	不宜采用					

2）房屋总高度与总宽度的最大比值（高宽比），宜符合表 4.5.5 的要求。

房屋最大高宽比 **表 4.5.5**

烈度	6	7	8	9
最大高宽比	2.5	2.5	2.0	1.5

（2）抗震承载力验算

B 类现有砌体房屋的抗震分析，可采用底部剪力法，并可按现行国家标准《建筑抗震设计规范》GB 50011—2010 规定只选择从属面积较大或竖向应力较小的墙段进行抗震承载力验算；当抗震措施不满足《建筑抗震鉴定标准》GB 50023—2009 的要求时，可按标准第二级鉴定的方法综合考虑构造的整体影响和局部影响，其中，当构造柱或芯柱的设置不满足相关规定时，体系影响系数尚应根据不满足程度乘以 0.8～0.95 的系数。当场地处于标准规定的不利地段时，尚应乘以增大系数 1.1～1.6。

4.5.5 多层及高层混凝土房屋

多层及高层混凝土房屋抗震鉴定适用范围：A 类钢筋混凝土房屋抗震鉴定时，房屋的总层数不超过 10 层。B 类钢筋混凝土房屋抗震鉴定时，房屋适用的最大高度应符合表 4.5.6 的要求，对不规则结构、有框支抗震墙结构或Ⅳ类场地上的结构，适用的最大高度应适当降低。

B 类现浇钢筋混凝土房屋适用的最大高度（m）　　　　表 4.5.6

结构类型	烈度			
	6	7	8	9
框架结构	同非抗震设计	55	45	25
框架-抗震墙结构		120	100	50
抗震墙结构		120	100	60
框支抗震墙结构	120	100	80	不应采用

现有钢筋混凝土房屋的抗震鉴定，应按结构体系的合理性、结构构件材料的实际强度、结构构件的纵向钢筋和横向箍筋的配置和构件连接的可靠性、填充墙等与主体结构的构造以及构件抗震承载力的综合分析，对整幢房屋的抗震能力进行鉴定。

A 类钢筋混凝土房屋应进行综合抗震能力两级鉴定。当符合第一级鉴定的各项规定时，除 9 度外应允许不进行抗震验算而评为满足抗震鉴定要求；不符合第一级鉴定要求和 9 度时，除有明确规定的情况外，应在第二级鉴定中采用屈服强度系数和综合抗震能力指数的方法作出判断。

B 类钢筋混凝土房屋应根据所属的抗震等级进行结构布置和构造检查，并应通过内力调整进行抗震承载力验算；或按照 A 类钢筋混凝土房屋计入构造影响对综合抗震能力进行评定。

1. A 类多层砌体房屋抗震鉴定

（1）第一级鉴定

1）结构体系

框架结构宜为双向框架，装配式框架宜有整浇节点，8、9 度时不应为铰接节点。

框架结构不宜为单跨框架；乙类设防时，不应为单跨框架结构，且 8、9 度时按梁柱的实际配筋、柱轴向力计算的框架柱的弯矩增大系数宜大于 1.1。

抗震墙之间无大洞口的楼盖、屋盖的长宽比不宜超过表 4.5.7 的规定，超过时应考虑楼盖平面内变形的影响。

A 类钢筋混凝土房屋抗震墙无大洞口的楼盖、屋盖的长宽比　　　　表 4.5.7

楼、屋盖类别	烈度	
	8	9
现浇、叠合梁板	3.0	2.0
装配式楼盖	2.5	1.0

8度时，厚度不小于240mm、砌筑砂浆强度等级不低于M2.5的抗侧力黏土砖填充墙，其平均间距应不大于表4.5.8规定的限值。

抗侧力黏土砖填充墙平均间距的限值 **表4.5.8**

总层数	三	四	五	六
间距(m)	17	14	12	11

2）材料强度要求

梁、柱、墙实际达到的混凝土强度等级，6、7度时不应低于C13，8、9度时不应低于C18。

对框架结构的检查规定、框架梁柱的配筋检查要求以及墙与主体结构连接的检查要求等参照《建筑抗震鉴定标准》GB 50023—2009。

钢筋混凝土房屋符合各项规定可评为综合抗震能力满足要求；当遇标准中的其他情况时，可不再进行第二级鉴定，但应评为综合抗震能力不满足抗震要求，且应对房屋采取加固或其他相应措施。

(2) 第二级鉴定

A类钢筋混凝土房屋，可采用平面结构的楼层综合抗震能力指数进行第二级鉴定。也可按现行国家标准《建筑抗震设计规范》GB 50011—2010的方法进行抗震计算分析，按标准的规定进行构件抗震承载力验算，计算时构件组合内力设计值不作调整，尚应按规范的规定估算构造的影响，由综合评定进行第二级鉴定。

1）平面结构选取

应至少在两个主轴方向分别选取有代表性的平面结构。

框架结构与承重砌体结构相连时，除应符合规定外，尚应选取连接处的平面结构。有明显扭转效应时，除应符合规定外，尚应选取计入扭转影响的边框结构。

2）体系系数的确定

A类钢筋混凝土房屋的体系影响系数可根据结构体系、梁柱箍筋、轴压比等符合第一级鉴定要求的程度和部位，分别按情况确定。

3）局部影响系数的确定

局部影响系数可根据局部构造不符合第一级鉴定要求的程度，取下列三项系数的最小值：

① 与承重砌体结构相连的框架，取0.8～0.95。

② 填充墙等与框架的连接不符合第一级鉴定标准要求，取0.7～0.95。

③ 抗震墙之间楼盖、屋盖长宽比超过表4.5.7中规定值，可按超过的程度，取0.6～0.9。

4）楼层的弹性地震剪力计算

对规则结构可采用底部剪力法计算，地震作用按标准的规定计算，地震作用分项系数取1.0；对考虑扭转影响的边榀结构，可按现行国家标准《建筑抗震设计规范》GB 50011—2010规定的方法计算。当场地处于《建筑抗震设计规范》GB 50011—2010规定的不利地段时，地震作用尚应乘以增大系数1.1～1.6。

2. B类多层砌体房屋抗震鉴定

B类钢筋混凝土房屋的抗震鉴定，应按表4.5.9确定鉴定时所采用的抗震等级，并按其所属抗震等级的要求核查抗震构造措施。

钢筋混凝土结构的抗震等级　　　　表4.5.9

结构类型		烈度								
		6		7		8			9	
框架结构	房屋高度(m)	≤25	>25	≤35	>35	≤35	>35		≤25	
	框架	四	三	三	二	二	一		一	
框架-抗震墙结构	房屋高度(m)	≤50	>50	≤60	>60	<50	50～80	>80	≤25	>25
	框架	四	三	三	二	三	二	一	二	一
	抗震墙	三		二		二	一		一	
抗震墙结构	房屋高度(m)	≤60	>60	≤80	>80	<35	35～80	>80	≤25	>25
	一般抗震墙	四	三	三	二	三	二	一	二	一
	有框支层的落地抗震墙底部加强部位	三	二	二		二	一	不宜采用	不应采用	
	框支层框架	三	二	二	一	二	一			

(1) 抗震措施鉴定

1) 结构体系

框架结构不宜为单跨框架；乙类设防时不应为单跨框架结构，且8、9度时按梁柱的实际配筋、柱轴向力计算的框架柱的弯矩增大系数宜大于1.1。

结构布置宜按《建筑抗震鉴定标准》GB 50023—2009的要求检查其规则性，不规则房屋设有防震缝时，其最小宽度应符合现行国家标准《建筑抗震鉴定标准》GB 50023—2009的要求，并应提高相关部位的鉴定要求。

钢筋混凝土框架房屋的结构布置，钢筋混凝土框架-抗震墙房屋的结构布置，钢筋混凝土抗震墙房屋的结构布置都应符合《建筑抗震鉴定标准》GB 50023—2009的要求。

房屋底部有框支层时，框支层的刚度不应小于相邻上层刚度的50%；落地抗震墙间距不宜大于四开间和24m的较小值，且落地抗震墙之间的楼盖、屋盖长宽比不应超过表4.5.10规定的数值。

B类钢筋混凝土房屋抗震墙无大洞口的楼盖、屋盖的长宽比　　　　表4.5.10

楼、屋盖类别	烈度			
	6	7	8	9
现浇、叠合梁板	4.0	4.0	3.0	2.0
装配式楼盖	3.0	3.0	2.5	不宜采用
框支层现浇梁板	2.5	2.5	2.0	不宜采用

2) 材料强度

对于梁、柱、墙实际达到的混凝土强度等级不应低于C20。一级的框架梁、柱和节点不应低于C30。

3）结构构件的配筋与构造要求

按照《建筑抗震鉴定标准》GB 50023—2009要求检查框架梁和框架柱的配筋与构造要求。

框架节点核心区内箍筋的最大间距和最小直径宜按表4.5.11检查，一、二、三级的体积配箍率分别不宜小于1.0%、0.8%、0.6%，但轴压比小于0.4时仍按表4.5.12检查。

柱加密区的箍筋最大间距和最小直径 **表4.5.11**

抗震等级	箍筋最大间距(采用最小值)(mm)	箍筋最小直径(mm)
一	$6d$,100	10
二	$8d$,100	8
三	$8d$,150	8
四	$8d$,150	8

注：d为箍筋直径。

柱加密区的箍筋最小体积配筋率（%） **表4.5.12**

抗震等级	箍筋形式	柱轴压比		
		<0.4	0.4～0.6	>0.6
一	普通筋、复合筋	0.8	1.2	1.6
	螺旋箍	0.8	1.0	1.2
二	普通筋、复合筋	0.6～0.8	0.8～1.2	1.2～1.6
	螺旋箍	0.6	0.8～1.0	1.0～1.2
三	普通筋、复合筋	0.4～0.6	0.6～0.8	0.8～1.2
	螺旋箍	0.4	0.6	0.8

抗震墙墙板的配筋与构造应符合现行国家标准《混凝土结构设计规范》GB 50010—2010的要求。

4）填充墙的连接

砌体填充墙在平面和竖向的布置宜均匀对称。宜与框架柱柔性连接，但墙顶应与框架紧密结合。砌体填充墙与框架为刚性连接时应满足：

① 沿框架柱高每隔500mm有2ϕ6拉筋，拉筋伸入填充墙内长度，一、二级框架宜沿墙全长拉通；三、四级框架不应小于墙长的1/5且不小于700mm；

② 墙长度大于5m时，墙顶部与梁宜有拉结措施，墙高度超过4m时，宜在墙高中部设置与柱连接的通长钢筋混凝土水平系梁。

（2）抗震承载力验算

现有钢筋混凝土房屋，应根据现行国家标准《建筑抗震设计规范》GB 50011—2010的方法进行抗震分析，按《建筑抗震鉴定标准》GB 50023—2009规定进行构件承载力验算，乙类框架结构尚应进行变形验算；当抗震构造措施不满足要求时，可按《建筑抗震鉴定标准》GB 50023—2009中的方法计入构造的影响进行综合评价。

构件截面抗震验算时，其组合内力设计值的调整应符合《建筑抗震设计规范》GB

50011—2010 附录 D 的规定，截面抗震验算应符合《建筑抗震设计规范》GB 50011—2010 附录 E 的规定。

当场地处于规定的不利地段时，地震作用尚应乘以增大系数 1.1～1.6。考虑黏土砖填充墙抗侧力作用的框架结构，可按《建筑抗震设计规范》GB 50011—2010 附录 F 进行抗震验算。

B 类钢筋混凝土房屋的体系影响系数，可根据结构体系、梁柱箍筋、轴压比、墙体边缘构件等符合鉴定要求的程度和部位，按下列情况确定：

1）当上述各项构造均符合现行国家标准《建筑抗震设计规范》GB 50011—2010 的规定时，可取 1.1。

2）当各项构造均符合《建筑抗震鉴定标准》GB 50023—2009 的规定时，可取 1.0。

3）当各项构造均符合 A 类房屋鉴定的规定时，可取 0.8。

4）当结构受损伤或发生倾斜但已修复纠正，上述数值尚宜乘以系数 0.8～1.0。

思　考　题

1. 建筑结构的鉴定指什么？

2. 民用建筑可靠性鉴定中的适用对象为已有建筑，已有建筑的定义是什么？

3. 民用建筑可靠性鉴定和工业建筑可靠性鉴定鉴定分类分别为什么？

4. 民用建筑可靠性鉴定程序是什么？

5. 民用建筑与工业厂房可靠性鉴定评级过程及层次划分有何异同？

6. 民用建筑可靠性鉴定应分为几个层次进行？每个层次各划分为几个评定等级？

7. 钢筋混凝土构件裂缝宽度等级的评定与预应力混凝土构件裂缝宽度等级的评定主要区别是什么？

8. 民用建筑子单元安全性鉴定评级时，子单元应如何划分？

9. 工业建筑可靠性鉴定中结构系统的鉴定评级里的结构系统包括什么？

10. 安全性鉴定和正常使用性鉴定的各层次划分有何区别？

11. 混凝土结构构件安全性鉴定、正常使用性鉴定分别包括哪些检查项目？

12. 危房鉴定主要可分为哪些层次？

13. 建筑抗震鉴定中对地基与基础的鉴定应着重注意哪些方面？

14. 既有结构可靠性评定工作中，所依据的国家标准是什么？

15. 钢筋混凝土结构构件的裂缝宽度应按照什么荷载效应进行计算？

第 5 章　钢筋混凝土结构加固

混凝土结构加固前，应进行结构鉴定，确定是否需要加固以及加固方案。混凝土构件的加固设计，应与实际施工方法紧密结合，采取有效措施，保证新增构件和部件与原结构连接可靠，形成整体共同工作；并考虑对未加固部分，以及相关的结构、构件、地基和基础造成的不利影响。同时，在加固设计时应考虑原结构在加固时的实际受力状态，必要时可考虑卸载加固。

对混凝土结构而言，常用的加固方法有：增大截面加固法、置换混凝土加固法、外粘型钢加固法、粘贴钢板加固法、粘贴纤维复合材料加固法、绕丝加固法、钢绞线网片-聚合物砂浆加固法、体外预应力加固法、增设支点加固法、结构体系加固法、增设拉结体系加固法等，与结构加固方法配套使用的相关技术很多，主要有裂缝修补技术、后锚固技术、阻锈技术、喷射混凝土技术等。本章对几个典型加固方法的加固计算和构造规定进行了介绍。

5.1　增大截面加固法

5.1.1　概述

增大截面加固法，又称外包混凝土加固法，是通过在原混凝土构件外叠浇新的钢筋混凝土，增大构件的截面面积和配筋，达到提高构件的承载力和刚度、降低柱子长细比等目的。该方法有施工简单、适应性强等优点，缺点是施工周期长，构件尺寸的增大可能会影响使用功能和其他构件的受力性能。

增大截面加固法适用于混凝土柱、板、梁等结构构件，特别是原截面尺寸显著偏小及轴压比明显偏高的构件加固。根据构件的受力特点、薄弱环节、几何尺寸及方便施工等，加固形式可以设计为单侧、双侧、三侧或四面增大截面，如图 5.1.1 所示。以增大截面为

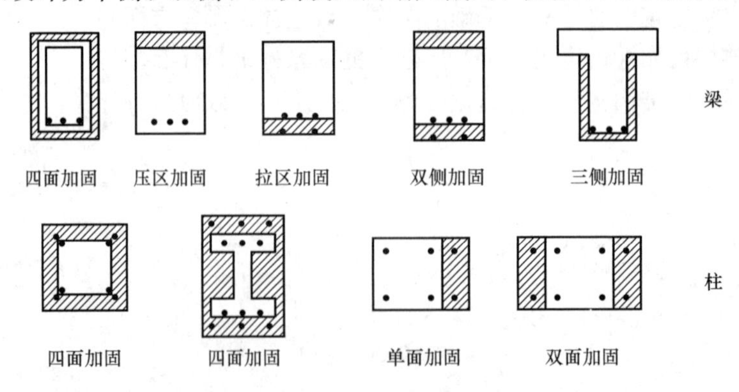

图 5.1.1　混凝土结构增大截面加固形式

主的加固，为了保证补加混凝土的正常工作，需配置构造钢筋；以加配钢筋为主的加固，为了保证钢筋的正常工作，需按钢筋保护层等构造要求，适当增大截面。

5.1.2 加固计算

1. 设计规定

（1）本方法适用于钢筋混凝土受弯和受压构件的加固。

（2）采用本方法时，按现场检测结果确定的原构件混凝土强度等级不应低于C15。

（3）当被加固构件界面处理及其粘结质量符合《混凝土结构加固设计规范》GB 50367—2013时，可按整体截面计算。

（4）采用增大截面加固钢筋混凝土结构构件时，其正截面承载力应按现行国家标准《混凝土结构设计规范》GB 50010—2010的基本假定进行计算。

（5）采用增大截面加固法对混凝土结构进行加固时，应采取措施卸除或大部分卸除作用在结构上的活荷载。

2. 加固计算

（1）受弯构件正截面加固计算

采用增大截面加固受弯构件时，应根据原结构构造和受力的实际情况，选取在受压区或受拉区增设现浇钢筋混凝土外加层的加固方式。

当仅在受压区加固受弯构件时，其承载力、抗裂度、钢筋应力、裂缝宽度及挠度的计算和验算，可按现行国家标准《混凝土结构设计规范》GB 50010—2010关于叠合式受弯构件的规定进行。当验算结果表明，仅需增设混凝土叠合层即可满足承载力要求时，也应按构造要求配置受压钢筋和分布钢筋。

当在受拉区加固矩形截面受弯构件时（图5.1.2），其正截面受弯承载力应按下列公式确定：

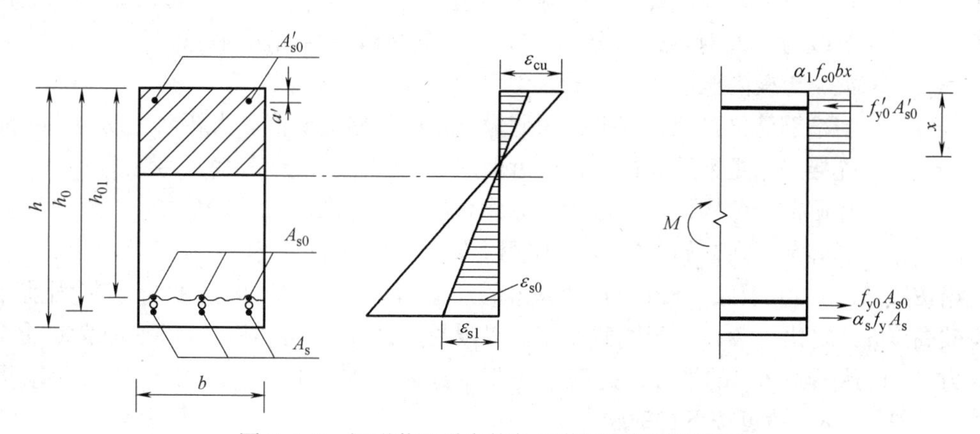

图5.1.2 矩形截面受弯构件正截面加固计算简图

$$M \leqslant \alpha_s f_y A_s \left(h_0 - \frac{x}{2}\right) + f_{y0} A_{s0} \left(h_{01} - \frac{x}{2}\right) + f'_{y0} A'_{s0} \left(\frac{x}{2} - a'\right) \tag{5.1.1}$$

$$\alpha_1 f_{c0} bx = f_{y0} A_{s0} + \alpha_s f_y A_s - f'_{y0} A'_{s0} \tag{5.1.2}$$

$$2a' \leqslant x \leqslant \xi_b h_0 \tag{5.1.3}$$

式中 M——构件加固后弯矩设计值（kN·m）；

α_s——新增钢筋强度利用系数，取 $\alpha_s=0.9$；

f_y——新增钢筋的抗拉强度设计值（N/mm^2）；

A_s——新增受拉钢筋的截面面积（mm^2）；

h_0、h_{01}——分别为构件加固后和加固前的截面有效高度（mm）；

x——混凝土受压区高度（mm）；

f_{y0}、f'_{y0}——原钢筋的抗拉、抗压强度设计值（N/mm^2）；

A_{s0}、A'_{s0}——原受拉钢筋和原受压钢筋的截面面积（mm^2）；

a'——纵向受压钢筋合力点至混凝土受压区边缘的距离（mm）；

α_1——受压区混凝土矩形应力图的应力值与混凝土轴心抗压强度设计值的比值；当混凝土强度等级不超过 C50 时，取 $\alpha_1=1.0$；当混凝土强度等级为 C80 时，取 $\alpha_1=0.94$；其间按线性内插法确定；

f_{c0}——原构件混凝土轴心抗压强度设计值（N/mm^2）；

b——矩形截面宽度（mm）；

ξ_b——构件增大截面加固后的相对界限受压区高度，按式（5.1.4）计算。

受弯构件增大截面加固后的相对界限受压区高度 ξ_b，应按下列公式确定：

$$\xi_b=\frac{\beta_1}{1+\frac{\alpha_s f_y}{\varepsilon_{cu}E_s}+\frac{\varepsilon_{s1}}{\varepsilon_{cu}}} \quad (5.1.4)$$

$$\varepsilon_{s1}=\left(1.6\frac{h_0}{h_{01}}-0.6\right)\varepsilon_{s0} \quad (5.1.5)$$

$$\varepsilon_{s0}=\frac{M_{0k}}{0.85h_{01}A_{s0}E_{s0}} \quad (5.1.6)$$

式中 β_1——计算系数，当混凝土强度等级不超过 C50 时，β_1 值取为 0.80；混凝土强度等级为 C80 时，β_1 值取为 0.74，其间按线性内插法确定；

ε_{cu}——混凝土极限压应变，取 $\varepsilon_{cu}=0.0033$；

ε_{s1}——新增钢筋位置处，按平截面假设确定的初始应变值；当新增主筋与原主筋的连接采用短钢筋焊接时，可近似取 $h_{01}=h_0$，$\varepsilon_{s1}=\varepsilon_{s0}$；

M_{0k}——加固前受弯构件验算截面上原作用的弯矩标准值；

ε_{s0}——加固前，在初始弯矩 M_{0k} 作用下原受拉钢筋的应变值。

当按式（5.1.1）及式（5.1.2）计算得的加固后混凝土受压区高度 x 与加固前原截面有效高度 h_{01} 之比 x/h_{01} 大于原截面相对界限受压区高度 ξ_{b0} 时，应考虑原纵向受拉钢筋应力 σ_{s0} 尚达不到 f_{y0} 的情况。此时，应将上述两公式中的 f_{y0} 改为 σ_{s0}，并重新进行验算。验算时，σ_{s0} 值可按下式确定：

$$\sigma_{s0}=\left(\frac{0.8h_{01}}{x}-1\right)\varepsilon_{cu}E_s\leqslant f_{y0} \quad (5.1.7)$$

对翼缘位于受压区的 T 形截面受弯构件，其受拉区增设现浇配筋混凝土层的正截面受弯承载力，按以上计算原则和现行国家标准《混凝土结构设计规范》GB 50010—2010 关于 T 形截面受弯承载力的规定进行计算。

（2）受弯构件斜截面加固计算

受弯构件加固后的斜截面应符合下列条件：

1）当 $h_w/b \leqslant 4$ 时

$$V \leqslant 0.25\beta_c f_c b h_0 \quad (5.1.8)$$

2）当 $h_w/b \geqslant 6$ 时

$$V \leqslant 0.20\beta_c f_c b h_0 \quad (5.1.9)$$

3）当 $4 < h_w/b < 6$ 时，按线性内插法确定。

式中 V——构件加固后剪力设计值（kN）；

β_c——混凝土强度影响系数，按现行国家标准《混凝土结构设计规范》GB 50010—2010 的规定值采用；

b——矩形截面的宽度或 T 形、I 形截面的腹板宽度（mm）；

h_w——截面的腹板高度（mm）；对矩形截面，取有效高度；对 T 形截面，取有效高度减去翼缘高度；对 I 形截面，取腹板净高。

采用增大截面法加固受弯构件时，其斜截面受剪承载力应符合下列规定：

1）当受拉区增设配筋混凝土层，并采用 U 形箍与原箍筋逐个焊接时：

$$V \leqslant \alpha_{cv}[f_{t0} b h_{01} + \alpha_c f_t b (h_0 - h_{01})] + f_{yv0} \frac{A_{sv0}}{s_0} h_0 \quad (5.1.10)$$

2）当增设钢筋混凝土三面围套，并采用加锚式或胶锚式箍筋时：

$$V \leqslant \alpha_{cv}(f_{t0} b h_{01} + \alpha_c f_t A_c) + \alpha_s f_{yv} \frac{A_{sv}}{s} h_0 + f_{yv0} \frac{A_{sv0}}{s_0} h_{01} \quad (5.1.11)$$

式中 α_{cv}——斜截面混凝土受剪承载力系数，对一般受弯构件取 0.7；对集中荷载作用下（包括作用有多种荷载，其中集中荷载对支座截面或节点边缘所产生的剪力值占总剪力的 75%以上的情况）的独立梁，取 α_{cv} 为 $1.75/(\lambda+1)$，λ 为计算截面的剪跨比，可取 λ 等于 a/h_0，当 λ 小于 1.5 时，取 1.5，当 λ 大于 3 时，取 3；a 为集中荷载作用点至支座截面或节点边缘的距离；

α_c——新增混凝土强度利用系数，取 $\alpha_c = 0.7$；

f_t、f_{t0}——分别为新、旧混凝土轴心抗拉强度设计值（N/mm^2）；

A_c——三面围套新增混凝土截面面积（mm^2）；

α_s——新增箍筋强度利用系数，取 $\alpha_s = 0.9$；

f_{yv}、f_{yv0}——分别为新箍筋和原箍筋的抗拉强度设计值（N/mm^2）；

A_{sv}、A_{sv0}——分别为同一截面内新箍筋各肢截面面积之和及原箍筋各肢截面面积之和（mm^2）；

s、s_0——分别为新增箍筋或原箍筋沿构件长度方向的间距（mm）。

（3）受压构件正截面加固计算

采用增大截面加固钢筋混凝土轴心受压构件（图 5.1.3）时，其正截面受压承载力应按下式确定：

$$N \leqslant 0.9\phi[f_{c0} A_{c0} + f'_{y0} A'_{s0} + \alpha_{cs}(f_c A_c + f'_y A'_s)] \quad (5.1.12)$$

式中 N——构件加固后的轴向压力设计值（kN）；

ϕ——构件稳定系数，根据加固后的截面尺寸，按现行国家标准《混凝土结构设计规范》GB 50010—2010 的规定值采用；

A_{c0}、A_c——分别为构件加固前混凝土截面面积和加固后新增部分混凝土截面面积（mm^2）；

f'_y、f'_{y0}——分别为新增纵向钢筋和原纵向钢筋的抗压强度设计值（N/mm^2）；

A'_s——新增纵向受压钢筋的截面面积（mm^2）；

α_{cs}——综合考虑新增混凝土和钢筋强度利用程度的降低系数，取 α_{cs} 为 0.8。

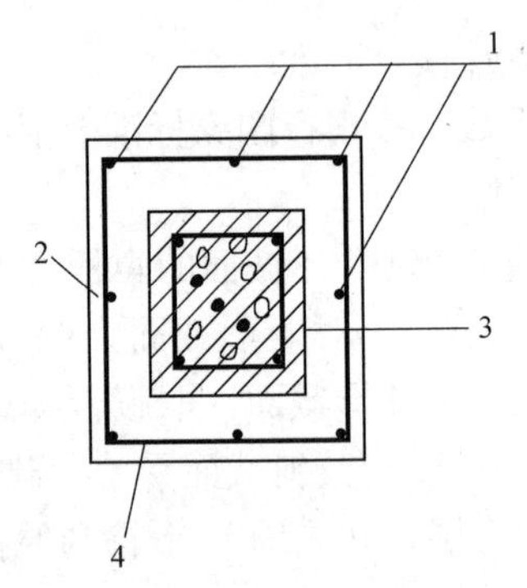

图 5.1.3　轴心受压构件增大截面加固

1—新增纵向受力钢筋；2—新增截面；3—原柱截面；4—新加箍筋

采用增大截面加固钢筋混凝土偏心受压构件时（图 5.1.4），其矩形截面正截面承载力应按下列公式确定：

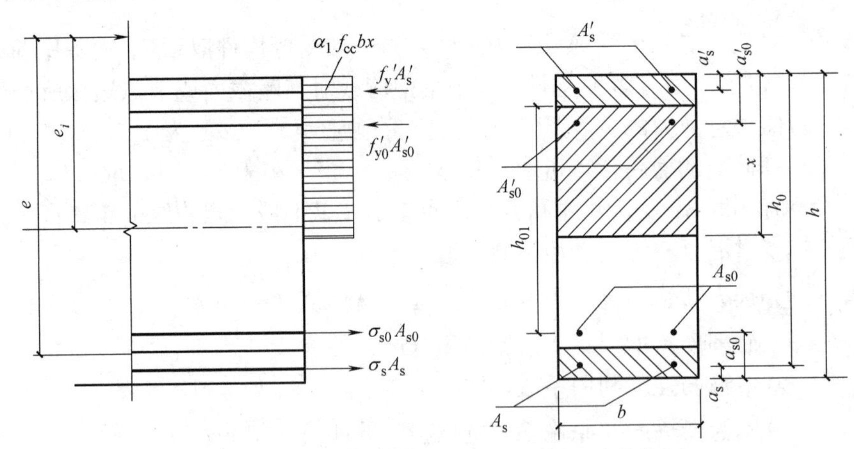

图 5.1.4　矩形截面偏心受压构件加固的计算简图

$$N \leqslant \alpha_1 f_{cc} bx + 0.9 f'_y A'_s + f'_{y0} A'_{s0} - \sigma_s A_s - \sigma_{s0} A_{s0} \tag{5.1.13}$$

$$Ne \leqslant \alpha_1 f_c bx\left(h_0 - \frac{x}{2}\right) + 0.9 f'_y A'_s (h_0 - a'_s) + f'_{y0} A'_{s0} (h_0 - a'_{s0}) - \sigma_s A_s - \sigma_{s0} A_{s0} (a_{s0} - a_s) \tag{5.1.14}$$

$$\sigma_{s0} = \left(\frac{0.8 h_{01}}{x} - 1\right) E_{s0} \varepsilon_{cu} \leqslant f_{y0} \tag{5.1.15}$$

$$\sigma_s = \left(\frac{0.8 h_0}{x} - 1\right) E_s \varepsilon_{cu} \leqslant f_y \tag{5.1.16}$$

式中 f_{cc}——新旧混凝土组合截面的混凝土轴心抗压强度设计值（N/mm^2），可近似按 $f_{cc}=0.5(f_{c0}+0.9f_c)$ 确定；若有可靠试验数据，也可按试验结果确定；

f_c、f_{c0}——分别为新、旧混凝土轴心抗压强度设计值（N/mm^2）；

σ_{s0}——原构件受拉边或受压较小边纵向钢筋应力，当为小偏心受压构时，σ_{s0} 可能变向；当算得 $\sigma_{s0}>f_{y0}$ 时，取 $\sigma_{s0}=f_{y0}$；

σ_s——受拉边或受压较小边的新增纵向钢筋应力（N/mm^2）；当算得 $\sigma_s>f_y$时，取 $\sigma_s=f_y$；

A_{s0}——原构件受拉边或受压较小边纵向钢筋截面面积（mm^2）；

A'_{s0}——原构件受压较大边纵向钢筋截面面积（mm^2）；

e——偏心距（mm），为轴向压力设计值 N 的作用点至纵向受拉钢筋合力点的距离，按式（5.1.17）确定；

a_{s0}——原构件受拉边或受压较小边纵向钢筋合力点到加固后截面近边的距离（mm）；

a'_{s0}——原构件受压较大边纵向钢筋合力点到加固后截面近边的距离（mm）；

a_s——受拉边或受压较小边新增纵向钢筋合力点至加固后截面近边的距离（mm）；

a'_s——受压较大边新增纵向钢筋合力点至加固后截面近边的距离（mm）；

h_0——受拉边或受压较小边新增纵向钢筋合力点至加固后截面受压较大边缘的距离（mm）；

h_{01}——原构件截面有效高度（mm）。

轴向压力作用点至纵向受拉钢筋的合力作用点的距离（偏心距）e，应按下式确定：

$$e=e_i+\frac{h}{2}-a \tag{5.1.17}$$

$$e_i=e_0+e_a \tag{5.1.18}$$

式中 e_i——初始偏心距；

a——纵向受拉钢筋的合力点至截面近边缘的距离；

e_0——轴向压力对截面重心的偏心距，取为 M/N；当需要考虑二阶效应时，M 应按国家标准《混凝土结构设计规范》GB 50010—2010 第 6.2.4 条规定的 $C_m\eta_{ns}M_2$，乘以修正系数 Ψ 确定，即取 M 为 $\Psi C_m\eta_{ns}M_2$；

Ψ——修正系数，当为对称形式加固时，取 Ψ 为 1.2；当为非对称加固时，取 Ψ 为 1.3；

e_a——附加偏心距，按偏心方向截面最大尺寸 h 确定；当 $h\leqslant 600mm$ 时，取 $e_a=20mm$；当 $h>600mm$ 时，取 $e_a=h/30$。

5.1.3 构造规定

采用增大截面加固法时，新增截面部分，可用现浇混凝土、自密实混凝土或喷射混凝土浇筑而成，也可用掺有细石混凝土的水泥基灌浆料灌注而成。

采用增大截面加固法时，原构件混凝土表面应经处理，设计文件应对所采用的界面处理方法和处理质量提出要求。一般情况下，除混凝土表面应予打毛外，尚应采取涂刷结构界面胶、种植剪切销钉或增设剪力键等措施，以保证新旧混凝土共同工作。

新增混凝土层的最小厚度，板不应小于 40mm；梁、柱采用现浇混凝土、自密实混凝土或灌浆料施工时，不应小于 60mm，采用喷射混凝土施工时，不应小于 50mm。

加固用的钢筋应采用热轧钢筋。板的受力钢筋直径不应小于 8mm；梁的受力钢筋直径不应小于 12mm；柱的受力钢筋直径不应小于 14mm；加锚式箍筋直径不应小于 8mm；U 形箍直径应与原箍筋直径相同；分布筋直径不应小于 6mm。

新增受力钢筋与原受力钢筋的净间距不应小于 25mm，并应采用短筋或箍筋与原钢筋焊接，其构造应符合下列规定：

（1）当新增受力钢筋与原受力钢筋的连接采用短筋（图 5.1.5）焊接时，短筋的直径不应小于 25mm，长度不应小于其直径的 5 倍，各短筋的中距不应大于 500mm；

（2）当截面受拉区一侧加固时，应设置 U 形箍筋（图 5.1.5*b*），U 形箍筋应焊在原有箍筋上，单面焊的焊缝长度应为箍筋直径的 10 倍，双面焊的焊缝长度应为箍筋直径的 5 倍；

（3）当用混凝土围套加固时，应设置环形箍筋或加锚式箍筋（图 5.1.5*d*、*e*）；

（4）当受构造条件限制而需采用植筋方式埋设 U 形箍（图 5.1.5*c*）时，应采用锚固型结构胶种植，不得采用未改性的环氧类胶粘剂和不饱和聚酯类的胶粘剂种植，也不得采用无机锚固剂（包括水泥基灌浆料）种植。

（5）梁的新增纵向受力钢筋，其两端应可靠锚固；柱的新增纵向受力钢筋的下端应伸入基础并应满足锚固要求；上端应穿过楼板与上层柱脚连接或在屋面板处封顶锚固。

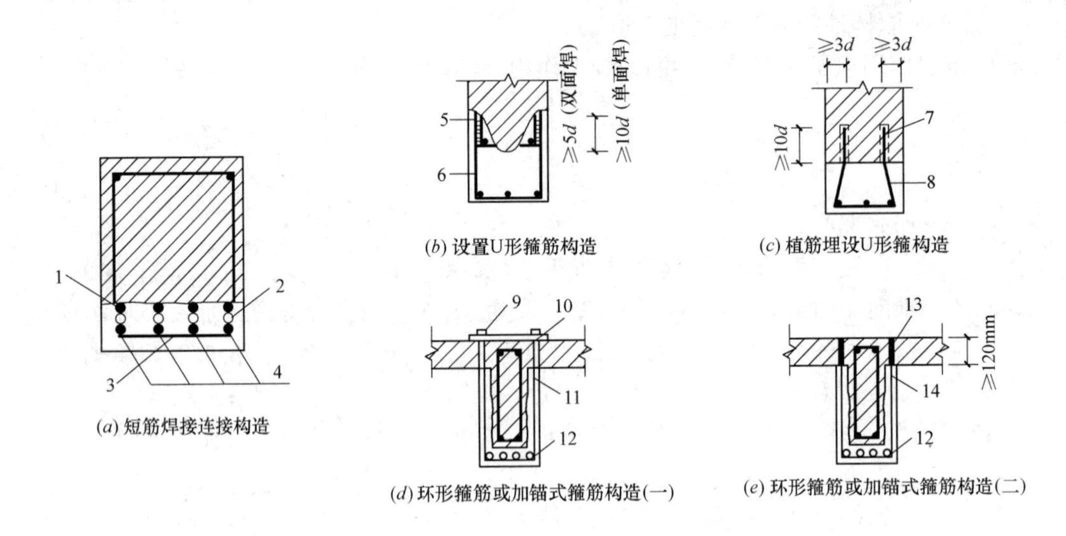

图 5.1.5　增大截面配置新增箍筋的连接构造

1—原钢筋；2—连接短筋；3—ϕ6 连系钢筋，对应在原箍筋位置；4—新增钢筋；5—焊接于原箍筋上；6—新加 U 形箍；7—植箍筋用结构胶锚固；8—新加箍筋；9—螺栓，螺母拧紧后加点焊；10—钢板；11—加锚式箍筋；12—新增受力钢筋；13—孔中用结构胶锚固；14—胶锚式箍筋；*d*—箍筋直径

柱的单面加固和两面加固具体施工详图如图 5.1.6 和图 5.1.7 所示，柱的三、四面加固和梁的增大截面加固详图见《混凝土结构加固构造》13G311-1。

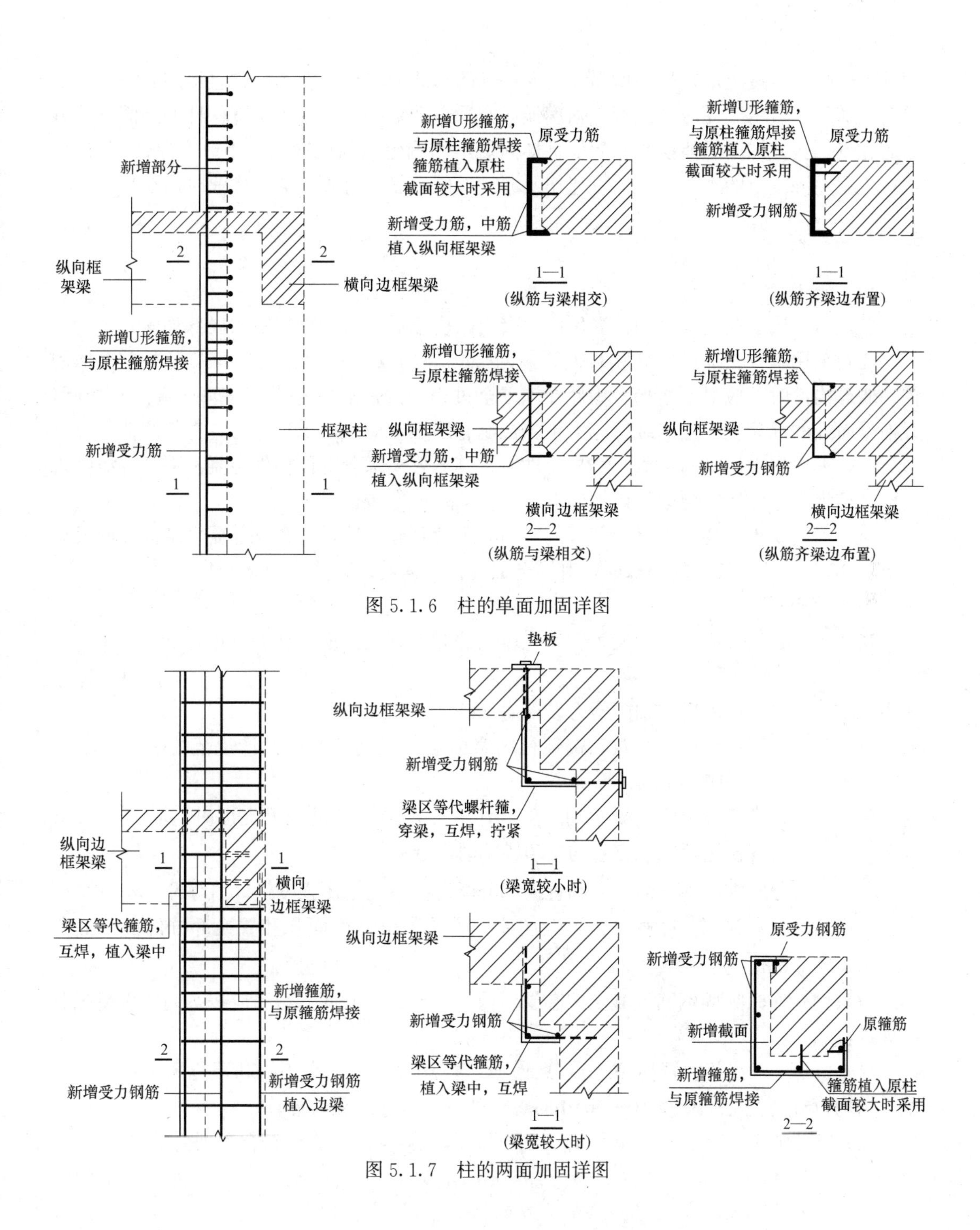

图 5.1.6 柱的单面加固详图

图 5.1.7 柱的两面加固详图

5.2 置换混凝土加固法

5.2.1 概述

置换混凝土加固法是剔除原构件低强度或有缺陷区段的混凝土，同时浇筑同品种但强度等级较高的混凝土进行局部增强，使原构件的承载力得到恢复的一种直接加固法，置换混凝土加固法适用于受压区混凝土强度低或有严重缺陷的梁、柱等承重构件的加固。该方法的优点是构件加固后能恢复原貌，且加固后不影响建筑物的净空，不改变原使用空间；缺点是剔除混凝土的工作量大，可能伤及原构件的钢筋，且施工的湿作业时间较长。

5.2.2 加固计算

1. 设计规定

（1）本方法适用于承重构件受压区混凝土强度偏低或有严重缺陷的局部加固。

（2）采用本方法加固梁式构件时，应对原构件加以有效的支顶。当采用本方法加固柱、墙等构件时，应对原结构、构件在施工全过程中的承载状态进行验算、观测和控制，置换界面处的混凝土不应出现拉应力，当控制有困难，应采取支顶等措施进行卸荷。

（3）采用本方法加固混凝土结构构件时，其非置换部分的原构件混凝土强度等级，现场检测结果不应低于该混凝土结构建造时规定的强度等级。

（4）当混凝土结构构件置换部分的界面处理及其施工质量符合《混凝土结构加固设计规范》GB 50367—2013 的要求时，其结合面可按整体受力计算。

2. 加固计算

当采用置换法加固钢筋混凝土轴心受压构件时，其正截面承载力应符合下式规定：

$$N \leqslant 0.9\varphi(f_{c0}A_{c0}+\alpha_c f_c A_c+f'_{y0}A'_{s0}) \tag{5.2.1}$$

式中 N——构件加固后的轴向压力设计值（kN）；

φ——受压构件稳定系数，按现行国家标准《混凝土结构设计规范》GB 50010—2010 的规定值采用；

α_c——置换部分新增混凝土的强度利用系数，当置换过程无支顶时，取 $\alpha_c=0.8$；当置换过程采取有效的支顶措施时，取 $\alpha_c=1.0$；

f_{c0}、f_c——分别为原构件混凝土和置换部分新混凝土的抗压强度设计值（N/mm^2）；

A_{c0}、A_c——分别为原构件截面扣去置换部分后的剩余截面面积和置换部分的截面面积（mm^2）。

当采用置换法加固钢筋混凝土偏心受压构件时，其正截面承载力应按下列两种情况分别计算：

（1）当受压区混凝土置换深度 $h_n \geqslant x_n$ 时，按新混凝土强度等级和现行国家标准《混凝土结构设计规范》GB 50010—2010 的规定进行正截面承载力计算。

（2）当受压区混凝土置换深度 $h_n < x_n$ 时，其正截面承载力应符合下列公式要求：

$$N \leqslant \alpha_1 f_c b h_n+\alpha_1 f_{c0} b(x_n-h_n)+f'_{y0}A'_{s0}-\sigma_{s0}A_{s0} \tag{5.2.2}$$

$$Ne \leqslant \alpha_1 f_c b h_n h_{0n}+\alpha_1 f_{c0} b(x_n-h_n)h_{00}+f'_{y0}A'_{s0}(h_0-a'_s) \tag{5.2.3}$$

式中 N——构件加固后轴向压力设计值（kN）；

e——轴向压力作用点至受拉钢筋合力点的距离（mm）；

f_c——构件置换用混凝土抗压强度设计值（N/mm^2）；

f_{c0}——原构件混凝土的抗压强度设计值（N/mm^2）；

x_n——加固后混凝土受压区高度（mm）；

h_n——受压区混凝土的置换深度（mm）；

h_0——纵向受拉钢筋合力点至受压区边缘的距离（mm）；

h_{0n}——纵向受拉钢筋合力点至置换混凝土形心的距离（mm）；

h_{00}——受拉区纵向钢筋合力点至原混凝土部分形心的距离（mm）；

A_{s0}、A'_{s0}——分别为原构件受拉区、受压区纵向钢筋的截面面积（mm^2）；

b——矩形截面的宽度（mm）；

a'_s——纵向受压钢筋合力点至截面近边的距离（mm）；

f'_{y0}——原构件纵向受压钢筋的抗压强度设计值（N/mm^2）；

σ_{s0}——原构件纵向受拉钢筋的应力（N/mm^2）。

当采用置换法加固钢筋混凝土受弯构件时，其正截面承载力应按下列两种情况分别计算：

（1）当受压区混凝土置换深度 $h_n \geqslant x_n$ 时，按新混凝土强度等级和现行国家标准《混凝土结构设计规范》GB 50010—2010 的规定进行正截面承载力计算。

（2）当受压区混凝土置换深度 $h_n < x_n$ 时，其正截面承载力应按下列公式计算：

$$M \leqslant \alpha_1 f_c b h_n h_{0n} + \alpha_1 f_{c0} b (x_n - h_n) h_{00} + f'_{y0} A'_{s0} (h_0 - a'_s) \quad (5.2.4)$$

$$\alpha_1 f_c b h_n + \alpha_1 f_{c0} b (x_n - h_n) = f_{y0} A_{s0} - f'_{y0} A'_{s0} \quad (5.2.5)$$

式中 M——构件加固后的弯矩设计值（kN·m）；

f_{y0}、f'_{y0}——分别为原构件纵向钢筋的抗拉、抗压强度设计值（N/mm^2）。

5.2.3 构造规定

置换用混凝土的强度等级应比原构件混凝土提高一级，且不应低于 C25。混凝土的置换深度，板不应小于 40mm；梁、柱采用人工浇筑时，不应小于 60mm，采用喷射法施工时，不应小于 50mm。置换长度应按混凝土强度和缺陷的检测及验算结果确定，但对非全长置换的情况，其两端应分别延伸不小于 100mm 的长度。

梁的置换部分应位于构件截面受压区内，沿整个宽度剔除（图 5.2.1*a*），或沿部分宽度对称剔除（图 5.2.1*b*），但不得仅剔除截面的一隅（图 5.2.1*c*）。

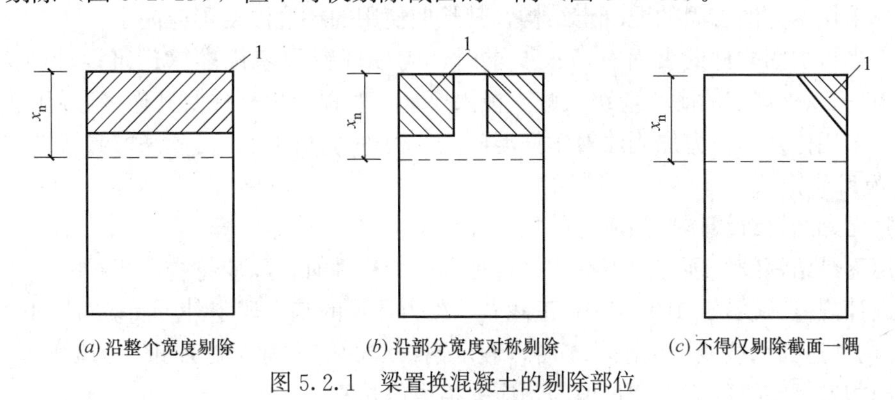

图 5.2.1 梁置换混凝土的剔除部位

1—剔除区；x_n—受压区高度

置换范围内的混凝土表面处理，应符合现行国家标准《建筑结构加固工程施工质量验收规范》GB 50550—2010 的规定；对既有结构，旧混凝土表面尚应涂刷界面胶，以保证新旧混凝土的协同工作。

5.3 体外预应力加固法

5.3.1 概述

预应力加固法，是采用体外补加预应力拉杆或型钢撑杆，对结构或构件进行加固的方法。该方法的特点是通过对后加的拉杆或型钢撑杆施加预应力，改变原结构内力分布，消除加固部分的应力滞后现象，使后加部分与原构件能较好地协调工作，提高原结构的承载力，减小挠曲变形，缩小裂缝宽度。预应力加固法具有加固、卸荷及改变原结构内力分布的三重效果，尤其适合于在大跨度结构加固中采用。

针对受弯构件和受压构件的不同，预应力加固法分为预应力拉杆加固和预应力撑杆加固。预应力拉杆加固主要用于受弯构件；预应力撑杆加固主要用于受压构件。

5.3.2 加固计算

1. 设计规定

（1）本方法适用于下列钢筋混凝土结构构件的加固：

1）以无黏结钢绞线为预应力下撑式拉杆时，宜用于连续梁和大跨简支梁的加固；

2）以普通钢筋为预应力下撑式拉杆时，宜用于一般简支梁的加固；

3）以型钢为预应力撑杆时，宜用于柱的加固。

（2）本方法不适用于素混凝土构件（包括纵向受力钢筋一侧配筋率小于0.2%的构件）的加固。

（3）采用体外预应力方法对钢筋混凝土结构、构件进行加固时，其原构件的混凝土强度等级不宜低于C20。

（4）采用本方法加固混凝土结构时，其新增的预应力拉杆、锚具、垫板、撑杆、缀板以及各种紧固件等均应进行可靠的防锈蚀处理。

（5）采用本方法加固的混凝土结构，其长期使用的环境温度不应高于60℃。

（6）当被加固构件的表面有防火要求时，应按现行国家标准《建筑设计防火规范》GB 50016—2014规定的耐火等级及耐火极限要求，对预应力杆件及其连接进行防护。

（7）采用体外预应力加固法对钢筋混凝土结构进行加固时，可不采取卸载措施。

2. 加固计算

（1）无黏结钢绞线体外预应力的加固计算

采用无黏结钢绞线预应力下撑式拉杆加固受弯构件时，除应符合现行国家标准《混凝土结构设计规范》GB 50010—2010正截面承载力计算的基本假定外，尚应符合下列规定：

1）构件达到承载能力极限状态时，假定钢绞线的应力等于施加预应力时的张拉控制应力，即假定钢绞线的应力增量值与预应力损失值相等。

2）当采用一端张拉，而连续跨的跨数超过两跨；或当采用两端张拉，而连续跨的跨数超过四跨时，距张拉端两跨以上的梁，其由摩擦力引起的预应力损失有可能大于钢绞线的应力增量。此时可采用下列两种方法加以弥补：

方法一：在跨中设置拉紧螺栓，采用横向张拉的方法补足预应力损失值；

方法二：将钢绞线的张拉预应力提高至 $0.75f_{ptk}$，计算时仍按 $0.70f_{ptk}$ 取值。

3）无黏结钢绞线体外预应力产生的纵向压力在计算中不予计入，仅作为安全储备。

4）在达到受弯承载力极限状态前，无黏结钢绞线锚固可靠。

受弯构件加固后的相对界限受压区高度 ξ_{pb} 可采用下式计算，即加固前相对界限受压区高度的 0.85 倍：

$$\xi_{pb}=0.85\xi_{b} \tag{5.3.1}$$

式中 ξ_{b}——构件加固前的相对界限受压区高度，按现行国家标准《混凝土结构设计规范》GB 50010—2010 的规定计算。

当采用无黏结钢绞线体外预应力加固矩形截面受弯构件时（图 5.3.1），其正截面承载力应按下列公式确定：

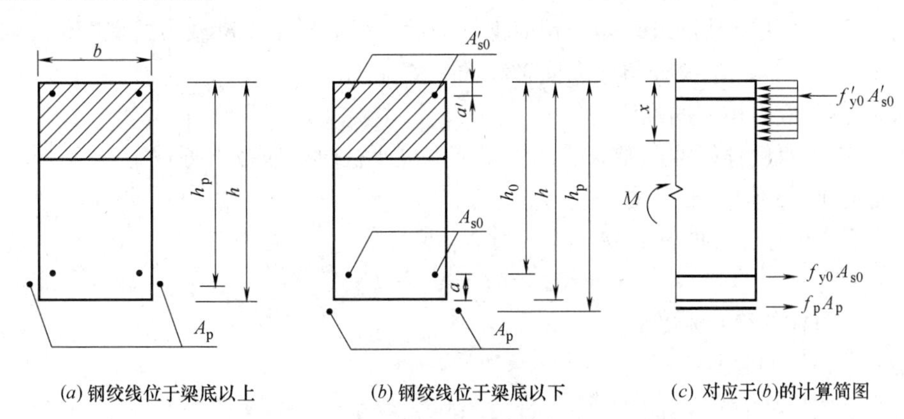

图 5.3.1 矩形截面正截面受弯承载力计算

$$M\leqslant\alpha_1 f_{c0}bx\left(h_p-\frac{x}{2}\right)+f'_{y0}A'_{s0}(h_p-a')-f_{y0}A_{s0}(h_p-h_0) \tag{5.3.2}$$

$$\alpha_1 f_{c0}bx=\sigma_p A_p+f_{y0}A_{s0}-f'_{y0}A'_{s0} \tag{5.3.3}$$

$$2a'\leqslant x\leqslant\xi_{pb}h_0 \tag{5.3.4}$$

式中 M——弯矩（包括加固前的初始弯矩）设计值（kN·m）；

α_1——计算系数：当混凝土强度等级不超过 C50 时，取 $\alpha_1=1.0$；当混凝土强度等级为 C80 时，取 $\alpha_1=0.94$；其间按线性内插法确定；

f_{c0}——混凝土轴心抗压强度设计值（N/mm^2）；

x——混凝土受压区高度（mm）；

h_p——构件截面受压边至无黏结钢绞线合力点的距离（mm），可近似取 $h_p=h$；

b、h——分别为矩形截面的宽度和高度（mm）；

f_{y0}、f'_{y0}——分别为原构件受拉钢筋和受压钢筋的抗拉、抗压强度设计值（N/mm^2）；

A_{s0}、A'_{s0}——分别为原构件受拉钢筋和受压钢筋的截面面积（mm^2）；

a'——纵向受压钢筋合力点至混凝土受压区边缘的距离（mm）；

h_0——构件加固前的截面有效高度（mm）；

σ_p——预应力钢绞线应力值（N/mm^2），取 $\sigma_p=\sigma_{p0}$；

σ_{p0}——预应力钢绞线张拉控制应力（N/mm^2）；

A_p——预应力钢绞线截面面积（mm^2）。

一般加固设计时，可根据式（5.3.2）计算出混凝土受压区的高度 x，然后代入式（5.3.3），即可求出预应力钢绞线的截面面积 A_p。

当采用无黏结钢铰线体外预应力加固矩形截面受弯构件时，其斜截面承载力应按以下公式计算：

$$V \leqslant V_{b0} + V_{bp} \tag{5.3.5}$$

$$V_{bp} = 0.8\sigma_p A_p \sin\alpha \tag{5.3.6}$$

式中 V——支座剪力设计值（kN）；

V_{b0}——加固前梁的斜截面承载力，应按现行国家标准《混凝土结构设计规范》GB 50010—2010 计算（kN）；

V_{bp}——采用无黏结钢绞线体外预应力加固后，梁的斜截面承载力的提高值（kN）；

α——支座区段钢绞线与梁纵向轴线的夹角（rad）。

（2）型钢预应力撑杆的加固计算

采用预应力双侧撑杆加固轴心受压的钢筋混凝土柱时，应按下列规定进行计算：

1）确定加固后轴向压力设计值 N；

2）按下式计算原柱的轴心受压承载力 N_0 设计值：

$$N_0 = 0.9\varphi(f_{c0}A_{c0} + f'_{y0}A'_{s0}) \tag{5.3.7}$$

式中 φ——原柱的稳定系数；

A_{c0}——原柱的截面面积（mm^2）；

f_{c0}——原柱的混凝土抗压强度设计值（N/mm^2）；

A'_{s0}——原柱的纵向钢筋总截面面积（mm^2）；

f'_{y0}——原柱的纵向钢筋抗压强度设计值（N/mm^2）。

3）按下式计算撑杆承受的轴向压力 N_1 设计值：

$$N_1 = N - N_0 \tag{5.3.8}$$

式中 N——柱加固后轴向压力设计值（kN）。

4）按下式计算预应力撑杆的总截面面积：

$$N_1 \leqslant \varphi\beta_2 f'_{py}A'_p \tag{5.3.9}$$

式中 β_2——撑杆与原柱的协同工作系数，取 0.9；

f'_{py}——撑杆钢材的抗压强度设计值（N/mm^2）；

A'_p——预应力撑杆的总截面面积（mm^2）。

预应力撑杆每侧杆肢由两根角钢或一根槽钢构成。

5）柱加固后轴心受压承载力设计值可按下式验算：

$$N \leqslant 0.9\varphi(f_{c0}A_{c0} + f'_{y0}A'_{s0} + \beta_3 f'_{py}A'_p) \tag{5.3.10}$$

6）缀板应按现行国家标准《钢结构设计标准》GB 50017—2017 进行设计计算，其尺寸和间距应保证撑杆受压肢及单根角钢在施工时不失稳。

7）设计应规定撑杆安装时需预加的压应力值 σ'_p，并可按下式验算：

$$\sigma'_p \leqslant \varphi_1\beta_3 f'_{py} \tag{5.3.11}$$

式中 φ_1——撑杆的稳定系数；确定该系数所需的撑杆计算长度，当采用横向张拉方法时，取其全长的1/2；当采用顶升法时，取其全长，按格构式压杆计算其稳定系数；

β_3——经验系数，取0.75。

8）设计规定的施工控制量，应按采用的施加预应力方法计算：

当用千斤顶、楔子等进行竖向顶升安装撑杆时，顶升量 ΔL 可按下式计算：

$$\Delta L=\frac{L\sigma'_{\rm p}}{\beta_4 E_{\rm a}}+a_1 \tag{5.3.12}$$

式中 $E_{\rm a}$——撑杆钢材的弹性模量；

L——撑杆的全长；

a_1——撑杆端顶板与混凝土间的压缩量，取2～4mm；

β_4——经验系数，取0.90。

当用横向张拉法（图5.3.2）安装撑杆时，横向张拉量 ΔH 按下式验算：

$$\Delta H\leqslant\frac{L}{2}\sqrt{\frac{2.2\sigma'_{\rm p}}{E_{\rm a}}}+a_2 \tag{5.3.13}$$

式中 a_2——综合考虑各种误差因素对张拉量影响的修正项，可取 a_2=5～7mm。

实际弯折撑杆肢时，宜将长度中点处的横向弯折量取为 ΔH+(3～5mm)，但施工中只收紧 ΔH，使撑杆处于预压状态。

采用单侧预应力撑杆加固弯矩不变号的偏心受压柱时，应按下列规定进行计算：

1）确定该柱加固后轴向压力 N 和弯矩 M 的设计值。

2）确定撑杆肢承载力，可使用两根较小的角钢或一根槽钢作撑杆肢，其有效受压承载力取为 $0.9f'_{\rm py}A'_{\rm p}$。

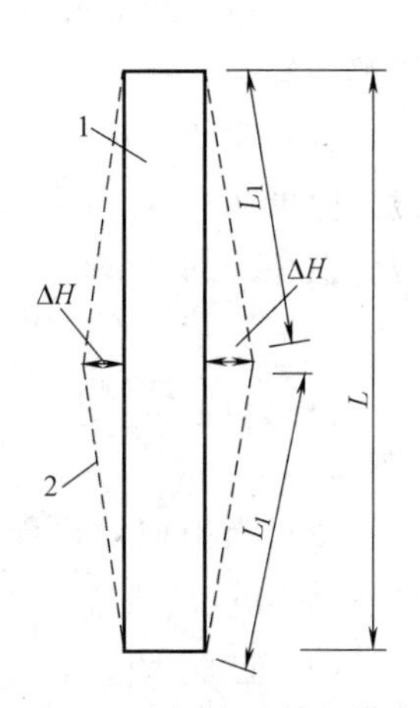

图5.3.2 预应力撑杆横向张拉量计算图

1—被加固柱；2—撑杆

3）原柱加固后需承受的偏心受压荷载应按下列公式计算：

$$N_{01}=N-0.9f'_{\rm yp}A'_{\rm p} \tag{5.3.14}$$

$$M_{01}=M-0.9f'_{\rm yp}A'_{\rm p}a/2 \tag{5.3.15}$$

4）原柱截面偏心受压承载力应按下列公式验算：

$$N_{01}\leqslant\alpha_1 f_{\rm c0}bx+f'_{\rm y0}A'_{\rm s0}-\sigma_{\rm s0}A_{\rm s0} \tag{5.3.16}$$

$$N_{01}e\leqslant\alpha_1 f_{\rm c0}bx(h_0-0.5x)+f'_{\rm y0}A'_{\rm s0}(h_0-a'_{\rm s0}) \tag{5.3.17}$$

$$e=e_0+0.5h-a'_{\rm s0} \tag{5.3.18}$$

$$e_0=M_{01}/N_{01} \tag{5.3.19}$$

式中 b——原柱宽度（mm）；

x——原柱的混凝土受压区高度（mm）；

$\sigma_{\rm s0}$——原柱纵向受拉钢筋的应力（N/mm^2）；

e——轴向力作用点至原柱纵向受拉钢筋合力点之间的距离（mm）；

$a'_{\rm s0}$——纵向受压钢筋合力点至受压边缘的距离（mm）。

当原柱偏心受压承载力不满足上述要求时，可加大撑杆截面面积，再重新验算。

5）缀板的设计应符合现行国家标准《钢结构设计标准》GB 50017—2017 的有关规定，并应保证撑杆肢或角钢在施工时不失稳。

6）撑杆施工时应预加的压应力值 σ'_{p} 宜取为 50～80MPa。

采用双侧预应力撑杆加固弯矩变号的偏心受压钢筋混凝土柱时，可按受压荷载较大一侧用单侧撑杆加固的步骤进行计算。选用的角钢截面面积应能满足柱加固后需要承受的最不利偏心受压荷载；柱的另一侧应采用同规格的角钢组成压杆肢，使撑杆的双侧截面对称。

5.3.3 构造规定

1. 无黏结钢绞线体外预应力构造规定

钢绞线的布置（图 5.3.3）应符合下列规定：

（1）钢绞线应成对布置在梁的两侧；其外形应为设计所要求的折线形；钢绞线形心至梁侧面的距离宜取为 40mm。

（2）钢绞线跨中水平段的支承点，对纵向张拉，宜设在梁底以上的位置；对横向张拉，应设在梁的底部；若纵向张拉的应力不足，尚应依靠横向拉紧螺栓补足时，则支承点也应设在梁的底部。

中间连续节点的支承构造，应符合下列规定：

（1）当中柱侧面至梁侧面的距离不小于 100mm 时，可将钢绞线直接支承在柱子上（图 5.3.4*a*）。

（2）当中柱侧面至梁侧面的距离小于 100mm 时，可将钢绞线支承在柱侧的梁上（图 5.3.4*b*）。

（3）柱侧无梁时可用钻芯机在中柱上钻孔，设置钢吊棍，将钢绞线支承在钢吊棍上（图 5.3.4*c*）。

（4）当钢绞线在跨中的转折点设在梁底以上位置时，应在中间支座的两侧设置钢吊棍（图 5.3.3*a*～*c*），以减少转折点处的摩擦力。若钢绞线在跨中的转折点设在梁底以下位置，则中间支座可不设钢吊棍（图 5.3.3*d*）。

（5）钢吊棍可采用 50mm 或 60mm 厚壁钢管制作，内灌细石混凝土。若混凝土孔洞下部的局部承压强度不足，可增设内径与钢吊棍相同的钢管垫，用锚固型结构胶或堵漏剂坐浆。

（6）若支座负弯矩承载力不足需要加固时，中间支座水平段钢绞线的长度应按计算确定。此时若梁端截面的受剪承载力不足，可采用粘贴碳纤维 U 形箍或粘贴钢板箍的方法解决。

端部锚固构造应符合下列规定：

（1）钢绞线端部的锚固宜采用圆套筒三夹片式单孔锚。端部支承可采用下列四种方法：

1）当边柱侧面至梁侧面的距离不小于 100mm 时，可将柱子钻孔，钢绞线穿过柱，其锚具通过钢垫板支承于边柱外侧面；若为纵向张拉，尚应在梁端上部设钢吊棍，以减少张拉的摩擦力（图 5.3.5*a*）；

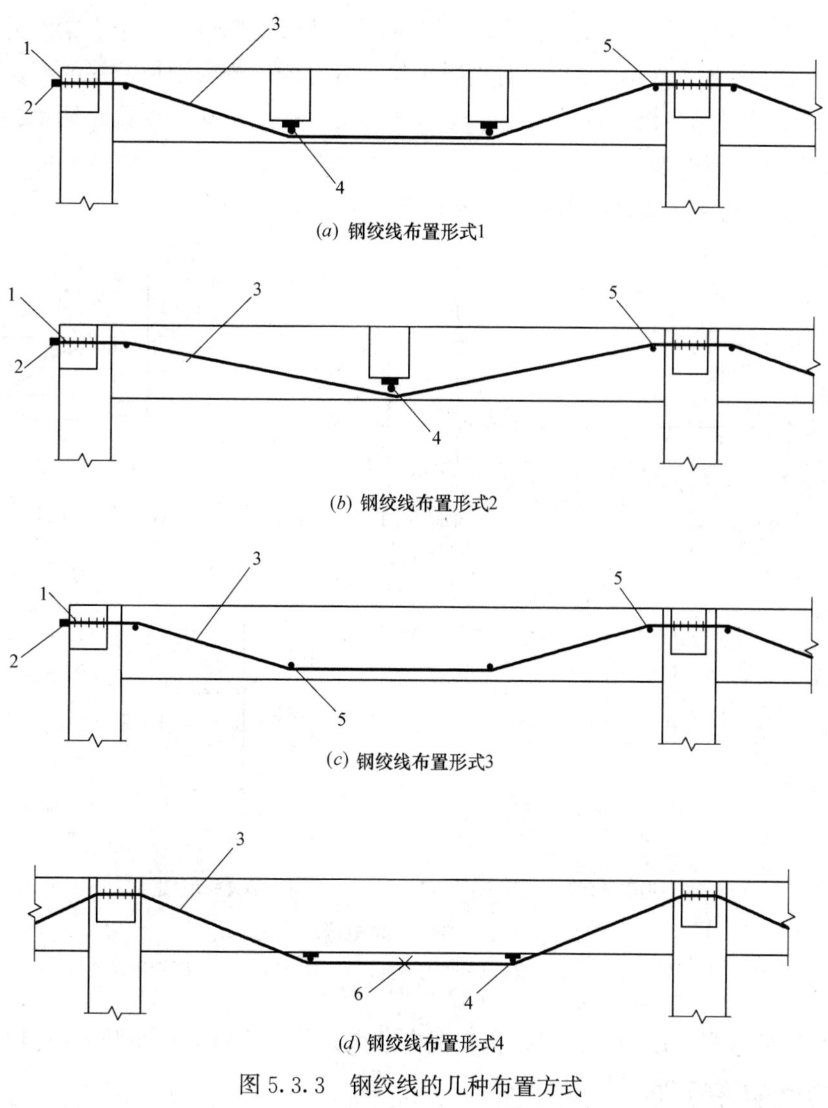

(a) 钢绞线布置形式1

(b) 钢绞线布置形式2

(c) 钢绞线布置形式3

(d) 钢绞线布置形式4

图 5.3.3　钢绞线的几种布置方式

1—钢垫板；2—锚具；3—无黏结钢绞线；4—支承垫板；5—钢吊棍；6—拉紧螺栓

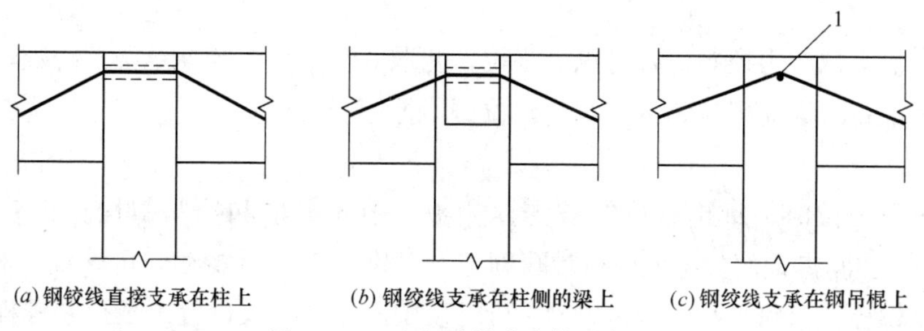

(a) 钢铰线直接支承在柱上　(b) 钢绞线支承在柱侧的梁上　(c) 钢绞线支承在钢吊棍上

图 5.3.4　中间连续节点构造方法

1—钢吊棍

2）当边柱侧面至梁侧面距离小于 100mm 时，对纵向张拉，宜将锚具通过槽钢垫板支承于边柱外侧面，并在梁端上方设钢吊棍（图 5.3.5*b*）；

3）当柱侧有次梁时，对纵向张拉，可将锚具通过槽钢垫板支承于次梁的外侧面，并在梁端上方设钢吊棍（图 5.3.5*c*）；对横向张拉，可将槽钢改为钢板，并可不设钢吊棍；

4）当无法设置钢垫板时，可用钻芯机在梁端或边柱上钻孔，设置圆钢销棍，将锚具通过圆钢销棍支承于梁端（图 5.3.5*d*）或边柱上（图 5.3.5*e*）。圆钢销棍可采用直径为 60mm 的 45 号钢制作，锚具支承面处的圆钢销棍应加工成平面。

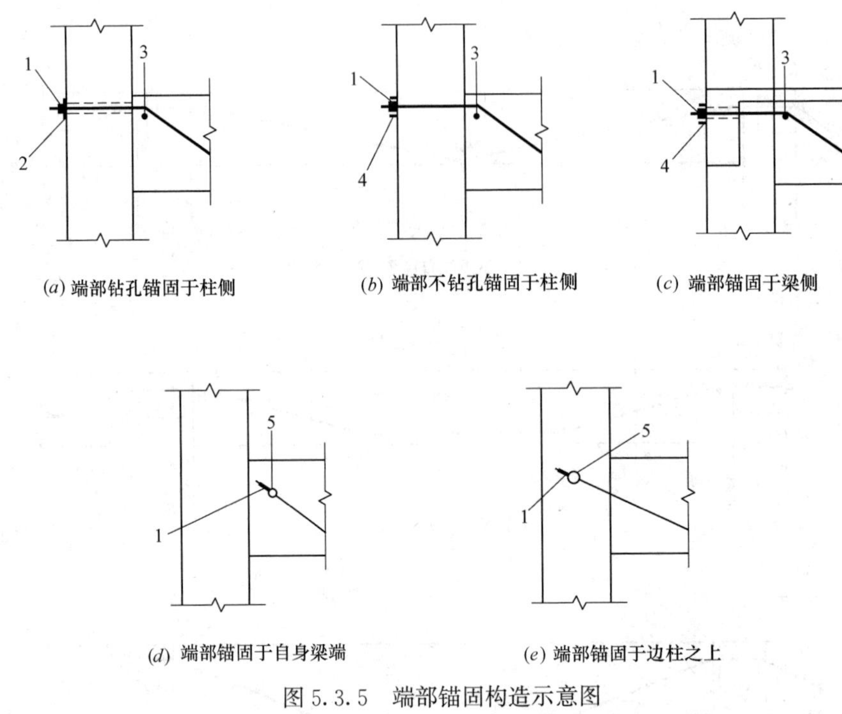

(*a*) 端部钻孔锚固于柱侧　(*b*) 端部不钻孔锚固于柱侧　(*c*) 端部锚固于梁侧

(*d*) 端部锚固于自身梁端　(*e*) 端部锚固于边柱之上

图 5.3.5　端部锚固构造示意图

1—锚具；2—钢板垫板；3—圆钢吊棍；4—槽钢垫板；5—圆钢销棍

（2）当梁的混凝土质量较差时，在销棍支承点处，可设置内径与圆钢销棍直径相同的钢管垫，用锚固型结构胶或堵漏剂坐浆。

（3）端部钢垫板接触面处的混凝土面应平整，当不平整时，应采用快硬水泥砂浆或堵漏剂找平。

钢绞线的张拉应力控制值，对纵向张拉，宜取 $0.70f_{\mathrm{ptk}}$；当连续梁的跨数较多时，可取为 $0.75f_{\mathrm{ptk}}$；对横向张拉，钢绞线的张拉应力控制值宜取 $0.60f_{\mathrm{ptk}}$；f_{ptk} 为钢绞线抗拉强度标准值。

采用横向张拉时，每跨钢绞线被支撑垫板、中间撑棍和拉紧螺栓分为若干个区段（图 5.3.6）。中间撑棍的数量应通过计算确定，对跨长 6～9m 的梁，可设置 1 根中间撑棍和 2 根拉紧螺栓；对跨长小于 6m 的梁，可不设中间撑棍，仅设置 1 根拉紧螺栓；对跨长大于 9m 的梁，宜设置 2 根中间撑棍及 3 根拉紧螺栓。

钢绞线横向张拉后的总伸长量，应根据中间撑棍和拉紧螺栓的设置情况，按下列规定计算：

（1）当不设中间撑棍，仅有 1 根拉紧螺栓时，其总伸长量 Δl 可按下式计算：

$$\Delta l=2(c_1-a_1)=2\times(\sqrt{a_1^2+b^2}-a_1) \tag{5.3.20}$$

式中 a_1——拉紧螺栓至支承垫板的距离（mm）；

b——拉紧螺栓处钢绞线的横向位移量（mm），可取为梁宽的1/2；

c_1——a_1 与 b 的几何关系连线（图5.3.7）（mm）。

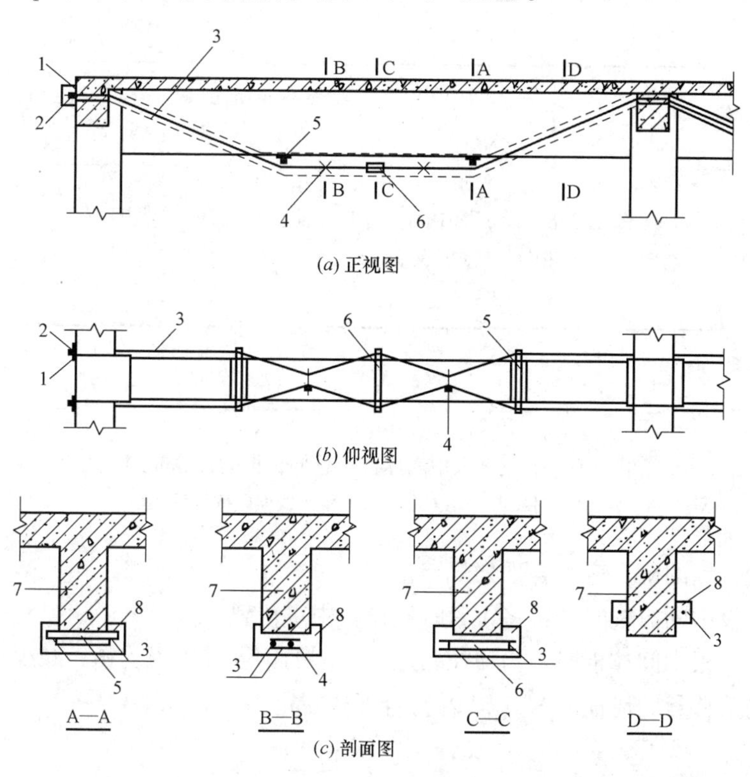

图5.3.6 采用横向张拉法施加预应力

1—钢垫板；2—锚具；3—无黏结钢绞线，成对布置在梁侧；4—拉紧螺栓；5—支承垫板；6—中间撑棍；7—加固梁；8—C25混凝土

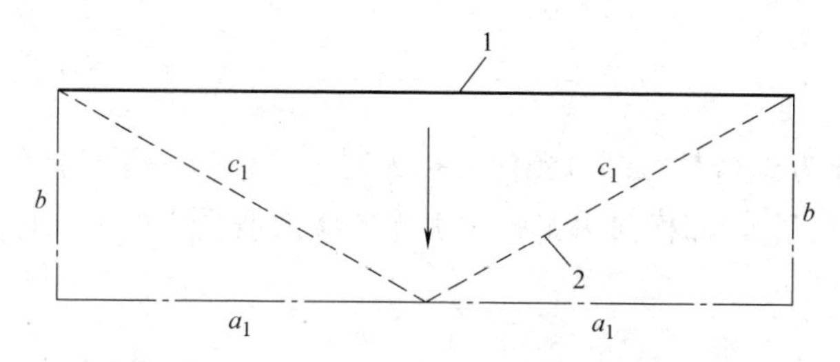

图5.3.7 不设中间撑棍时总伸长量的计算简图

1—钢绞线横向拉紧前；2—钢绞线横向拉紧后

(2) 当设1根中间撑棍和2根拉紧螺栓时，其总伸长量 Δl 应按下式计算：

设1根时：

$$\Delta l=2(c_2-a_2)+2(c_1-a_1)=2(\sqrt{a_1^2+b^2}+\sqrt{a_2^2+b^2}-a_1-a_2) \tag{5.3.21}$$

设 2 根时：

$$\Delta l=2\sqrt{a_1^2+b^2}+4\sqrt{a_2^2+b^2}-2a_1-4a_2 \tag{5.3.22}$$

式中 a_2——拉紧螺栓至中间撑棍的距离（mm）；

c_n——a_n 与 b 的几何关系连线（图 5.3.8 和图 5.3.9）（mm）。

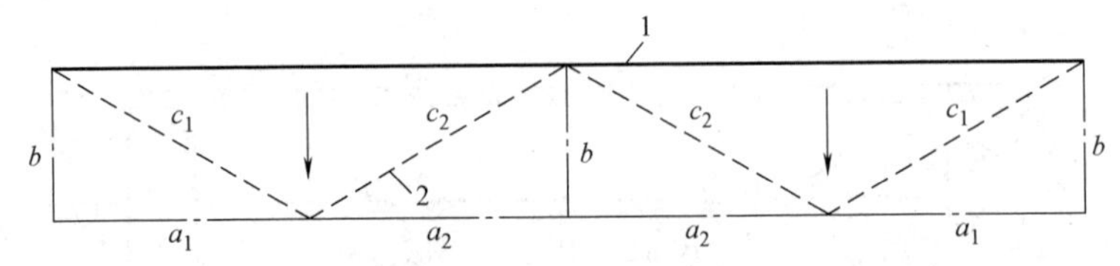

图 5.3.8　设 1 根中间撑棍时总伸长量的计算简图

1—钢绞线横向拉紧前；2—钢绞线横向拉紧后

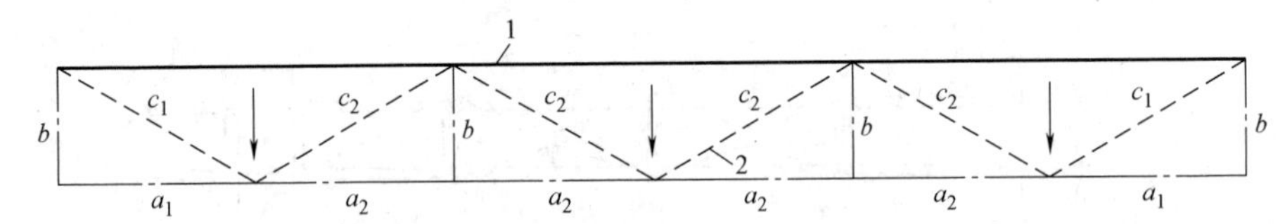

图 5.3.9　设 2 根中间撑棍时总伸长量的计算简图

1—钢绞线横向拉紧前；2—钢绞线横向拉紧后

拉紧螺栓位置的确定应符合下列规定：

（1）当不设中间撑棍时，可将拉紧螺栓设在中点位置。

（2）当设 1 根中间撑棍时，为使拉紧螺栓两侧的钢绞线受力均衡，减少钢绞线在拉紧螺栓处的纵向滑移量，应使 $a_1<a_2$，并符合下式规定：

$$\frac{c_1-a_1}{0.5l-a_2}\approx\frac{c_2-a_2}{a_2} \tag{5.3.23}$$

式中 l——梁的跨度（mm）。

（3）当设有 2 根中间撑棍时，为使拉紧螺栓至中间撑棍的距离相等，并使两边拉紧螺栓至支撑垫板的距离靠近，应符合下式规定：

$$\frac{c_2-a_2}{a_2}\approx\frac{c_1-a_1}{0.5l-a_2} \tag{5.3.24}$$

当采用横向张拉方式来补偿部分预应力损失时，其横向手工张拉引起的应力增量应控制为 $0.05f_{ptk}$～$0.15f_{ptk}$，而横向手工张拉引起的应力增量应按下式计算：

$$\Delta\sigma=E_s\frac{\Delta l}{l} \tag{5.3.25}$$

式中 Δl——钢绞线横向张拉后的总伸长量；

l——钢绞线在横向张拉前的长度；

E_s——钢绞线弹性模量。

2. 型钢预应力撑杆构造规定

采用预应力撑杆进行加固时，其构造设计应符合下列规定：

（1）预应力撑杆用的角钢，其截面不应小于 50mm×50mm×5mm。压杆肢的两根角钢用缀板连接，形成槽形的截面；也可用单根槽钢作压杆肢。缀板的厚度不得小于6mm，其宽度不得小于80mm，其长度应按角钢与被加固柱之间的空隙大小确定。相邻缀板间的距离应保证单个角钢的长细比不大于40。

（2）压杆肢末端的传力构造（图5.3.10），应采用焊在压杆肢上的顶板与承压角钢顶紧，通过抵承传力。承压角钢嵌入被加固柱的柱身混凝土或柱头混凝土内不应少于25mm。传力顶板宜用厚度不小于16mm的钢板，其与角钢肢焊接的板面及与承压角钢抵承的面均应刨平。承压角钢截面不得小于100mm×75mm×12mm。

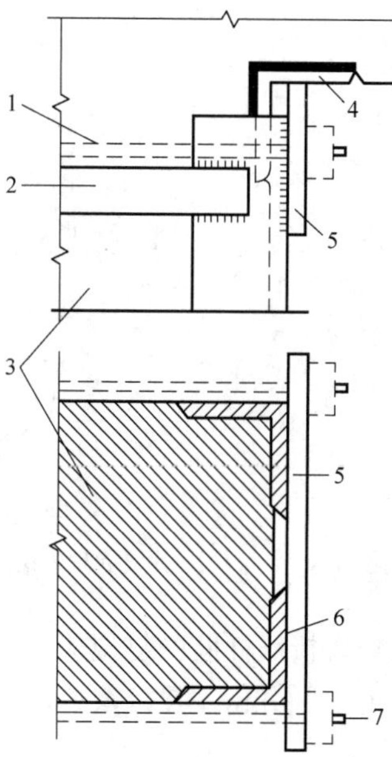

图5.3.10　撑杆端传力构造

1—安装用螺杆；2—箍板；3—原柱；4—承压角钢，用结构胶加锚栓粘锚；5—传力顶板；6—角钢撑杆；7—安装用螺杆

当预应力撑杆采用螺栓横向拉紧的施工方法时，双侧加固的撑杆，其两个压杆肢的中部应向外弯折，并应在弯折处采用工具式拉紧螺杆建立预应力并复位（图5.3.11）。单侧加固的撑杆只有一个压杆肢，仍应在中点处弯折，并应采用工具式拉紧螺杆进行横向张拉与复位（图5.3.12）。

压杆肢的弯折与复位的构造应符合下列规定：

（1）弯折压杆肢前，应在角钢的侧立肢上切出三角形缺口。缺口背面应补焊钢板予以加强（图5.3.13）。

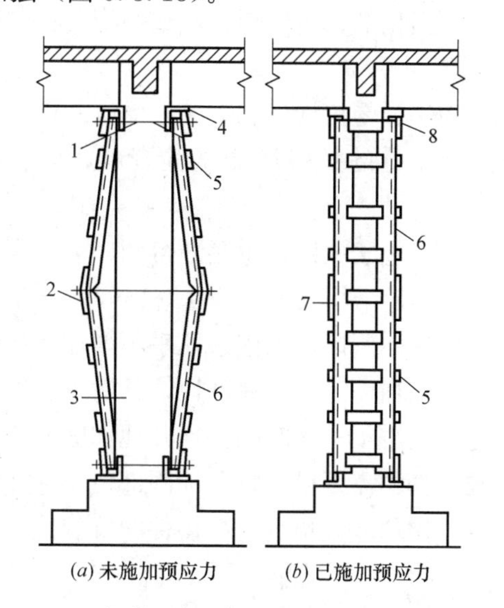

(a) 未施加预应力　(b) 已施加预应力

图5.3.11　钢筋混凝土柱双侧预应力加固撑杆构造

1—安装螺栓；2—工具式拉紧螺杆；3—被加固柱；4—传力角钢；5—箍板；6—角钢撑杆；7—加宽箍板；8—传力顶板

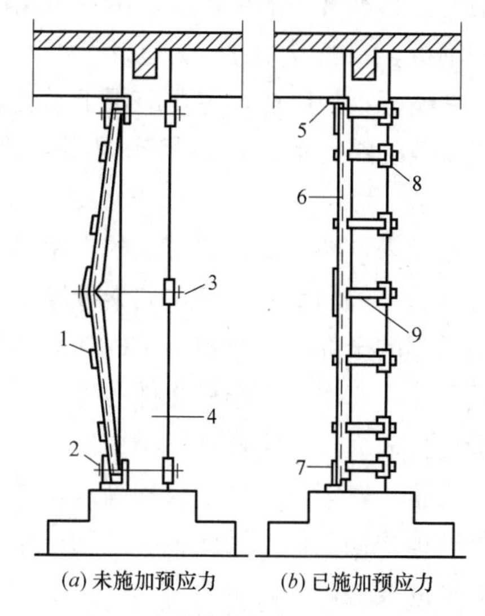

(a) 未施加预应力　(b) 已施加预应力

图5.3.12　钢筋混凝土柱单侧预应力加固撑杆构造

1—箍板；2—安装螺栓；3—工具式拉紧螺栓；4—被加固柱；5—传力角钢；6—角钢撑杆；7—传力顶板；8—短角钢；9—加宽箍板

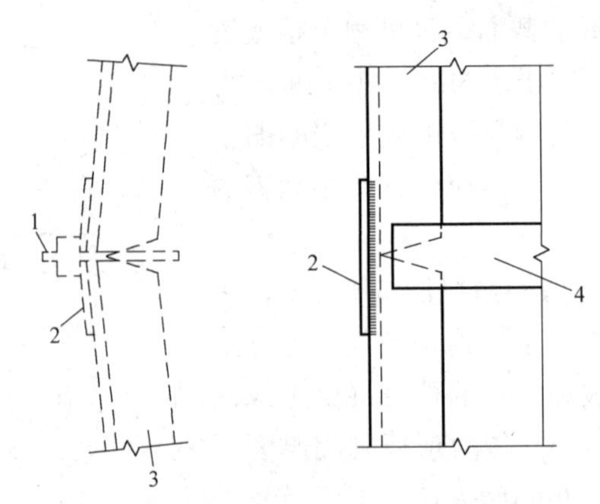

图 5.3.13　角钢缺口处加焊钢板补强

1—工具式拉紧螺杆；2—补强钢板；3—角钢撑杆；4—剖口处箍板

(2) 弯折压杆肢的复位应采用工具式拉紧螺杆，其直径应按张拉力的大小计算确定，但不应小于 16mm，其螺帽高度不应小于螺杆直径的 1.5 倍。

5.4　粘贴钢板加固法

5.4.1　概述

粘贴钢板加固法，是指用胶粘剂把薄钢板粘贴在混凝土构件表面，使薄钢板与混凝土整体协同工作的一种加固方法。这类胶粘剂称为结构胶，其粘结强度不应低于混凝土的自身强度。目前常用的结构胶，由环氧树脂加入适量的固化剂、增韧剂、增塑剂配制；加固用的钢板，一般以 Q235 或 Q345 钢为宜。

粘贴钢板加固法，主要应用于承受静载的受弯构件、受拉构件和大偏心受压构件，如承受动载的结构构件，如吊车梁等，尚缺乏全面、充分的疲劳性能试验资料，应慎重采用。

近年来，粘贴钢板加固法的应用和研究发展很快，趋于成熟，也逐渐得到广大工程技术人员的了解和重视。粘贴的钢板厚度一般为 2～6mm，结构胶厚度为 1～3mm，这是加固所增加的全部厚度，相对于构件的截面尺寸是很薄的，所以该加固法几乎不增加构件的截面尺寸，基本上不影响构件的外观。另外，粘贴钢板加固法施工速度快，从清理、修补加固构件表面，将钢板粘贴于构件上，到加压固化，仅需 1～2d 时间，比其他加固方法大大节省施工时间。粘贴钢板加固法所需钢材，可按计算的需要量粘贴于加固部位，并和原构件整体协同工作，因此钢材的利用率高且用量少，但却能大幅度提高构件的抗裂性、抑制裂缝的发展，提高承载力。

5.4.2　加固计算

1. 设计规定

(1) 本方法适用于对钢筋混凝土受弯、大偏心受压和受拉构件的加固。本方法不适用于素混凝土构件，包括纵向受力钢筋一侧配筋率小于 0.2%的构件加固。

(2) 被加固的混凝土结构构件，其现场实测混凝土强度等级不得低于 C15，且混凝土表面的正拉粘结强度不得低于 1.5MPa。

(3) 粘贴钢板加固钢筋混凝土结构构件时，应将钢板受力方式设计成仅承受轴向应力作用。

(4) 粘贴在混凝土构件表面上的钢板，其外表面应进行防锈蚀处理。表面防锈蚀材料对钢板及胶粘剂应无害。

(5) 采用胶粘剂粘贴钢板加固混凝土结构时，其长期使用的环境温度不应高于 60℃；处于特殊环境（如高温、高湿、介质侵蚀、放射等）的混凝土结构采用本方法加固时，除应按国家现行有关标准的规定采取相应的防护措施外，尚应采用耐环境因素作用的胶粘剂，并按专门的工艺要求进行粘贴。

(6) 采用粘贴钢板对钢筋混凝土结构进行加固时，应采取措施卸除或大部分卸除作用在结构上的活荷载。

(7) 当被加固构件的表面有防火要求时，应按现行国家标准《建筑设计防火规范》GB 50016—2014 规定的耐火等级及耐火极限要求，对胶粘剂和钢板进行防护。

2. 加固计算

(1) 受弯构件正截面加固计算

采用粘贴钢板对梁、板等受弯构件进行加固时，除应符合现行国家标准《混凝土结构设计规范》GB 50010—2010 正截面承载力计算的基本假定外，尚应符合下列规定：

1) 构件达到受弯承载能力极限状态时，外贴钢板的拉应变 ε_{sp} 应按截面应变保持平面的假设确定；

2) 钢板应力 σ_{sp} 等于拉应变 ε_{sp} 与弹性模量 E_{sp} 的乘积；

3) 当考虑二次受力影响时，应按构件加固前的初始受力情况，确定粘贴钢板的滞后应变；

4) 在达到受弯承载能力极限状态前，外贴钢板与混凝土之间不应出现粘结剥离破坏。

受弯构件加固后的相对界限受压区高度 $\xi_{b,sp}$ 应按加固前相对界限受压区高度的 0.85 倍采用，即：

$$\xi_{b,sp}=0.85\xi_b \tag{5.4.1}$$

式中 ξ_b——构件加固前的相对界限受压区高度，按现行国家标准《混凝土结构设计规范》GB 50010—2010 的规定计算。

在矩形截面受弯构件的受拉面和受压面粘贴钢板进行加固时（图 5.4.1），其正截面承载力应符合下列规定：

$$M\leqslant\alpha_1 f_{c0}bx\left(h-\frac{x}{2}\right)+f'_{y0}A'_{s0}(h-a')+f'_{sp}A'_{sp}h-f_{y0}A_{s0}(h-h_0) \tag{5.4.2}$$

$$\alpha_1 f_{c0}bx=\psi_{sp}f_{sp}A_{sp}+f_{y0}A_{s0}-f'_{y0}A'_{s0}-f'_{sp}A'_{sp} \tag{5.4.3}$$

$$\psi_{sp}=\frac{(0.8\varepsilon_{cu}h/x)-\varepsilon_{cu}-\varepsilon_{sp,0}}{f_{sp}/E_{sp}} \tag{5.4.4}$$

$$x\geqslant 2a' \tag{5.4.5}$$

式中 M——构件加固后弯矩设计值（kN·m）；

x——混凝土受压区高度（mm）；

b、h——分别为矩形截面宽度和高度（mm）；

f_{sp}、f'_{sp}——分别为加固钢板的抗拉、抗压强度设计值（N/mm^2）；

A_{sp}、A'_{sp}——分别为受拉钢板和受压钢板的截面面积（mm^2）；

A_{s0}、A'_{s0}——分别为原构件受拉和受压钢筋的截面面积（mm^2）；

a'——纵向受压钢筋合力点至截面近边的距离（mm）；

h_0——构件加固前的截面有效高度（mm）；

ψ_{sp}——考虑二次受力影响时，受拉钢板抗拉强度有可能达不到设计值而引用的折减系数；当 $\psi_{sp}>1.0$ 时，取 $\psi_{sp}=1.0$；

ε_{cu}——混凝土极限压应变，取 $\varepsilon_{cu}=0.0033$；

$\varepsilon_{sp,0}$——考虑二次受力影响时，受拉钢板的滞后应变，应按式（5.4.9）计算；若不考虑二次受力影响，取 $\varepsilon_{sp,0}=0$。

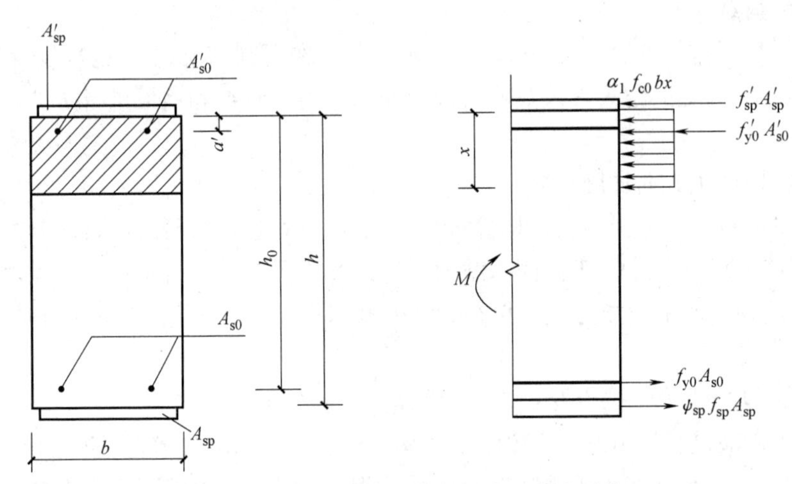

图 5.4.1 矩形截面正截面受弯承载力计算

当受压面没有粘贴钢板（即 $A'_{sp}=0$），可根据式（5.4.2）计算出混凝土受压区的高度 x，按式（5.4.4）计算出强度折减系数 ψ_{sp}，然后代入式（5.4.3），求出受拉面应粘贴的加固钢板量 A_{sp}。

对受弯构件正弯矩区的正截面加固，其受拉面沿轴向粘贴的钢板的截断位置，应从其强度充分利用的截面算起，应不小于按下式确定的粘贴延伸长度：

$$l_{sp}\geqslant(f_{sp}t_{sp}/f_{bd})+200 \tag{5.4.6}$$

式中 l_{sp}——受拉钢板粘贴延伸长度（mm）；

t_{sp}——粘贴的钢板总厚度（mm）；

f_{sp}——加固钢板的抗拉强度设计值（N/mm^2）；

f_{bd}——钢板与混凝土之间的黏结强度设计值（N/mm^2），取 $f_{bd}=0.5f_t$；f_t 为混凝土抗拉强度设计值，按现行国家标准《混凝土结构设计规范》GB 50010—2010 的规定值采用；当 f_{bd} 计算值低于 0.5MPa 时，取 f_{bd} 为

0.5MPa；当 f_{bd} 计算值高于 0.8MPa 时，取 f_{bd} 为 0.8MPa。

对框架梁和独立梁的梁底进行正截面粘钢加固时，受拉钢板的粘贴应延伸至支座边或柱边，且延伸长度 l_{sp} 应满足以上规定。当受实际条件限制无法满足此规定时，可在钢板的端部锚固区加贴 U 形箍板（图 5.4.2）。此时，U 形箍板数量的确定应符合下列规定：

1）当 $f_{sv}b_1 \leqslant 2f_{bd}h_{sp}$ 时

$$f_{sp}A_{sp} \leqslant 0.5f_{bd}l_{sp}b_1 + 0.7nf_{sv}b_{sp}b_1 \tag{5.4.7}$$

2）当 $f_{sv}b_1 > 2f_{bd}h_{sp}$ 时

$$f_{sp}A_{sp} \leqslant 0.5f_{bd}l_{sp}b_1 + nf_{sv}b_{sp}h_{sp} \tag{5.4.8}$$

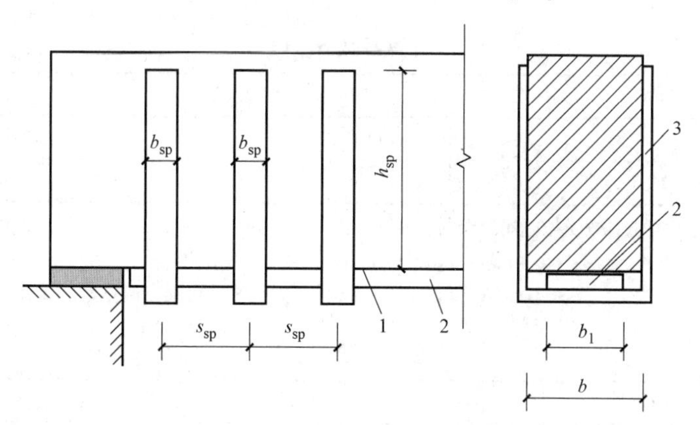

图 5.4.2　梁端增设 U 形箍板锚固

1—胶层；2—加固钢板；3—U 形箍板

式中　f_{sv}——钢对钢黏结强度设计值（N/mm²），对 A 级胶取为 3.0MPa；B 级胶取为 2.5MPa；

A_{sp}——加固钢板的截面面积（mm²）；

n——加固钢板每端加贴 U 形箍板的数量；

b_1——加固钢板的宽度（mm）；

b_{sp}——U 形箍板的宽度（mm）；

h_{sp}——U 形箍板单肢与梁侧面混凝土黏结的竖向高度（mm）。

对受弯构件负弯矩区的正截面加固，钢板的截断位置距充分利用截面的距离，除应根据负弯矩包络图按式（5.4.6）确定外，尚宜按《混凝土结构加固设计规范》GB 50367—2013 的构造规定进行设计。

对翼缘位于受压区的 T 形截面受弯构件的受拉面粘贴钢板进行受弯加固时，应按以上原则和现行国家标准《混凝土结构设计规范》GB 50010—2010 中关于 T 形截面受弯承载力的计算方法进行计算。

当考虑二次受力影响时，加固钢板的滞后应变 $\varepsilon_{sp,0}$ 应按下式计算：

$$\varepsilon_{sp,0} = \frac{\alpha_{sp}M_{0k}}{E_sA_sh_0} \tag{5.4.9}$$

式中　M_{0k}——加固前受弯构件验算截面上作用的弯矩标准值（kN·m）；

α_{sp}——综合考虑受弯构件裂缝截面内力臂变化、钢筋拉应变不均匀以及钢筋排列影响的计算系数，按表 5.4.1 的规定采用。

当钢板全部粘贴在梁底面（受拉面）有困难时，允许将部分钢板对称地粘贴在梁的两侧面。此时，侧面粘贴区域应控制在距受拉边缘 1/4 梁高范围内，且应按下式计算确定梁的两侧面实际需粘贴的钢板截面面积 $A_{sp,1}$。

$$A_{sp,1}=\eta_{sp}A_{sp,b} \tag{5.4.10}$$

式中 $A_{sp,b}$——按梁底面计算确定的，但需改贴到梁的两侧面的钢板截面面积；

η_{sp}——考虑改贴梁侧面引起的钢板受拉合力及其力臂改变的修正系数，应按表 5.4.2 采用。

计算系数 α_{sp} 值 **表 5.4.1**

ρ_{te}	≤0.007	0.010	0.020	0.030	0.040	≥0.060
单排钢筋	0.70	0.90	1.15	1.20	1.25	1.30
双排钢筋	0.75	1.00	1.25	1.30	1.35	1.40

注：1. ρ_{te} 为原有混凝土有效受拉截面的纵向受拉钢筋配筋率，即 $\rho_{te}=A_s/A_{te}$；A_{te} 为有效受拉混凝土截面面积，按现行国家标准《混凝土结构设计规范》GB 50010—2010 的规定计算；

2. 当原构件钢筋应力 σ_{s0}≤150MPa，且 ρ_{te}≤0.05 时，表中 α_{sp} 值可乘以调整系数 0.9。

修正系数 η_{sp} 值 **表 5.4.2**

h_{sp}/h	0.05	0.10	0.15	0.20	0.25
η_{sp}	1.09	1.20	1.33	1.47	1.65

注：h_{sp} 为从梁受拉边缘算起的侧面粘贴高度；h 为梁截面高度。

钢筋混凝土结构构件加固后，其正截面受弯承载力的提高幅度，不应超过 40%，并应验算其受剪承载力，避免受弯承载力提高后而导致构件受剪破坏先于受弯破坏。

粘贴钢板的加固量，对受拉区和受压区，分别不应超过 3 层和 2 层，且钢板总厚度不应大于 10mm。

（2）受弯构件斜截面加固计算

受弯构件斜截面受剪承载力不足，应采用胶粘的箍板进行加固，箍板宜设计成加锚封闭箍、胶锚 U 形箍或钢板锚 U 形箍的构造方式（图 5.4.3*a*），当受力很小时，也可采用一般 U 形箍。箍板应垂直于构件轴线方向粘贴（图 5.4.3*b*），不得采用斜向粘贴。

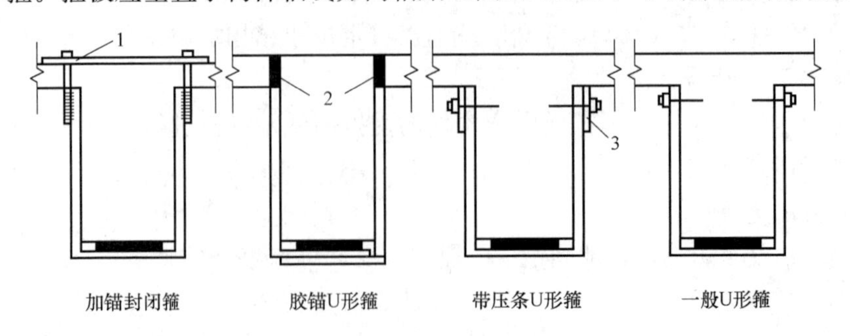

(*a*) 构造方式

图 5.4.3 扁钢抗剪箍及其粘贴方式（一）

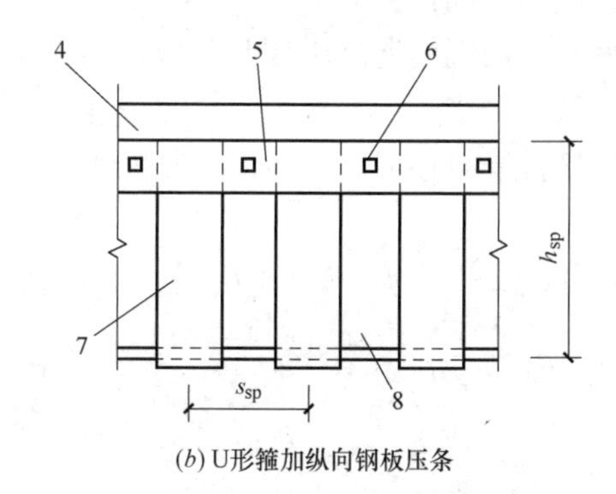

(*b*) U形箍加纵向钢板压条

图 5.4.3　扁钢抗剪箍及其粘贴方式（二）

1—扁钢；2—胶锚；3—粘贴钢板压条；4—板；5—钢板底面空鼓处应加钢垫板；6—钢板压条附加锚栓锚固；7—U 形箍；8—梁

受弯构件加固后的斜截面应符合下列规定：

当 $h_w/b \leqslant 4$ 时

$$V \leqslant 0.25\beta_c f_{c0} b h_0 \tag{5.4.11}$$

当 $h_w/b \geqslant 6$ 时

$$V \leqslant 0.20\beta_c f_{c0} b h_0 \tag{5.4.12}$$

当 $4 < h_w/b < 6$ 时，按线性内插法确定。

采用加锚封闭箍或其他 U 形箍对钢筋混凝土梁进行抗剪加固时，其斜截面承载力应符合下列公式的规定：

$$V \leqslant V_{b0} + V_{b,sp} \tag{5.4.13}$$

$$V_{b,sp} = \psi_{vb} f_{sp} A_{b,sp} h_{sp} / s_{sp} \tag{5.4.14}$$

式中　V_{b0}——加固前梁的斜截面承载力（kN），按现行国家标准《混凝土结构设计规范》GB 50010—2010 计算；

$V_{b,sp}$——粘贴钢板加固后，对梁斜截面承载力的提高值（kN）；

ψ_{vb}——与钢板的粘贴方式及受力条件有关的抗剪强度折减系数，按表 5.4.3 确定；

$A_{b,sp}$——配置在同一截面处箍板各肢的截面面积之和（mm^2），即为 $2b_{sp}t_{sp}$，b_{sp} 和 t_{sp} 分别为箍板宽度和箍板厚度；

h_{sp}——U 形箍板单肢与梁侧面混凝土黏结的竖向高度（mm）；

s_{sp}——箍板的间距（图 5.4.3*b*）（mm）。

抗剪强度折减系数 ψ_{vb} 值　　**表 5.4.3**

箍板构造		加锚封闭箍	胶锚或钢板锚 U 形箍	一般 U 形箍
受力条件	均布荷载或剪跨比 $\lambda \geqslant 3$	1.00	0.92	0.85
	剪跨比 $\lambda \leqslant 1.5$	0.68	0.63	0.58

注：当 λ 为中间值时，按线性内插法确定 ψ_{vb} 值。

(3) 大偏心受压构件正截面加固计算

采用粘贴钢板加固大偏心受压钢筋混凝土柱时，应将钢板粘贴于构件受拉区，且钢板长向应与柱的纵轴线方向一致。

在矩形截面大偏心受压构件受拉边混凝土表面上粘贴钢板加固时，其正截面承载力应按下列公式确定：

$$N \leqslant \alpha_1 f_{c0} bx + f'_{y0} A'_{s0} - f_{y0} A_{s0} - f_{sp} A_{sp} \tag{5.4.15}$$

$$Ne \leqslant \alpha_1 f_{c0} bx \left(h_0 - \frac{x}{2}\right) + f'_{y0} A'_{s0} (h_0 - a') + f_{sp} A_{sp} (h - h_0) \tag{5.4.16}$$

$$e = e_i + \frac{h}{2} - a \tag{5.4.17}$$

$$e_i = e_0 + e_a \tag{5.4.18}$$

式中 N——加固后轴向压力设计值（kN）；

f_{sp}——加固钢板的抗拉强度设计值（N/mm^2）。

(4) 受拉构件正截面加固计算

采用外贴钢板加固钢筋混凝土受拉构件时，应按原构件纵向受拉钢筋的配置方式，将钢板粘贴于相应位置的混凝土表面上，且应处理好端部的连接构造及锚固。

轴心受拉构件的加固，其正截面承载力应按下式确定：

$$N \leqslant f_{y0} A_{s0} + f_{sp} A_{sp} \tag{5.4.19}$$

式中 N——加固后轴向拉力设计值；

f_{sp}——加固钢板的抗拉强度设计值。

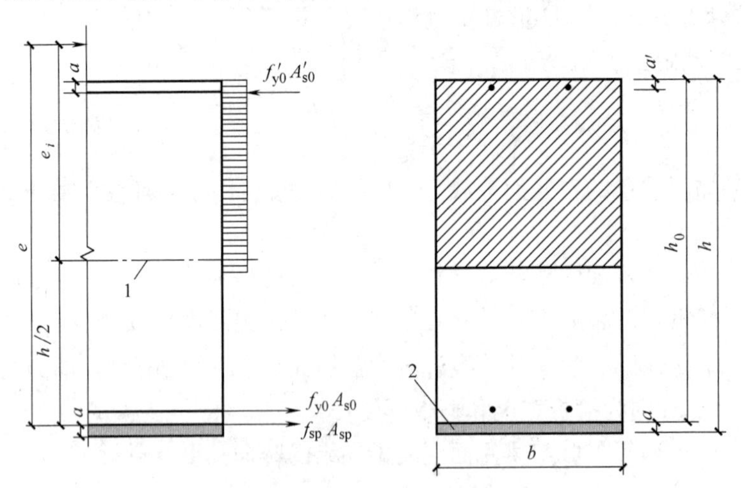

图 5.4.4 矩形截面大偏心受压构件粘钢加固承载力计算

1—截面重心轴；2—加固钢板

矩形截面大偏心受拉构件的加固（图 5.4.4），其正截面承载力应符合下列规定：

$$N \leqslant f_{y0} A_{s0} + f_{sp} A_{sp} - \alpha_1 f_{c0} bx - f'_{y0} A'_{s0} \tag{5.4.20}$$

$$Ne \leqslant \alpha_1 f_{c0} bx \left(h_0 - \frac{x}{2}\right) + f'_{y0} A'_{s0} (h_0 - a') + f_{sp} A_{sp} (h - h_0) \tag{5.4.21}$$

式中 N——加固后轴向拉力设计值（kN）；

e——轴向拉力作用点至纵向受拉钢筋合力点的距离（mm）。

5.4.3 构造规定

粘钢加固的钢板宽度不宜大于 100mm。采用手工涂胶粘贴的钢板厚度不应大于5mm；采用压力注胶粘结的钢板厚度不应大于 10mm，且应按外粘型钢加固法的焊接节点构造进行设计。

对钢筋混凝土受弯构件进行正截面加固时，均应在钢板的端部（包括截断处）及集中荷载作用点的两侧，对梁设置 U 形钢箍板，对板应设置横向钢压条进行锚固。

当粘贴的钢板延伸至支座边缘仍不满足规范延伸长度的规定时，应采取下列锚固措施：

（1）对梁，应在延伸长度范围内均匀设置 U 形箍（图 5.4.5a），且应在延伸长度的端部设置一道加强箍。U 形箍的粘贴高度应为梁的截面高度；梁有翼缘（或有现浇楼板），应伸至其底面。U 形箍的宽度，对端箍不应小于加固钢板宽度的 2/3，且不应小于80mm；对中间箍不应小于加固钢板宽度的 1/2，且不应小于 40mm。U 形箍的厚度不应小于受弯加固钢板厚度的 1/2，且不应小于 4mm。U 形箍的上端应设置纵向钢压条；压条下面的空隙应加胶粘钢垫块填平。

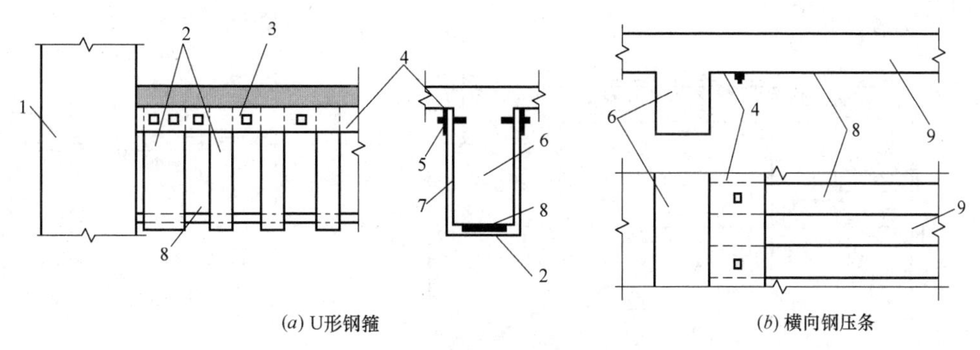

图 5.4.5 梁粘贴钢板端部锚固措施

1—柱；2—U 形箍；3—压条与梁之间空隙应加垫板；4—钢压条；5—化学锚栓；6—梁；7—胶层；8—加固钢板；9—板

（2）对板，应在延伸长度范围内通长设置垂直于受力钢板方向的钢压条。钢压条一般不宜少于 3 条；钢压条应在延伸长度范围内均匀布置，且应在延伸长度的端部设置一道。压条的宽度不应小于受弯加固钢板宽度的 3/5，钢压条的厚度不应小于受弯加固钢板厚度的 1/2。

当采用钢板对受弯构件负弯矩区进行正截面承载力加固时，应采取下列构造措施：

（1）支座处无障碍时，钢板应在负弯矩包络图范围内连续粘贴；其延伸长度的截断点应按《混凝土结构加固设计规范》GB 50367—2013 的计算原则确定。在端支座无法延伸的一侧，尚应按构造方式进行锚固处理。

（2）支座处虽有障碍，但梁上有现浇板时，允许绕过柱位，在梁侧 4 倍板厚（$4h_b$）范围内，将钢板粘贴于板面上（图 5.4.6）。

（3）当梁上负弯矩区的支座处需采取加强的锚固措施时，可采用图 5.4.7 的构造方式进行锚固处理。

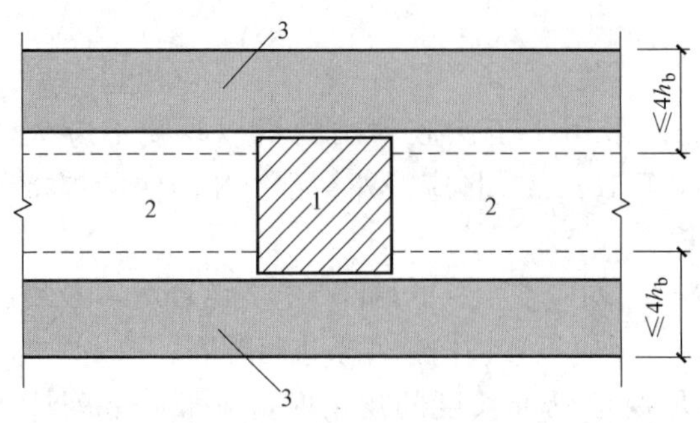

图 5.4.6　绕过柱位粘贴钢板

1—柱；2—梁；3—板顶面粘贴的钢板；h_b—板厚

当加固的受弯构件粘贴不止一层钢板时，相邻两层钢板的截断位置应错开不小于 300mm，并应在截断处加设 U 形箍（对梁）或横向压条（对板）进行锚固。

当采用粘贴钢板箍对钢筋混凝土梁或大偏心受压构件的斜截面承载力进行加固时，其构造应符合下列规定：

（1）宜选用封闭箍或加锚的 U 形箍；若仅按构造需要设箍，也可采用一般 U 形箍；

（2）受力方向应与构件轴向垂直；

（3）封闭箍及 U 形箍的净间距 $s_{sp,n}$ 不应大于现行国家标准《混凝土结构设计规范》GB 50010—2010 规定的最大箍筋间距的 0.70 倍，且不应大于梁高的 0.25 倍；

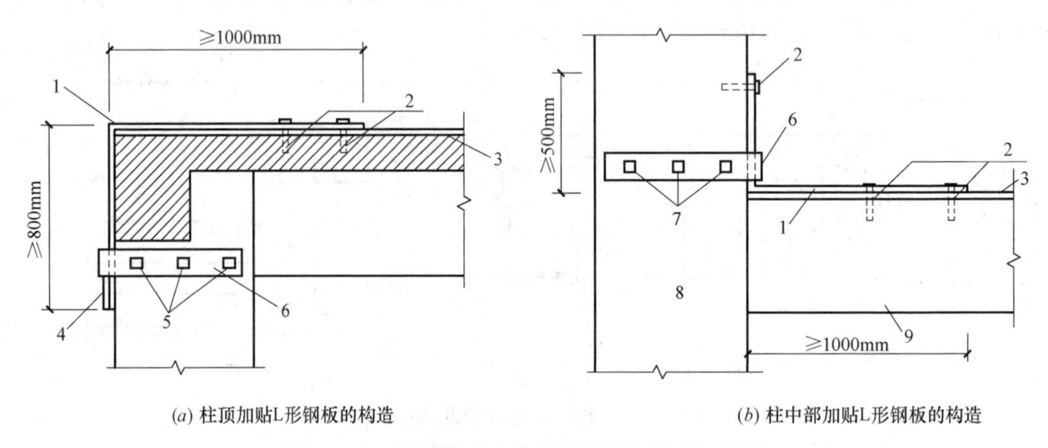

图 5.4.7　梁柱节点处粘贴钢板的机械锚固措施

1—粘贴 L 形钢板；2—M12 锚栓；3—加固钢板；4—加焊顶板（预焊）；5—$d \geqslant$M16 的 6.8 级锚栓；6—胶粘于柱上的 U 形钢箍板；7—$d \geqslant$M22 的 6.8 级锚栓及其钢垫板；8—柱；9—梁

（4）箍板的粘贴高度应符合以上规定；一般 U 形箍的上端应粘贴纵向钢压条予以锚固；钢压条下面的空隙应加胶粘钢垫板填平；

（5）当梁的截面高度（或腹板高度）$h \geqslant 600$mm 时，应在梁的腰部增设一道纵向腰间钢压条（图 5.4.8）。

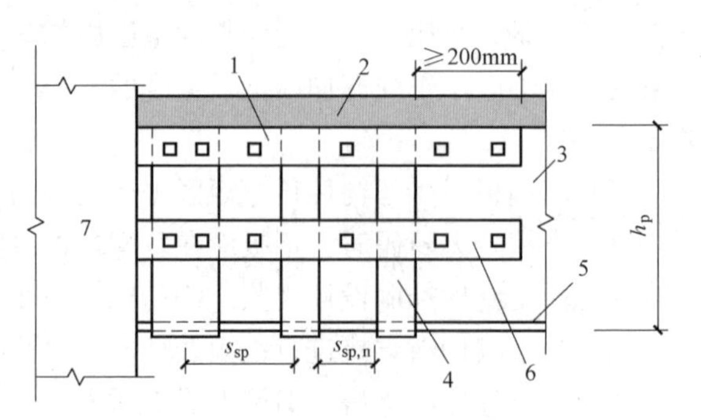

图 5.4.8　纵向腰间钢压条

1—纵向钢压条；2—楼板；3—梁；4—U 形箍板；5—加固钢板；6—纵向腰间钢压条；7—柱

当采用粘贴钢板加固大偏心受压钢筋混凝土柱时，其构造应符合下列规定：

（1）柱的两端应增设机械锚固措施；

（2）柱上端有楼板时，粘贴的钢板应穿过楼板，并应有足够的延伸长度。

简支梁正截面粘贴钢板加固具体施工详图如图 5.4.9 所示，其余梁柱粘钢加固法详见《混凝土结构加固构造》13G311-11。

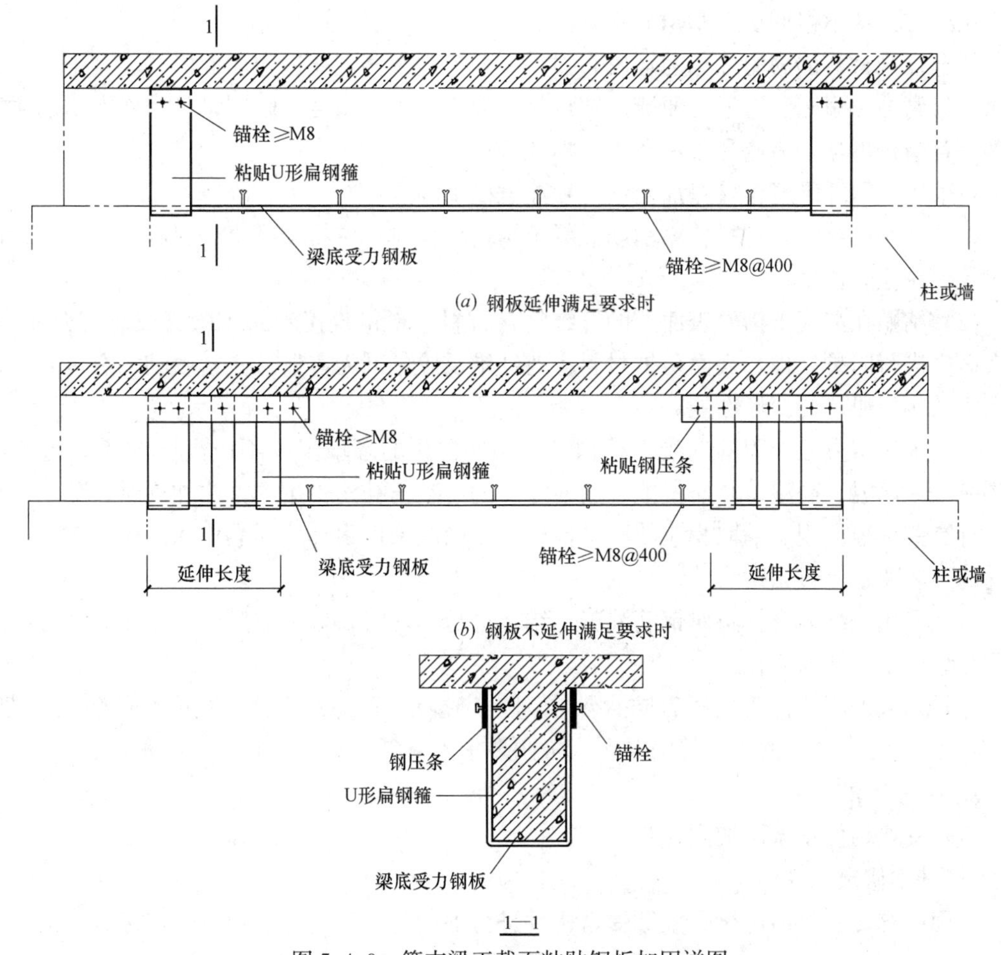

图 5.4.9　简支梁正截面粘贴钢板加固详图

5.5　粘贴纤维复合材料加固法

5.5.1　概述

粘贴纤维复合材料加固法是以树脂类胶结材料为基础，将纤维布或板材粘贴于被加固构件的表面，利用纤维的高强度和高弹性模量达到提高结构承载力或延性的目的。目前结构加固施工用的增强纤维材料基本上有三种：碳纤维（CFRP）、玻璃纤维（GFRP）、芳纶纤维（AFRP），它们的施工方法基本一致。

5.5.2　加固计算

1. 设计规定

本方法适用于钢筋混凝土受弯、轴心受压、大偏心受压及受拉构件的加固。

本方法不适用于素混凝土构件，包括纵向受力钢筋一侧配筋率小于0.2%的构件加固。被加固的混凝土结构构件，其现场实测混凝土强度等级不得低于C15，且混凝土表面的正拉粘结强度不得低于1.5MPa。

复合纤维材料加固的优点为轻质高强，一般无需搭接，能适应曲面形状混凝土的粘贴要求，耐腐蚀，耐潮湿，施工便捷；缺点是对使用环境的温度有限制，且需作专门的防护处理，若防护不当，易遭受火灾和人为损坏。

在采用粘贴纤维复合材料加固法时须注意以下几点：

(1) 外贴纤维复合材料加固钢筋混凝土结构构件时，应将纤维复合材料受力方式设计成仅承受拉应力作用。

(2) 粘贴在混凝土构件表面上的纤维复合材料，不得直接暴露于阳光或有害介质中，其表面应进行防护处理。表面防护材料应对纤维及胶粘剂无害，且应与胶粘剂有可靠的粘结强度及相互协调的变形性能。

(3) 采用本方法加固的混凝土结构，其长期使用的环境温度不应高于60℃；处于特殊环境（如高温、高湿、介质侵蚀、放射等）的混凝土结构采用本方法加固时，除应按国家现行有关标准的规定采取相应的防护措施外，尚应采用耐环境因素作用的胶粘剂，并按专门的工艺要求进行粘贴。

(4) 采用纤维复合材料对钢筋混凝土结构进行加固时，应采取措施卸除或大部分卸除作用在结构上的活荷载。

(5) 当被加固构件的表面有防火要求时，应按现行国家标准《建筑设计防火规范》GB 50016—2014规定的耐火等级及耐火极限要求，对纤维复合材料进行防护。

2. 加固计算

(1) 受弯构件正截面加固计算

1) 基本假定

采用纤维复合材料对梁、板等受弯构件进行加固时，除应符合现行国家标准《混凝土结构设计规范》GB 50010—2010中正截面承载力计算的基本假定外，尚应符合下列规定：

纤维复合材料的应力与应变关系取直线式，其拉应力σ_{φ}等于拉应变ε_f与弹性模量E_f的乘积；当考虑二次受力影响时，应按构件加固前的初始受力情况，确定纤维复合材的滞后应变；在达到受弯承载能力极限状态前，加固材料与混凝土之间不发生黏结剥离破坏。

受弯构件加固后的相对界限受压区高度$\xi_{b,f}$，应按构件加固前相对界限受压区高度的0.85倍采用：$\xi_{b,f}=0.85\xi_b$，ξ_b为构件加固前的相对界限受压区高度，按现行国家标准《混凝土结构设计规范》GB 50010—2010的规定计算。

2) 受弯构件正截面承载力计算

在矩形截面受弯构件的受拉边混凝土表面上粘贴纤维复合材料进行加固时（图5.5.1），其正截面承载力应按下列公式确定：

$$M \leqslant \alpha_1 f_{c0} bx\left(h-\frac{x}{2}\right)+f'_{y0}A'_{s0}(h-a')-f_{y0}A_{s0}(h-h_0) \tag{5.5.1}$$

$$\alpha_1 f_{c0} bx=f_{y0}A_{s0}+\varphi_f f_f A_{fe}-f'_{y0}A'_{s0} \tag{5.5.2}$$

$$\varphi_{f}=\frac{(0.8\varepsilon_{cu}h/x)-\varepsilon_{cu}-\varepsilon_{f0}}{\varepsilon_{f}} \tag{5.5.3}$$

$$x\geqslant 2a' \tag{5.5.4}$$

式中 M——构件加固后弯矩设计值（kN·m）；

x——混凝土受压区高度（mm）；

b、h——分别为矩形截面宽度和高度（mm）；

f_{y0}、f'_{y0}——分别为原截面受拉钢筋和受压钢筋的抗拉、抗压强度设计值（N/mm²）；

A_{s0}、A'_{s0}——分别为原截面受拉钢筋和受压钢筋的截面面积（mm²）；

a'——纵向受压钢筋合力点至截面近边的距离（mm）；

h_0——构件加固前的截面有效高度（mm）；

f_f——纤维复合材料的抗拉强度设计值（N/mm²），应根据国家标准《混凝土结构加固设计规范》GB 50367—2013 规定的纤维复合材料种类采用；

A_{fe}——纤维复合材料的有效截面面积（mm²）；

φ_f——考虑纤维复合材料实际抗拉应变达不到设计值而引入的强度利用系数，当 $\varphi_f>1.0$ 时，取 $\varphi_f=1.0$；

ε_{cu}——混凝土极限压应变，取 $\varepsilon_{cu}=0.0033$；

ε_f——纤维复合材料拉应变设计值，应根据《混凝土结构加固设计规范》GB 50367—2013 规定的纤维复合材料种类采用；

ε_{f0}——考虑二次受力影响时纤维复合材料的滞后应变，应按《混凝土结构加固设计规范》GB 50367—2013 的规定计算，若不考虑二次受力影响，取 $\varepsilon_{f0}=0$。

对翼缘位于受压区的T形截面受弯构件的受拉面粘贴纤维复合材料进行受弯加固时，按上述计算规则和现行国家标准《混凝土结构设计规范》GB 50010—2010 中关于T形截面受弯承载力的计算方法进行计算。

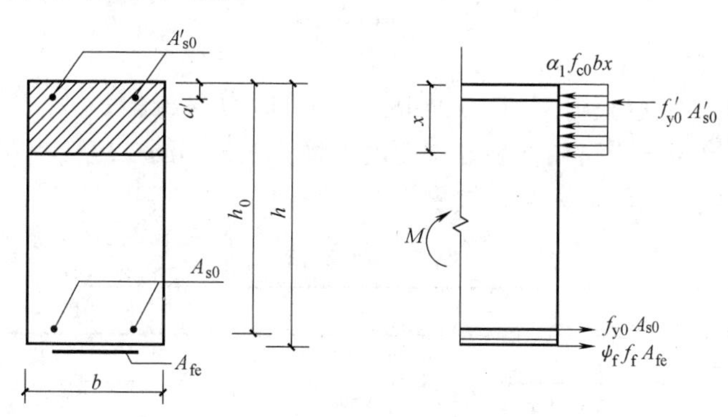

图 5.5.1 矩形截面构件正截面受弯承载力

3）实际纤维面积的选取

当碳纤维复合材料全部粘贴在受拉边时，考虑到粘贴层之间有应力放松、层间应力滞后以及复合材料之间受力不均匀等施工不利影响，将理论计算的粘贴面积 A_f 进行放大，作为实际应粘贴面积 A_{fe}。

$$A_f=A_{fe}/k_m \tag{5.5.5}$$

纤维复合材料厚度折减系数 k_m，应按下列规定确定：

当采用预成型板时，$k_m=1.0$；当采用多层粘贴的纤维织物时，k_m 由试验公式确定：

$$k_m=1.16-\frac{n_f E_f t_f}{308000}\leqslant 0.90 \tag{5.5.6}$$

式中 E_f——纤维复合材料弹性模量设计值（MPa），应根据纤维复合材料的品种，按国家标准《混凝土结构加固设计规范》GB 50367—2013 采用；

n_f、t_f——分别为纤维复合材料（单向织物）层数和单层厚度（mm）。

纤维复合材料的加固量，对预成型板，不宜超过 2 层，对湿法铺层的织物，不宜超过 4 层，超过 4 层时，宜改用预成型板，并采取可靠的加强锚固措施。

当纤维复合材料全部粘贴在梁底面（受拉面）有困难时，允许将部分纤维复合材料对称地粘贴在梁的两侧面。此时，侧面粘贴区域应控制在距受拉区边缘 1/4 梁高范围内，且应按下式计算确定梁的两侧实际需要粘贴的纤维复合材料截面面积 $A_{f,1}$：

$$A_{f,1}=\eta_f A_{f,b} \tag{5.5.7}$$

式中 $A_{f,b}$——按梁底面计算确定的，但需改贴到梁的两侧面的纤维复合材料截面积；

η_f——考虑改贴梁侧面引起的纤维复合材料受拉合力及其力臂改变的修正系数，应按表 5.5.1 采用：

修正系数 η_f 值 **表 5.5.1**

$\frac{h_f}{h}$	0.05	0.10	0.15	0.20	0.25
η_f	1.09	1.19	1.30	1.43	1.59

注：表中 h_f 为从梁受拉边缘算起的侧面粘贴高度；h 为梁截面高度。

4）纤维复合材料的滞后应变

当考虑二次受力影响时，纤维复合材的滞后应变 ε_{f0} 应按下式计算：

$$\varepsilon_{f0}=\frac{\alpha_f M_{0k}}{E_s A_s h_0} \tag{5.5.8}$$

式中 M_{0k}——加固前受弯构件验算截面上原作用的弯矩标准值；

α_f——综合考虑受弯构件裂缝截面内力臂变化、钢筋拉应变不均匀以及钢筋排列影响等的计算系数，按表 5.5.2 采用。

计算系数 α_f 值 **表 5.5.2**

ρ_{te}	$\leqslant$0.007	0.010	0.020	0.030	0.040	$\geqslant$0.060
单排钢筋	0.70	0.90	1.15	1.20	1.25	1.30
双排钢筋	0.75	1.00	1.25	1.30	1.35	1.40

注：1. 表中 ρ_{te} 为混凝土有效受拉截面的纵向受拉钢筋配筋率，即 $\rho_{te}=A_s/A_{te}$，A_{te} 为有效受拉混凝土截面面积，按现行国家标准《混凝土结构设计规范》GB 50010—2010 的规定计算；

2. 当原构件钢筋应力 $\sigma_{s0}\leqslant$150MPa，且 $\rho_{te}\leqslant$0.05 时，表中 α_f 值可乘以调整系数 0.9。

工程上当 $M_{0k}/M\leqslant 0.2$ 时，往往取滞后应变 $\varepsilon_{f0}=0$ 以简化计算。

5）延伸长度要求

对受弯构件正弯矩区的正截面加固，其粘贴纤维复合材料的截断位置应从其强度充分利用的截面算起，取不小于按式（5.5.9）确定的粘贴延伸长度（图 5.5.2）。

$$l_c=\frac{f_f A_f}{f_{f,v} b_f}+200 \tag{5.5.9}$$

式中 l_c——纤维复合材料粘贴延伸长度（mm）；

b_f——对梁为受拉面粘贴的纤维复合材料的总宽度（mm），对板为1000mm板宽范围内粘贴的纤维复合材料总宽度；

f_f——纤维复合材料抗拉强度设计值（N/mm²），按表5.5.4～表5.5.6采用；

$f_{f,v}$——纤维与混凝土之间的黏结抗剪强度设计值（MPa），取 $f_{f,v}=0.40f_t$；f_t 为混凝土抗拉强度设计值，按现行国家标准《混凝土结构设计规范》GB 50010—2010规定值采用；当 $f_{f,v}$ 计算值低于0.40MPa时，取 $f_{f,v}=0.10$MPa；当 $f_{f,v}$ 计算值高于0.70MPa时，取 $f_{f,v}=0.70$MPa。

对受弯构件负弯矩区的正截面加固，纤维复合材料的截断位置距支座边缘的距离，除应根据负弯矩包络图按上式确定外，还应符合《混凝土结构加固设计规范》GB 50367—2013的构造规定。

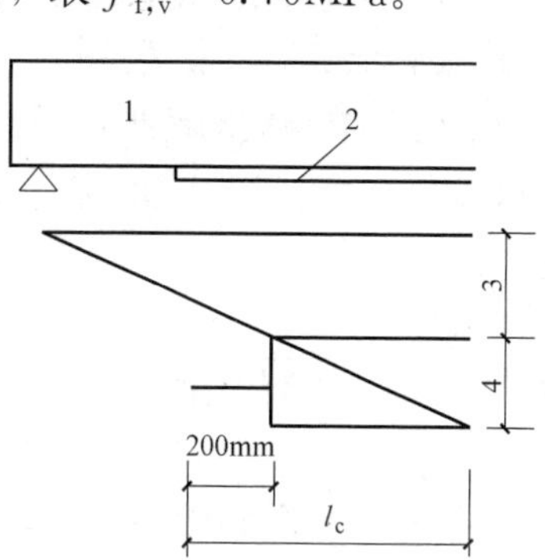

图5.5.2 纤维复合材料的粘贴延伸长度

1—梁；2—纤维复合材料；3—原钢筋承担的弯矩；4—加固要求的弯矩增量

（2）受弯构件斜截面加固计算

采用纤维复合材料条带（以下简称条带）对受弯构件的斜截面受剪承载力进行加固时，应粘贴成垂直于构件轴线方向的环形箍或其他有效的U形箍（图5.5.3），不得采用斜向粘贴方式。

1）截面验算条件

受弯构件加固后的斜截面应符合下列规定：

当 $h_w/b\leqslant4$ 时，$V\leqslant0.25\beta_c f_{c0} bh_0$

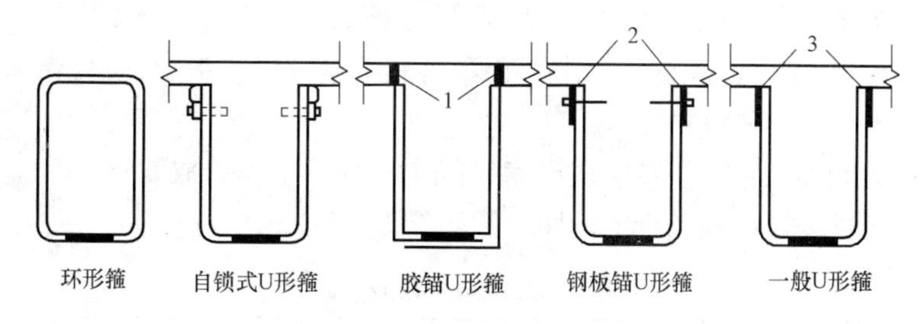

(*a*) 条带构造方式

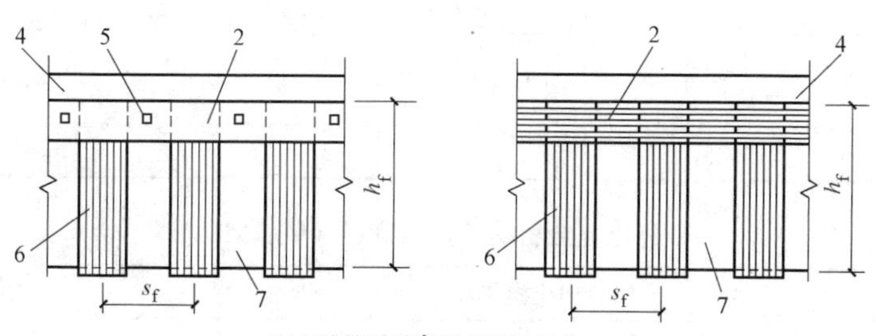

(*b*) U形箍及纵向压条粘贴方式

图5.5.3 纤维复合材料抗剪箍及其粘贴方式

1—胶锚；2—钢板压条；3—纤维织物压条；4—板；5—锚栓加胶粘锚固；6—U形箍；7—梁

当 $h_w/b \geqslant 6$ 时，$V \leqslant 0.20\beta_c f_{c0} b h_0$

当 $4 < h_w/b < 6$ 时，按线性内插法确定。

式中 V——构件斜截面加固后的剪力设计值（kN）；

β_c——混凝土强度影响系数，按现行国家标准《混凝土结构设计规范》GB 50010—2010 规定值采用；

f_{c0}——原构件混凝土轴心抗压强度设计值（N/mm^2）；

b——矩形截面的宽度、T 形或 I 形截面的腹板宽度（mm）；

h_0——截面有效高度（mm）；

h_w——截面的腹板高度（mm），对矩形截面，取有效高度；对 T 形截面，取有效高度减去翼缘高度；对 I 形截面，取腹板净高。

2）截面承载力计算公式

当采用条带构成的环形（封闭）箍或 U 形箍对钢筋混凝土梁进行抗剪加固时，其斜截面承载力应按下列公式确定：

$$V \leqslant V_{b0} + V_{bf} \quad (5.5.10)$$

$$V_{bf} = \psi_{vb} f_f A_f h_f / s_f \quad (5.5.11)$$

式中 V_{b0}——加固前梁的斜截面承载力（kN），应按现行国家标准《混凝土结构设计规范》GB 50010—2010 计算；

V_{bf}——粘贴条带加固后，对梁斜截面承载力的提高值（kN）；

ψ_{vb}——与条带加锚方式及受力条件有关的抗剪强度折减系数（表 5.5.3）；

f_f——受剪加固采用的纤维复合材料抗拉强度设计值（N/mm^2），应根据纤维复合材料品种分别按表 5.5.4～表 5.5.6 规定的抗拉强度设计值乘以调整系数 0.56 确定；当为框架梁或悬挑构件时，调整系数取 0.28；

A_f——配置在同一截面处构成环形或 U 形箍的纤维复合材料条带的全部截面面积（mm^2），$A_f = 2n_f b_f t_f$，n_f 为条带粘贴的层数，b_f 和 t_f 分别为条带宽度和条带单层厚度；

h_f——梁侧面粘贴的条带竖向高度（mm）；对环形箍，取 $h_f = h$；

s_f——纤维复合材料条带的间距（图 5.5.3*b*）（mm）。

抗剪强度折减系数 ψ_{vb} 值　　表 5.5.3

条带加锚方式		环形箍及自锁式 U 形箍	胶锚或钢板锚 U 形箍	加织物压条的一般 U 形箍
受力条件	均布荷载或剪跨比 $\lambda \geqslant 3$	1.00	0.88	0.85
	$\lambda \leqslant 1.5$	0.68	0.60	0.50

碳纤维复合材料抗拉强度设计值（MPa）　　表 5.5.4

结构类别	单向织物(布)			条形板	
强度等级	高强度Ⅰ	高强度Ⅱ	高强度Ⅲ	高强度Ⅰ	高强度Ⅱ
重要构件	1600	1400	—	1150	1000
一般构件	2300	2000	1200	1600	1400

芳纶纤维复合材料抗拉强度设计值（MPa） **表 5.5.5**

结构类别	单向织物(布)		条形板	
强度等级	高强度Ⅰ	高强度Ⅱ	高强度Ⅰ	高强度Ⅱ
重要构件	960	800	560	480
一般构件	1200	1000	700	600

玻璃纤维复合材料抗拉强度设计值（MPa） **表 5.5.6**

纤维品种	单向织物(布)	
结构类别	重要构件	一般构件
高强玻璃纤维	500	700
无碱玻璃纤维、耐碱玻璃纤维	350	500

（3）受压构件正截面加固计算

1）轴心受压构件的环向围束法

轴心受压构件可采用沿其全长无间隔地环向连续粘贴纤维织物的方法（简称环向围束法）进行加固。采用环向围束法加固轴心受压构件仅适用于下列情况：长细比 $l/d \leqslant 12$ 的圆形截面柱；长细比 $l/d \leqslant 14$、截面高宽比 $h/b \leqslant 1.5$、截面高度 $h \leqslant 600$mm，且截面棱角经过圆化打磨的正方形或矩形截面柱（图 5.5.4）。

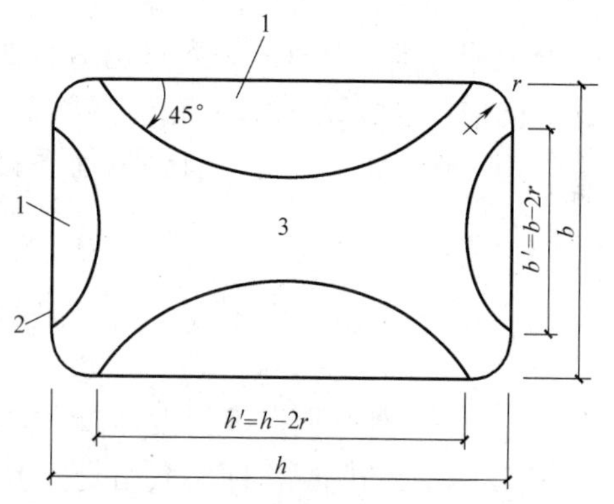

图 5.5.4　环向围束内矩形截面有效约束面积
1—无效约束面积；2—环向围束；3—有效约束面积

2）正截面承载力计算

采用环向围束的轴心受压构件，其正截面承载力应符合下列公式规定：

$$N \leqslant 0.9[(f_{c0}+4\sigma_l)A_{cor}+f'_{y0}A'_{s0}] \tag{5.5.12}$$

$$\sigma_l = 0.5\beta_c k_c \rho_f E_f \varepsilon_{fe} \tag{5.5.13}$$

式中　N——加固后轴向压力设计值（kN）；

f_{c0}——原构件混凝土轴心抗压强度设计值（N/mm²）；

σ_l——有效约束应力（N/mm²）；

A_{cor}——环向围束内混凝土面积（mm²）；圆形截面：$A_{cor}=\pi D^2/4$，正方形和矩形截面：$A_{cor}=bh-(4-\pi)r^2$；

D——圆形截面柱的直径（mm）；

b——正方形截面边长或矩形截面宽度（mm）；

h——矩形截面高度（mm）；

r——截面棱角的圆化半径（倒角半径）；

β_c——混凝土强度影响系数；当混凝土强度等级不大于 C50 时，$\beta_c=1.0$；当混凝土强度等级为 C80 时，$\beta_c=0.8$；其间按线性内插法确定；

k_c——环向围束的有效约束系数；

ρ_f——环向围束体积比，应根据国家标准《混凝土结构加固设计规范》GB 50367—

2013 的规定计算；

E_f——纤维复合材的弹性模量（N/mm^2）；

ε_{fe}——纤维复合材的有效拉应变设计值；重要构件取 $\varepsilon_{fe}=0.0035$，一般构件取 $\varepsilon_{fe}=0.0045$。

有效约束系数 k_c 值的确定：圆形截面柱：$k_c=0.95$；正方形和矩形截面柱，应按下式计算：

$$k_c=1-\frac{(b-2r)^2+(h-2r)^2}{3A_{cor}(1-\rho_s)} \tag{5.5.14}$$

式中 ρ_s——柱中纵向钢筋的配筋率。

环向围束体积比 ρ_f 值的确定：对圆形截面柱：$\rho_f=4n_f t_f/D$；对正方形和矩形截面柱：$\rho_f=2n_f t_f(b+h)/A_{cor}$，其中 n_f 和 t_f 分别为纤维复合材的层数以及每层厚度（mm）。

（4）框架柱斜截面加固计算

当采用纤维复合材的条带对钢筋混凝土框架柱进行受剪加固时，应粘贴成环形箍，且纤维方向应与柱的纵轴线垂直。

采用环形箍加固的柱，其斜截面受剪承载力应符合下列公式的要求：

$$V\leqslant V_{c0}+V_{ef} \tag{5.5.15}$$

$$V_{ef}=\psi_{vc}f_f A_f h/s_f \tag{5.5.16}$$

$$A_f=2n_f b_f t_f \tag{5.5.17}$$

式中 V——构件加固后剪力设计值（kN）；

V_{c0}——加固前原构件斜截面受剪承载力（kN），按现行国家标准《混凝土结构设计规范》GB 50010—2010 的规定计算；

V_{ef}——粘贴纤维复合材料加固后，对柱斜截面承载力的提高值（kN）；

ψ_{vc}——与纤维复合材料受力条件有关的抗剪强度折减系数，按表 5.5.7 的规定值采用；

f_f——受剪加固采用的纤维复合材料抗拉强度设计值（N/mm^2），应根据现行国家标准《混凝土结构加固设计规范》GB 50367—2013 第 4.3.4 条规定的抗拉强度设计值乘以调整系数 0.5 确定；

A_f——配置在同一截面处纤维复合材料环形箍的全截面面积（mm^2）；

n_f——纤维复合材料环形箍的层数；

b_f、t_f——分别为纤维复合材料环形箍的宽度和每层厚度（mm）；

h——柱的截面高度（mm）；

s_f——环形箍的中心间距（mm）。

抗剪强度折减系数 ψ_{vc} 值 **表 5.5.7**

轴压比		≤0.1	0.3	0.5	0.7	0.9
受力条件	均布荷 $\lambda_c\geqslant3$	0.95	0.84	0.72	0.62	0.51
	$\lambda_c\leqslant1$	0.90	0.72	0.54	0.34	0.16

注：1. λ_c 为柱的剪跨比，对框架柱 $\lambda_c=H_n/2h_0$；H_n 为柱的净高；h_0 为柱截面有效高度；

2. 中间值按线性内插法确定。

（5）大偏心受压构件加固计算

当采用纤维增强复合材料加固大偏心受压的钢筋混凝土柱时，应将纤维复合材粘贴于构件受拉区边缘混凝土表面，且纤维方向应与柱的纵轴线方向一致。

矩形截面大偏心受压柱的加固，其正截面承载力应符合下列公式的要求：

$$N \leqslant \alpha_1 f_{c0} bx + f'_{y0} A'_{s0} + f_{y0} A_{s0} - f_f A_f \tag{5.5.18}$$

$$Ne \leqslant \alpha_1 f_{c0} bx \left(h_0 - \frac{x}{2}\right) + f'_{y0} A'_{s0} (h_0 - a') + f_f A_f (h - h_0) \tag{5.5.19}$$

$$e = e_i + \frac{h}{2} - a \tag{5.5.20}$$

$$e_i = e_0 + e_a \tag{5.5.21}$$

式中 e——轴向压力作用点至纵向受拉钢筋 A_s 合力点的距离（mm）；

e_i——初始偏心距（mm）；

e_0——轴向压力对截面重心的偏心距（mm），取为 M/N；当需考虑二阶效应时，M 应按现行国家标准《混凝土结构设计规范》GB 50010—2010 第 6.2.4 条规定乘以修正系数 ψ 确定；

ψ——修正系数，当为对称形式加固时，取 ψ 为 1.2；当为非对称加固时，取 ψ 为 1.3；

e_a——附加偏心距（mm），按偏心方向截面最大尺寸 h 确定：当 $h \leqslant 600$mm 时，$e_a = 20$mm；当 $h > 600$mm 时，$e_a = h/30$；

a、a'——分别为纵向受拉钢筋合力点、纵向受压钢筋合力点至截面近边的距离（mm）；

f_f——纤维复合材料抗拉强度设计值（N/mm²），应根据其品种，分别按表 5.5.4～表 5.5.6 采用。

（6）受拉构件正截面加固计算

当采用外贴纤维复合材料加固环形或其他封闭式钢筋混凝土受拉构件时，应按原构件纵向受拉钢筋的配置方式，将纤维织物粘贴于相应位置的混凝土表面上，且纤维方向应与构件受拉方向一致，并处理好围拢部位的搭接和锚固问题。

1）轴心受拉构件的加固，其正截面承载力应按下式确定：

$$N \leqslant f_{y0} A_{s0} + f_f A_f \tag{5.5.22}$$

式中 N——轴向拉力设计值；

f_f——纤维复合材料抗拉强度设计值，应根据其品种，分别按表 5.5.4～表 5.5.6 采用。

2）矩形截面大偏心受拉构件的加固，其正截面承载力应符合下列公式的要求：

$$N \leqslant f_{y0} A_{s0} + f_f A_f - \alpha_1 f_{c0} bx - f'_{y0} A'_{s0} \tag{5.5.23}$$

$$Ne \leqslant \alpha_1 f_{c0} bx \left(h_0 - \frac{x}{2}\right) + f'_{y0} A'_{s0} (h_0 - a'_s) + f_f A_f (h - h_0) \tag{5.5.24}$$

式中 N——加固后轴向拉力设计值（kN）；

e——轴向拉力作用点至纵向受拉钢筋合力点的距离（mm）；

f_f——纤维复合材料抗拉强度设计值（N/mm²），应根据其品种，分别按表 5.5.4～表 5.5.6 采用。

(7) 提高柱的延性的加固计算

钢筋混凝土柱因延性不足而进行抗震加固时，可采用环向粘贴纤维复合材料构成的环向围束作为附加箍筋。当采用环向围束作为附加箍筋时，应按下列公式计算柱箍筋加密区加固后的箍筋体积配筋率 ρ_v，且应满足现行国家标准《混凝土结构设计规范》GB 50010—2010 规定的要求。

$$\rho_v=\rho_{v,e}+\rho_{v,f} \tag{5.5.25}$$

$$\rho_{v,f}=k_c\rho_f\frac{b_f f_f}{s_f f_{yv0}} \tag{5.5.26}$$

式中 $\rho_{v,e}$——被加固柱原有箍筋的体积配筋率；当需重新复核时，应按箍筋范围内的核心截面进行计算；

$\rho_{v,f}$——环向围束作为附加箍筋计算得的箍筋体积配筋率的增量；

ρ_f——环向围束体积比，应按现行国家规范《混凝土结构设计规范》GB 50010—2010 第 10.4.4 条计算；

k_c——环向围束的有效约束系数，圆形截面，$k_c=0.90$；正方形截面，$k_c=0.66$；矩形截面 $k_c=0.42$；

b_f——环向围束纤维条带的宽度（mm）；

s_f——环向围束纤维条带的中心间距（mm）；

f_f——环向围束纤维复合材料的抗拉强度设计值（N/mm^2），应根据其品种，分别按表 5.5.4～表 5.5.6 采用；

f_{yv0}——原箍筋抗拉强度设计值（N/mm^2）。

5.5.3 构造规定

1. 对钢筋混凝土受弯构件正弯矩区进行正截面加固时，其受拉面沿轴向粘贴的纤维复合材料应延伸至支座边缘，且应在纤维复合材料的端部（包括截断处）及集中荷载作用点的两侧，设置纤维复合材料的 U 形箍（对梁）或横向压条（对板）。

2. 当采用 U 形箍、L 形纤维板或环向围束进行加固而需在构件阳角处绕过时，其截面棱角应在粘贴前通过打磨加以圆化处理（图 5.5.5）。梁的圆化半径 r，对碳纤维和玻璃纤维不应小于 20mm；对芳纶纤维不应小于 15mm；柱的圆化半径 r，对碳纤维和玻璃纤维不应小于 25mm；对芳纶纤维不应小于 20mm。

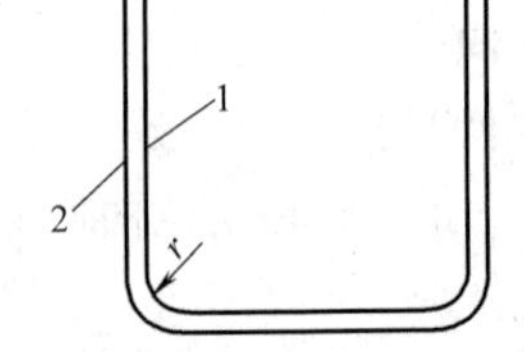

图 5.5.5 构件截面棱角的圆化打磨

1—构件截面外表面；2—纤维复合材料；r—角部圆化半径

3. 当加固的受弯构件为板、壳、墙和筒体时，纤维复合材料应选择多条密布的方式进行粘贴，每一条带的宽度不应大于 200mm；不得使用未经裁剪成条的整幅织物满贴。

4. 当受弯构件粘贴的多层纤维织物允许截断时，相邻两层纤维织物宜按内短外长的原则分层截断；外层纤维织物的截断点宜越过内层截断点 200mm 以上，并应在截断点加设 U 形箍。

5. 当采用纤维复合材料对钢筋混凝土梁或柱的斜截面进行加固时，其构造应符合下列规定：

(1) 宜选用环形箍或端部自锁式U形箍；当仅按构造需要设箍时，也可采用一般U形箍；

(2) U形箍的纤维受力方向应与构件轴向垂直；

(3) 当环形箍、端部自锁式U形箍或一般U形箍采用纤维复合材料条带时，其净间距$s_{f,n}$（图5.5.6）不应大于现行国家标准《混凝土结构设计规范》GB 50010—2010规定的最大箍筋间距的0.70倍，且不应大于梁高的0.25倍；

(4) U形箍的粘贴高度应符合构造规定；当U形箍的上端无自锁装置，应粘贴纵向压条予以锚固；

(5) 当梁高h大于等于600mm时，应在梁的腰部增设一道纵向腰压带（图5.5.6）；必要时，也可在腰压带端部增设自锁装置。

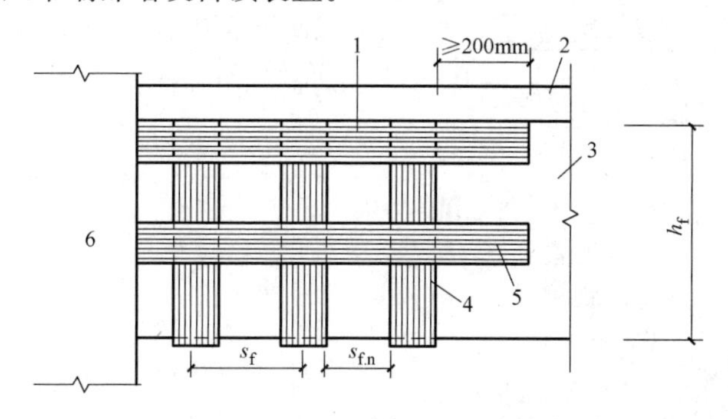

图5.5.6 纵向腰压带

1—纵向压条；2—板；3—梁；4—U形箍；5—纵向腰压条；6—柱；s_f—U形箍的中间距；$s_{f,n}$—U形箍的净间距；h_f—梁侧面粘贴的条带竖向高度

6. 当采用纤维复合材料的环向围束对钢筋混凝土柱进行正截面加固或提高延性的抗震加固时，其构造应符合下列规定：

(1) 环向围束的纤维织物层数，对圆形截面不应少于2层；对正方形和矩形截面柱不应少于3层；当有可靠的经验时，对采用芳纶纤维织物加固的矩形截面柱，其最少层数也可取为2层。

(2) 环向围束上下层之间的搭接宽度不应小于50mm，纤维织物环向截断点的延伸长度不应小于200mm，且各条带搭接位置应相互错开。

7. 当沿柱轴向粘贴纤维复合材料对大偏心受压柱进行正截面承载力加固时，纤维复合材料应避开楼层梁，沿柱角穿越楼层，且纤维复合材料宜采用板材；其上下端部锚固构造应采用机械锚固。同时，应设法避免在楼层处截断纤维复合材料。

8. 当采用纤维复合材料加固大偏心受压的钢筋混凝土柱时，其构造应符合下列规定：柱的两端应增设可靠的机械锚固措施；柱上端有楼板时，纤维复合材料应穿过楼板，并应有足够的延伸长度。

9. 当纤维复合材料延伸至支座边缘仍不满足5.5.2节的延伸长度规定时，应采取下列锚固措施：

(1) 对梁，应在延伸长度范围内均匀设置不少于3道U形箍锚固（图5.5.7a），其中1道应设置在延伸长度端部。U形箍采用纤维复合材料制作；U形箍的粘贴高度应为梁的

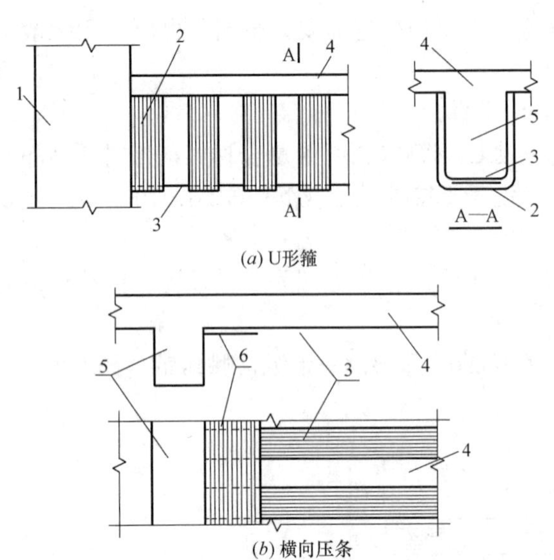

图 5.5.7　梁、板粘贴纤维复合材料端部锚固措施

1—柱；2—U 形箍；3—纤维复合材料；

4—板；5—梁；6—横向压条

注：(a) 图中未画压条。

截面高度；当梁有翼缘或有现浇楼板，应伸至其底面。U 形箍的宽度，对端箍不应小于加固纤维复合材料宽度的 2/3，且不应小于 150mm；对中间箍不应小于加固纤维复合材料条带宽度的 1/2，且不应小于 100mm。U 形箍的厚度不应小于受弯加固纤维复合材料厚度的 1/2。

(2) 对板，应在延伸长度范围内通长设置垂直于受力纤维方向的压条（图 5.5.7*b*）。压条采用纤维复合材料制作。压条除应在延伸长度端部布置 1 道外，尚宜在延伸长度范围内再均匀布置 1～2 道。压条的宽度不应小于受弯加固纤维复合材料条带宽度的 3/5，压条的厚度不应小于受弯加固纤维复合材料厚度的 1/2。

(3) 当纤维复合材料延伸至支座边缘，遇到可延伸长度小于按式（5.5.9）计算所得长度的一半或加固用的纤维复合材料为预成型板材的情况，应将端箍（或端部压条）改为钢材制作、传力可靠的机械锚固措施。

10. 当采用纤维复合材料对受弯构件负弯矩区进行正截面承载力加固时，应采取下列构造措施：

(1) 支座处无障碍时，纤维复合材料应在负弯矩包络图范围内连续粘贴；其延伸长度的截断点应位于正弯矩区，且距正负弯矩转换点不应小于 1m。

(2) 支座处虽有障碍，但梁上有现浇板，且允许绕过柱位时，宜在梁侧 4 倍板厚 h_b 范围内，将纤维复合材料粘贴于板面上（图 5.5.8）。

(3) 在框架顶层梁柱的端节点处，纤维复合材料只能贴至柱边缘而无法延伸时，应采用结构胶加贴 L 形碳纤维板或 L 形钢板进行黏结与锚固（图 5.5.9）。L 形钢板的总截面面积应按下式进行计算：

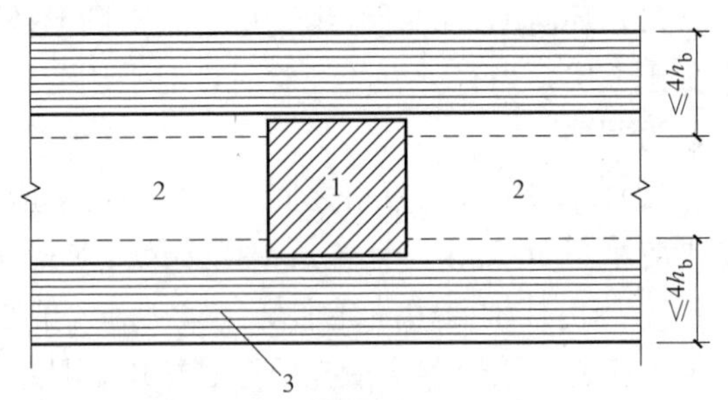

图 5.5.8　绕过柱位粘贴纤维复合材料

1—柱；2—梁；3—板顶面粘贴的纤维复合材料；h_b—板厚

$$A_{a,1}=1.2\psi_f f_f A_f/f_y \tag{5.5.27}$$

式中　A_{a1}——支座处需粘贴的 L 形钢板截面面积；

ψ_f——纤维复合材的强度利用系数，按现行国家规范《混凝土结构加固设计规范》GB 50367—2013 第 10.2.3 条采用；

f_f——纤维复合材料的抗拉强度设计值，按表 5.5.4～表 5.5.6 采用；

A_f——支座处实际粘贴的纤维复合材料截面面积；

f_y——L形钢板抗拉强度设计值。

L形钢板总宽度不宜小于0.9倍梁宽，且宜由多条L形钢板组成。

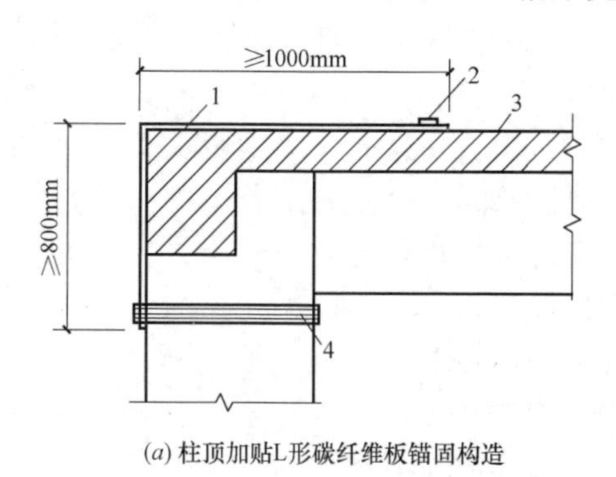

(a) 柱顶加贴L形碳纤维板锚固构造

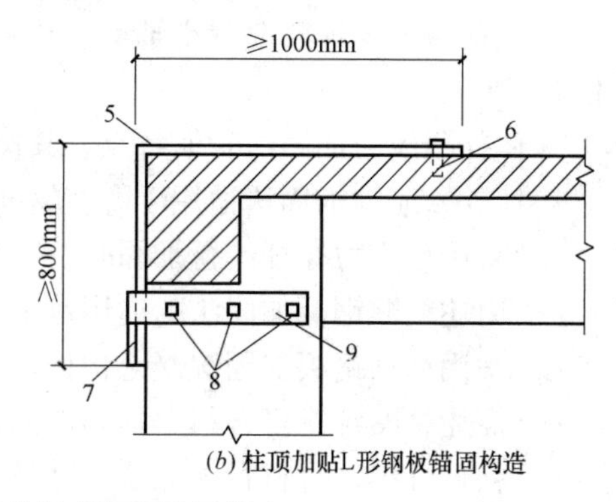

(b) 柱顶加贴L形钢板锚固构造

图5.5.9 柱顶加贴L形碳纤维板或钢板锚固构造

1—粘贴L形碳纤维板；2—横向压条；3—纤维复合材料；4—纤维复合材料围束；5—粘贴L形钢板；6—M12锚栓；7—加焊顶板（预焊）；8—$d \geqslant$M16的6.8级锚栓；9—胶粘于柱上的U形钢箍板

（4）当梁上无现浇板，或负弯矩区的支座处需采取加强的锚固措施时，可采取胶粘L形钢板（图5.5.10）的构造方式。但柱中箍板的锚栓等级、直径及数量应经计算确定。当梁上有现浇板，也可采取这种构造方式进行锚固，其U形钢箍板穿过楼板处，应采用半叠钻孔法，在板上钻出扁形孔以插入箍板，再用结构胶予以封固。

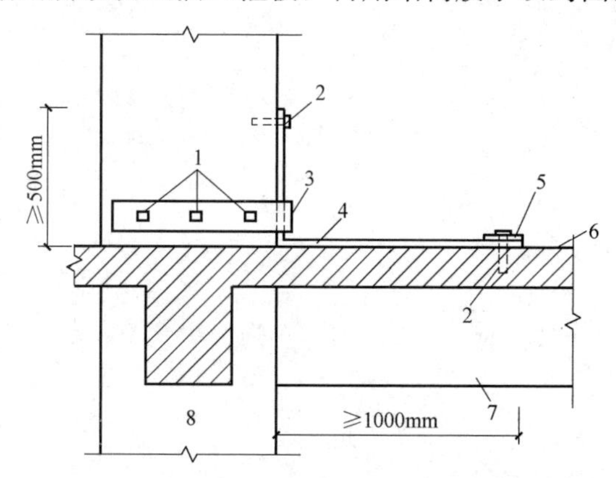

图5.5.10 柱中部加贴L形钢板及U形钢箍板的锚固构造示例

1—$d \geqslant$M22的6.8级锚栓；2—M12锚栓；3—U形钢箍板，胶粘于柱上；4—胶粘L形钢板；5—横向钢压条，锚于楼板上；6—加固粘贴的纤维复合材料；7—梁；8—柱

思 考 题

1. 混凝土结构加固有哪些方法，其主要特点是什么？适用范围是什么？

2. 什么是混凝土结构增大截面加固法？它分为哪几种形式？

3. 采用增大截面法加固时，当在受拉区加固矩形截面时受弯构件的正截面受弯承载力应如何计算？

4. 受弯构件增大截面加固后的相对界限受压区高度如何计算？

5. 增大截面法加固时，短筋或箍筋与原钢筋焊接的构造应符合什么规定？

6. 什么是置换混凝土加固法？简述其优缺点。

7. 置换法加固钢筋混凝土轴心受压构件时，其正截面承载力如何计算？当受压构件为偏心时呢？

8. 体外预应力加固法有何特点，其优点是什么？

9. 体外预应力加固法适用于哪些钢筋混凝土构件的加固？

10. 采用预应力撑杆进行加固时，其构造设计应符合哪些规定？

11. 简述粘贴钢板加固法的适用范围和不适用情况。

12. 采用粘贴钢板加固混凝土构件，应满足什么构造要求？

13. 简述粘贴纤维复合材料加固法的适用范围和特点。

14. 粘贴纤维复合材料加固法实际纤维面积应如何确定？

15. 比较分析粘贴钢板加固法和碳纤维布加固法的不同之处。

第 6 章　砌体结构加固

当砌体结构可靠性鉴定不足，或业主要求提高其可靠度并确认需要对其进行加固，首先需要根据鉴定结论和委托方提出的要求，由有资质的专业技术人员按相关规范的规定和业主的要求进行加固设计。砌体结构的加固设计，在一般情况下，应采用线弹性分析方法计算结构的作用效应，并应符合现行国家标准《砌体结构加固设计规范》GB 50702—2011 的有关规定。砌体结构加固时，需要进行承载力的设计、验算，并应满足正常使用功能的要求。

砌体结构的加固方法有：钢筋混凝土面层加固法、钢筋网水泥砂浆面层加固法、砌体结构构造性加固法、砌体裂缝修补法、外包型钢加固法、外加预应力撑杆加固法、粘贴纤维复合材加固法、钢丝绳网-聚合物改性水泥砂浆面层加固法、增设砌体扶壁柱加固法等。本章基于加固设计的基本规定，对常用的几种砌体结构加固法的设计计算和构造规定进行介绍。

6.1　钢筋混凝土面层加固法

6.1.1　概述

钢筋混凝土面层加固法，是外加钢筋混凝土面层，提高砌体墙、柱的承载力和刚度的一种加固方法，适用于以外加钢筋混凝土面层加固砌体墙、柱。

采用钢筋混凝土面层加固砖砌体构件时，对柱宜采用围套加固的形式（图 6.1.1a）；对墙和带壁柱墙，宜采用有拉结的双侧加固形式（图 6.1.1b、c）。

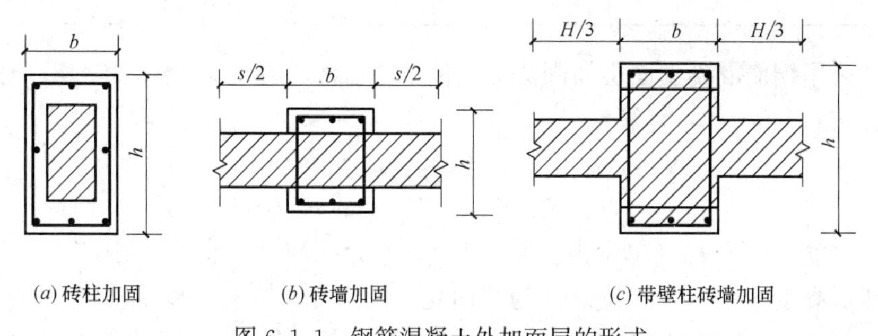

图 6.1.1　钢筋混凝土外加面层的形式

b—加固后的构件截面宽度；h—加固后的构件截面高度；H—墙高；S—新增混凝土间距

6.1.2　加固计算

1. 砌体受压加固计算

（1）采用钢筋混凝土面层加固轴心受压的砌体构件时，其正截面受压承载力应按式

（6.1.1）验算：

$$N \leqslant \varphi_{com}(f_{m0}A_{m0}+\alpha_c f_c A_c+\alpha_s f'_y A'_s) \quad (6.1.1)$$

式中 N——构件加固后的轴心压力设计值；

φ_{com}——轴心受压构件的稳定系数，可根据加固后截面的高厚比及配筋率按表 6.1.1 确定；

f_{m0}——原构件砌体抗压强度设计值；

A_{m0}——原构件截面面积；

α_c——混凝土强度利用系数，对砖砌体，取 $\alpha_c=0.8$；对混凝土小型空心砌块砌体，取 $\alpha_c=0.7$；

f_c——混凝土轴心抗压强度设计值；

A_c——新增混凝土面层的截面面积；

α_s——钢筋强度利用系数，对砖砌体，取 $\alpha_s=0.85$；对混凝土小型空心砌块砌体，取 $\alpha_s=0.75$；

f'_y——新增竖向钢筋抗压强度设计值；

A'_s——新增受压区竖向钢筋的截面面积。

轴心受压构件稳定系数 φ_{com} **表 6.1.1**

高厚比 β	配筋率 ρ(%)				
	0.2	0.4	0.6	0.8	1.0
8	0.93	0.95	0.97	0.99	1.00
10	0.90	0.92	0.94	0.96	0.98
12	0.85	0.88	0.91	0.93	0.95
14	0.80	0.83	0.86	0.89	0.92
16	0.75	0.78	0.81	0.84	0.87
18	0.70	0.73	0.76	0.79	0.81
20	0.65	0.68	0.71	0.73	0.75

（2）当采用钢筋混凝土面层加固法加固偏心受压的砌体构件（图 6.1.2）时，其正截面承载力应按式（6.1.2）计算：

$$N \leqslant f_{m0}A'_m+\alpha_c f_c A'_c+\alpha_s f_y A'_s-\sigma_s A_s \quad (6.1.2a)$$

$$N_e \cdot e_N \leqslant f_{m0}S_{mS}+\alpha_c f_c S_{cS}+\alpha_s f'_y A'_s(h_0-a') \quad (6.1.2b)$$

此时，钢筋的应力 σ_s（单位为“MPa”，正值为拉应力，负值为压应力），应根据截面受压区相对高度 $\varepsilon=x/h_0$（其中 x 为截面受压区高度）按下列规定确定：当 $\varepsilon<\varepsilon_b$（小偏心受压）时，$\sigma_s=650-800\varepsilon$，且 $-f'_y \leqslant \sigma_s \leqslant f_y$；当 $\varepsilon \leqslant \varepsilon_b$（大偏心受压）时，$\sigma_s=f_y$。其中，截面受压区 x 可由式（6.1.3）求得：

$$f_{m0}S_{mN}+\alpha_c f_c S_{cN}+\alpha_s f'_y A'_s e'_N=0 \quad (6.1.3a)$$

$$e_N=e+e_a+\frac{h}{2}-a, e'_N=e+e_a-\left(\frac{h}{2}-a'\right) \quad (6.1.3b)$$

$$e_a=\frac{\beta^2 h}{2200}(1-0.022\beta) \quad (6.1.3c)$$

以上各式中 A'_{m}——砌体受压区的截面面积；

A'_{c}——混凝土面层受压区的截面面积；

α_{c}——偏心受压构件混凝土强度利用系数，对砖砌体，取 $\alpha_{c}=0.9$；对混凝小型空心砌块砌体，取 $\alpha_{c}=0.80$；

α_{s}——偏心受压构件钢筋强度利用系数，对砖砌体，取 $\alpha_{s}=1.0$；对混凝土小型空心砌块砌体，取 $\alpha_{s}=0.95$；

f_{y}——钢筋的抗拉强度设计值；

S_{mS}——砌体受压区的截面面积对钢筋 A_{s} 重心的面积矩；

S_{cS}——混凝土面层受压区的截面面积对钢筋 A_{s} 重心的面积矩；

ε_{b}——加固后截面受压区相对高度的界限值，对 HPB300 钢筋，取 0.575；对 HRB335 和 HRBF335 钢筋，取 0.5508；

β——加固后的构件高厚比；

h——加固后的截面高度；

S_{mN}——砌体受压区的截面面积对轴向力 N 作用点的面积矩；

S_{cN}——混凝土外加面层受压区的截面面积对轴向力 N 作用点的面积矩；

e_{N}——钢筋 A_{s} 的合力点至轴向力 N 作用点的距离；

e'_{N}——钢筋 A'_{s}的重心至轴向力 N 作用点的距离；

e——轴向力对加固后截面的初始偏心距，按荷载设计值计算，当 $e<0.05h$ 时，取 $e=0.05h$；

e_{a}——加固后的构件在轴向力作用下的附加偏心距；

h_{0}——加固后的截面有效高度；

a、a'——分别为钢筋 A_{s} 和 A'_{s}的合力点至截面较近边的距离；

A_{s}——距轴向力 N 较远一侧钢筋的截面面积；

A'_{s}——距轴向力 N 较近一侧钢筋的截面面积。

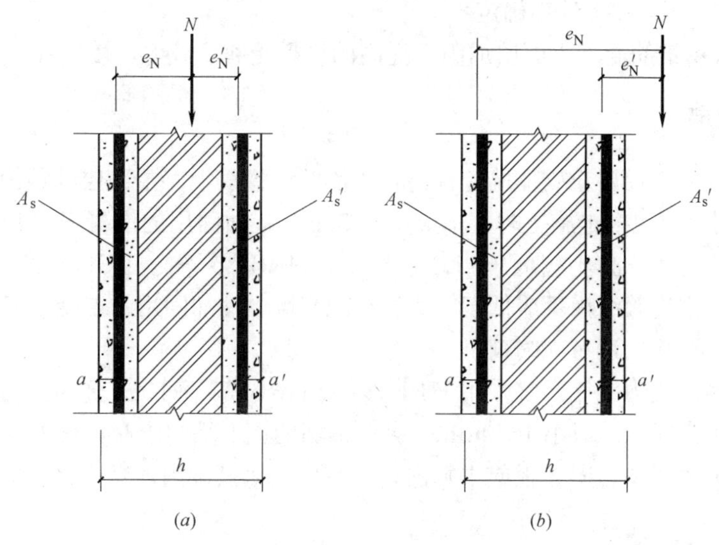

图 6.1.2 加固后的偏心受压构件

(a) 小偏心受压；(b) 大偏心受压

2. 砌体抗剪加固

钢筋混凝土面层对砌体加固的受剪承载力应符合下式要求：

$$V \leqslant V_{m}+V_{cs}, V_{cs}=0.44\alpha_{c}f_{t}bh+0.8\alpha_{s}f_{y}A_{s}\frac{h}{s} \tag{6.1.4}$$

式中 V——砌体墙面内剪力设计值；

V_{m}——原砌体受剪承载力，按现行国家标准《砌体结构设计规范》GB 50003—2011 计算确定；

V_{cs}——采用钢筋混凝土面层加固后提高的受剪承载力；

f_{t}——混凝土轴心抗拉强度设计值；

α_{c}——强度利用系数，对于砖砌体，取 $\alpha_{c}=0.8$，对混凝土小型空心砌块，取 $\alpha_{c}=0.7$；

α_{s}——钢筋强度利用系数，取 $\alpha_{s}=0.9$；

b——混凝土面层厚度（双面时，取其厚度之和）；

h——墙体水平方向长度；

f_{y}——水平方向钢筋的设计强度值；

A_{s}——水平方向单排钢筋的截面面积；

s——水平方向钢筋的间距。

3. 砌体抗震加固计算

采用钢筋混凝土面层对砌体结构进行抗震加固时，宜采用双面加固形式增强砌体结构的整体性。钢筋混凝土面层加固砌体墙的抗震受剪承载力应按以下公式计算：

$$V \leqslant V_{ME}+\frac{V_{cs}}{\gamma_{RE}} \tag{6.1.5}$$

式中 V——考虑地震组合的墙体剪力设计值；

γ_{RE}——承载力抗震调整系数，取 $\gamma_{RE}=0.85$；

V_{ME}——原砌体截面抗震受剪承载力，按现行国家标准《砌体结构设计规范》GB 50003—2011 计算确定；

V_{cs}——采用钢筋混凝土面层加固后提高的抗震受剪承载力，按式（6.1.4）计算。

6.1.3 构造规定

采用钢筋混凝土面层对砌体墙、柱进行加固时，钢筋混凝土面层的截面厚度不应小于60mm；当采用喷射混凝土施工时，不应小于50mm。加固用的混凝土，其强度等级应比原构件混凝土高一级，且不应低于C20；当采用HRB335（或HRBF335）钢筋或受振动作用时，混凝土强度等级尚不应低于C25。在配制墙、柱加固用的混凝土时，不应采用膨胀剂；必要时，可掺入适量减缩剂。

加固用的竖向受力钢筋，宜采用HRB335或HRBF335钢筋。竖向受力钢筋直径不应小于12mm，其净间距不应小于30mm。纵向钢筋的上下端均应有可靠的锚固；上端应锚入有配筋的混凝土梁垫、梁、板或牛腿内；下端应锚入基础内。纵向钢筋的接头连接方式应为焊接。

当采用围套式的钢筋混凝土面层加固砌体柱时，应采用封闭式箍筋；箍筋直径不应小于6mm。箍筋的间距不应大于150mm。柱的两端各500mm范围内，箍筋应加密，其间距应取为 100mm。若加固后的构件截面高$h \geqslant$ 500mm，尚应在截面两侧加设竖向构造钢筋(图 6.1.3)，并相应设置拉结钢筋作为箍筋。

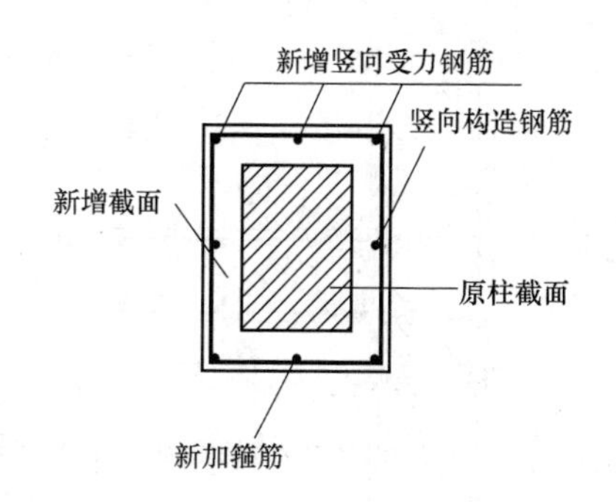

图 6.1.3 围套式面层的构造

当采用两对面增设钢筋混凝土面层加固带壁柱墙或窗间墙（图 6.1.4）时，应沿砌体高度每隔 250mm 交替设置不等肢 U 形箍和等肢 U 形箍。不等肢 U 形箍在穿过墙上预钻孔后，应弯折成封闭式箍筋，并在封口处焊牢。U 形筋直径为 6mm；预钻孔的直径可取 U 形筋直径的 2 倍；穿筋后应采用植筋专用的结构胶将孔洞填实。

对带扶壁柱墙，尚应在其拐角部位增设竖向构造钢筋与 U 形箍筋焊牢。

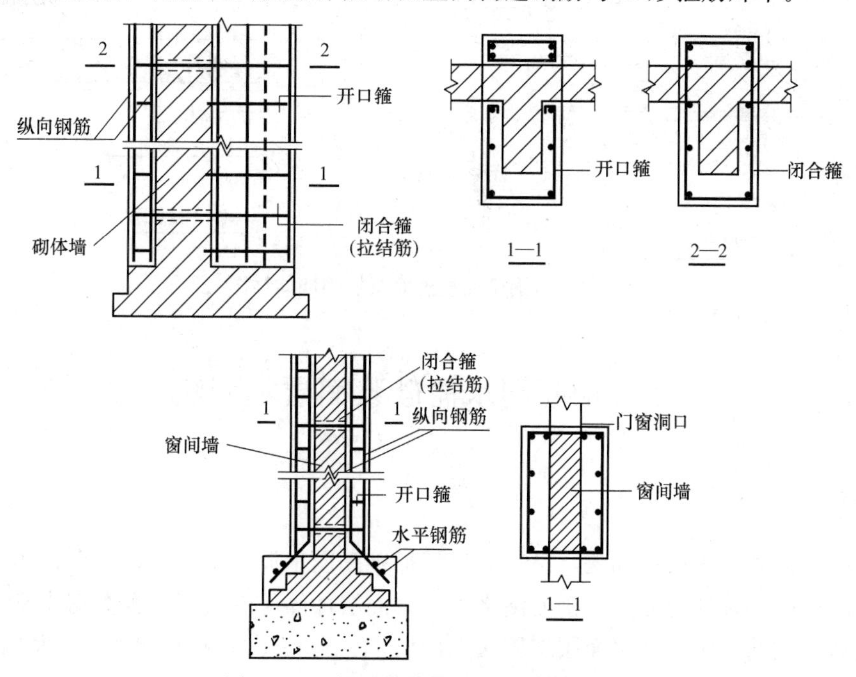

图 6.1.4 加固带扶壁柱墙与窗间墙构造

当砌体构件截面任一边的竖向钢筋多于 3 根时，应通过预钻孔增设复合箍筋或拉结钢筋，并采用植筋专用结构胶将孔洞填实。

钢筋混凝土面层加固墙体详图如图 6.1.5 所示。

采用钢筋混凝土面层加固砌体构件时，若原砌体与后浇混凝土面层之间的截面处理及其黏结质量符合相关的要求，可按整体截面的宽度计算。加固后的砌体柱，其计算截面可按宽度为 b 的矩形截面采用。加固后的砌体墙，其计算截面的宽度取为 $b+s$；b 为新增混凝土的宽度；s 为新增混凝土的间距；加固后的带壁柱砌体墙，其计算截面的宽度取窗间墙宽度；但当窗间墙宽度大于 $b+2H/3$（H 为墙高）时，仍取 $b+2H/3$ 作为计算截面的宽度（图 6.1.1）。加固构件的界面不允许有尘土、污垢、油渍等污染，也不允许采取降低承载力的做法来考虑其污染的影响。

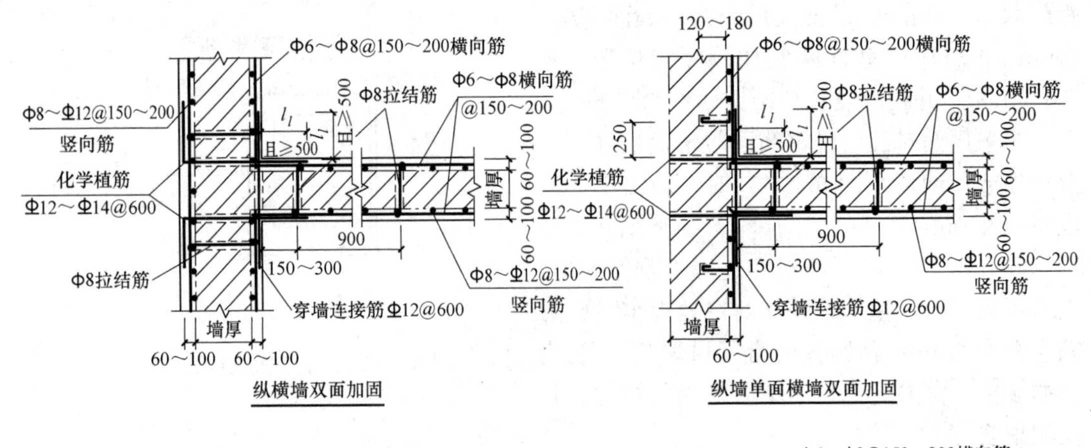

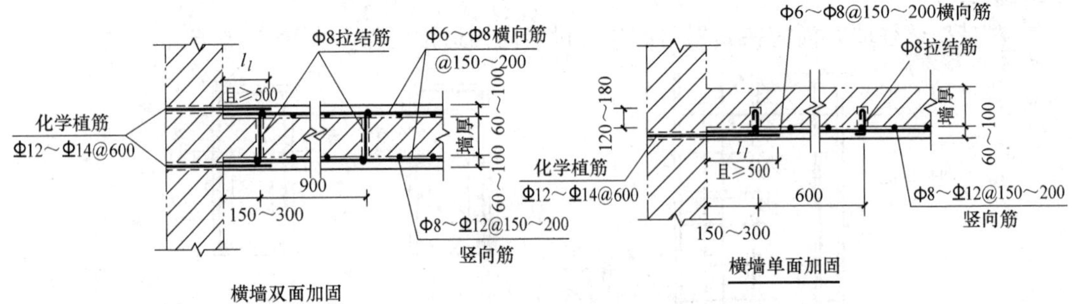

图 6.1.5 钢筋混凝土面层加固墙体详图

6.2 钢筋网水泥砂浆面层加固法

6.2.1 概述

钢筋网水泥砂浆面层加固法，是指通过外加钢筋网水泥砂浆面层，提高砌体墙、柱的承载力和刚度的一种加固方法。钢筋网水泥砂浆面层加固法应适用于各类砌体墙、柱的加固。采用双面钢筋网水泥砂浆面层加固法加固砖墙，可使平面抗弯强度有较大幅度提高，平面抗剪强度和延性提高较多，墙体抗裂性有较大改善。

6.2.2 加固计算

1. 砌体受压加固计算

采用钢筋网水泥砂浆面层加固轴心受压砌体构件时，其加固后正截面承载力应按下式计算：

$$N \leqslant \varphi_{\mathrm{com}}(f_{\mathrm{m0}}A_{\mathrm{m0}}+\alpha_{\mathrm{c}}f_{\mathrm{c}}A_{\mathrm{c}}+\alpha_{\mathrm{s}}f'_{\mathrm{s}}A'_{\mathrm{s}}) \tag{6.2.1}$$

式中 N——构件加固后的轴心压力设计值；

φ_{com}——轴心受压构件的稳定系数，根据加固后的高厚比和配筋率确定；

f_{m0}——原构件砌体抗压强度设计值；

A_{m0}——原构件截面面积；

α_c——砂浆强度利用系数，对砖砌体，取 $\alpha_c=0.75$；对混凝土小型空心砌块，取 $\alpha_c=0.65$；

f_c——砂浆轴心抗压强度设计值，应按表 6.2.1 采用；

A_c——新增砂浆面层的截面面积；

α_s——钢筋强度利用系数，对砖砌体，取 $\alpha_s=0.8$；对混凝土小型空心砌块，取 $\alpha_s=0.7$；

f'_s——新增纵向钢筋抗压强度设计值；

A'_s——新增纵向钢筋的截面面积。

砂浆轴心抗压强度设计值（MPa） **表 6.2.1**

砂浆品种及施工方法		砂浆强度等级					
		M10	M15	M30	M35	M40	M45
普通水泥砂浆	喷射法	3.8	5.6	—	—	—	—
	手工抹压法	3.4	5.0	—	—	—	—
聚合物砂浆或水泥复合砂浆	喷射法	—	—	14.3	16.7	19.1	21.1
	手工抹压法	—	—	10.0	11.6	13.3	14.7

当采用钢筋网水泥砂浆面层加固偏心受压砌体构件时，其加固后正截面承载力应按下列公式计算：

$$N \leqslant f_{m0}A'_m+\alpha_c f_c A'_c+\alpha_s f_y A'_s-\sigma_s A_s \tag{6.2.2a}$$

$$N \cdot e_N \leqslant f_{m0}S_{ms}+\alpha_c f_y S_{cS}+\alpha_s f'_y A'_s(h_0-a') \tag{6.2.2b}$$

此时，钢筋 A_s 的应力应根据截面受压区相对高度 $\varepsilon=x/h_0$（其中 x 为混凝土受压区高度）按下列方法确定：当 $\xi>\xi_b$（小偏心受压）时，$\sigma_s=650-800\xi$，$-f'_y \leqslant \sigma_s \leqslant f_y$；当 $\xi \leqslant \xi_b$（大偏心受压）时，$\sigma_s=f_y$。其中截面受压区高度 x 应按以下公式计算：

$$f_{m0}S_{mN}+\alpha_c f_c S_{cN}+\alpha_s f'_y A'_s e'_N-\sigma_s A_s e_N=0 \tag{6.2.3}$$

以上各式中 α_c——偏心受压构件混凝土强度利用系数，对砖砌体，取 $\alpha_c=0.85$，对混凝土小型空心砌块砌体，取 $\alpha_c=0.75$；

A'_c——砂浆面层受压区的截面面积；

α_s——偏心受压构件钢筋强度利用系数，对砖砌体，取 $\alpha_s=0.90$；对混凝土小型空心砌块砌体，取 $\alpha_s=0.80$；

e_N——钢筋 A_s 的重心至轴向力 N 作用点的距离；

S_{ms}——砌体受压区的截面面积对钢筋 A_s 重心的面积矩；

S_{cS}——砂浆面层受压区的截面面积对侧筋 A_s 重心的面积矩；

ξ_b——加固后截面受压区相对高度的界值，对 HPB300 钢筋，取 0.475；对 HRB335 和 HRBF335 钢筋，取 0.437；

S_{mN}——砌体受压区的截面面积对轴向力 N 作用点的面积矩；

S_{cN}——砂浆面层受压区的截面面积对轴向力 N 作用点的面积矩；

e'_N——钢筋 A'_s 的重心至轴向力 N 作用点的距离；

a'——钢筋 A'_s 的截面重心至截面较近边的距离；

A_s——距轴向力 N 较远一侧钢筋的截面面积；

A'_s——距轴向力 N 较近一侧钢筋的截面面积。

其余符号含义同式（6.1.2）、式（6.1.3）。

根据加固计算结果确定的钢筋网水泥浆面厚度大于 50mm 时，宜改用钢筋混凝土面层，并重新进行设计。

2. *砌体受剪加固计算*

钢筋网水泥砂浆面层对砌体加固的受剪承载力应符合下式条件：

$$V \leqslant V_{M} + V_{sj} \tag{6.2.4}$$

式中 V——砌体墙面内剪力设计值；

V_M——原砌体受剪承载力，按现行国家标准《砌体结构设计规范》GB 50003—2011 计算确定；

V_{sj}——采用钢筋网水泥砂浆面层加固法加固后提高的受剪承载力。

采用手工抹压施工的钢筋网水泥砂浆面层加固后提高的受剪承载力 V_{sj} 应按式（6.2.5）计算；对压注或喷射成形的钢筋网水泥砂浆面层，其加固后提高的抗剪承载力 V_{sj} 可按式（6.2.5）的计算结果乘以 1.5 的增大系数采用：

$$V_{sj} = 0.02fbh + 0.2f_y A_s \frac{h}{s} \tag{6.2.5}$$

式中 f——砂浆轴心抗压强度设计值；

b——砂浆面层厚度（双面时，取其厚度之和）；

h——墙体水平方向的长度；

f_y——水平方向钢筋的设计强度值；

A_s——水平方向单排钢筋的截面面积。

3. *砌体抗震加固计算*

当采用钢筋网水泥砂浆面层对砌体结构进行抗震加固时，宜采用双面加固形式增强砌体结构的整体性。钢筋网水泥砂浆面层加固砌体墙的抗震受剪承载力应符合式（6.2.6）的要求：

$$V \leqslant V_{ME} + \frac{V_{sj}}{\gamma_{RE}} \tag{6.2.6}$$

式中 V——考虑地震组合的墙体剪力设计值；

V_{ME}——原砌体截面抗震受剪承载力，按现行国家标准《砌体结构设计规范》GB 50003—2011 计算确定；

V_{sj}——采用钢筋网水泥砂浆面层加固法加固后提高的受剪承载力；

γ_{RE}——承载力抗震调整系数，取 $\gamma_{RE}=0.9$。

6.2.3 构造规定

当采用钢筋网水泥砂浆面层加固法加固砌体构件时，对砌体受压构件，其原砌筑砂浆的强度等级不应低于 M2.5；对砖砌体受剪构件，其原砌筑砂浆强度等级不宜低于 M1，但若为低层建筑，允许不低于 M0.4；对砌块砌体，其原砌筑砂浆强度等级不应低于 M2.5。块材严重风化（酥碱）的砌体，不应采用钢筋网水泥砂浆面层进行加固。

当采用钢筋网水泥砂浆面层加固砌体承重构件时，其面层厚度，对室内正常湿度环境，应为35～45mm；对于露天或潮湿环境，应为45～50mm。

钢筋网水泥砂浆面层加固砌体承重构件的构造应符合下列规定：

（1）加固受压构件用的水泥砂浆，其强度等级不应低于M15；加固受剪构件用的水泥砂浆，其强度等级不应低于M10。

（2）受力钢筋的砂浆保护层厚度，不应小于表6.2.2的规定。受力钢筋距砌体表面的距离不应小于5mm。

钢筋网水泥砂浆保护层最小厚度（mm） **表6.2.2**

构建类别环境条件	室内正常环境	露天或室内潮湿环境
墙	15	25
柱	25	35

结构加固用的钢筋，宜采用HRB335钢筋或HRBF335钢筋，也可采用HPB300钢筋。

当采用钢筋网水泥砂浆面层加固法加固柱和墙的壁柱时，其构造应符合下列规定：

（1）竖向受力钢筋直径不应小于10mm，其净间距不应小于30mm；受压钢筋一侧的配筋率不应小于0.2%；受拉钢筋的配筋率不应小于0.15%。

（2）柱的箍筋应采用封闭式，其直径不宜小于6mm，间距不应大于150mm。柱的两端各500mm范围内，箍筋应加密，其间距应取为100mm。

（3）在墙的壁柱中，应设两种箍筋；一种为不穿墙的U形筋，但应焊在墙柱角隅处的竖向构造筋上，其间距与柱的箍筋相同；另一种为穿墙箍筋，加工时宜先做成不等肢U形箍，待穿墙后再弯成封闭式箍，其直径宜为8～10mm，每隔600mm替换一支不穿墙的U形箍筋。

（4）箍筋与竖向钢筋的连接应为焊接。加固墙体时，宜采用点焊方格钢筋网，网中竖向受力钢筋直径不应小于8mm；水平分布钢筋的直径宜为6mm；网格尺寸不应大于300mm。当采用双面钢筋网水泥砂浆时，钢筋网应采用穿通墙体的S形或Z形钢筋拉结，拉结钢筋宜呈梅花状布置，其竖向间距和水平间距均不应大于500mm（图6.2.1）。

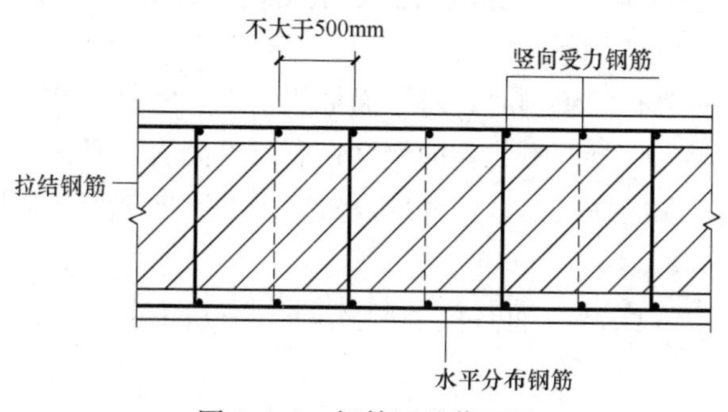

图6.2.1　钢筋网砂浆面层

钢筋网水泥砂浆面层加固墙体详图如图6.2.2所示。

钢筋网四周应与楼板、大梁、柱或墙体可靠连接。墙、柱加固增设的竖向受力钢筋，其上端应锚固在楼层构件、圈梁或配筋的混凝土垫块中；其伸入地下一端应锚固在基础

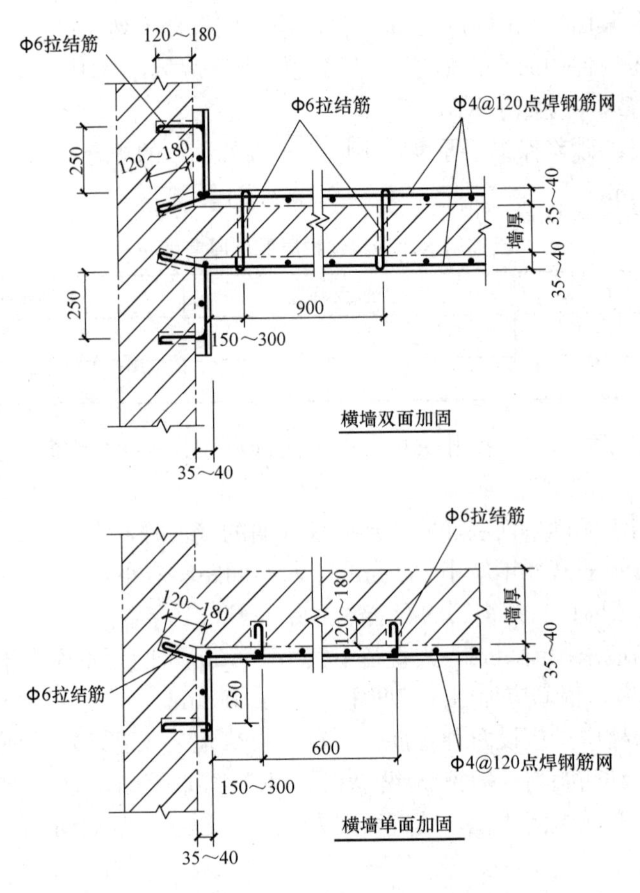

图 6.2.2　钢筋网水泥砂浆面层横墙加固墙体详图

内。锚固可采用植筋方式。当原构件为多孔砖砌体或混凝土小砌块砌体时，应采用专门的机具和结构胶埋设穿墙的拉结筋。混凝土小砌块砌体不得采用单侧外加面层。受力钢筋的搭接长度和锚固长度应按现行国家标准《混凝土结构设计规范》GB 50010—2010 的有关规定确定。

钢筋网的横向钢筋遇有门窗洞时，对单面加固情形，宜将钢筋弯入洞口侧面并沿周边锚固；对双面加固情形，宜将两侧的横向钢筋在洞口处闭合，且尚应在钢筋网折角处设置竖向构造钢筋；此外，在门窗转角处，尚应设置附加的斜向钢筋。

6.3　砌体结构构造性加固法

6.3.1　概述

砌体结构构造性加固法主要用于砌体结构整体性较差、构造柱设置不满足现行规范要求或出现局部破裂现象等情况。常用的砌体结构构造性加固法有增设圈梁加固法、增设构造柱加固法、增设梁垫加固法及砌体局部拆砌法。

6.3.2 加固方法

1. 增设圈梁加固

当无圈梁或圈梁设置不符合现行设计规范要求，或纵横墙交接处咬槎有明显缺陷，或房屋的整体性较差时，应采用增设圈梁的方法进行加固。

外加圈梁，宜采用现浇钢筋混凝土圈梁或钢筋网水泥复合砂浆砌体组合圈梁，在特殊情况下，也可采用型钢圈梁。对内墙圈梁还可用钢拉杆代替。钢拉杆设置间距应适当加密，且应贯通房屋横墙（或纵墙）的全部宽度，并应设在有横墙（或纵墙）处，同时应锚固在纵墙（或横墙）上。外加圈梁应靠近楼（屋）盖设置。钢拉杆应靠近楼（屋）盖和墙面。外加圈梁应在同一水平标高交圈闭合。变形缝处两侧的圈梁应分别闭合，如遇开口墙，应采取加固措施使圈梁闭合。

当采用外加钢筋混凝土圈梁时，应符合下列规定：

（1）外加钢筋混凝土圈梁的截面高度不应小于180mm、宽度不应小于120mm。纵向钢筋的直径不应小于10mm；其数量不应少于4根。箍筋宜采用直径为6mm的钢筋，箍筋间距宜为200mm；当圈梁与外加柱相连接时，在柱边两侧各500mm长度区段内，箍筋间距应加密至100mm；

（2）外加钢筋混凝土圈梁的混凝土强度等级不应低于C20，圈梁在转角处应设2根直径为12mm的斜筋。钢筋混凝土外加圈梁的顶面应做泛水，底面应做滴水沟；

（3）外加钢筋混凝土圈梁的钢筋外保护层厚度不应小于20mm，受力钢筋接头位置应相互错开，其搭接长度为$40d$（d为纵向钢筋直径）。任一搭接区段内，有搭接接头的钢筋截面面积不应大于总面积的25%；有焊接接头的纵向钢筋截面面积不应大于同一截面钢筋总面积的50%。

当采用钢筋网水泥复合砂浆砌体组合圈梁时，应符合下列规定：

（1）梁顶平楼（屋）面板底，梁高不应小于300mm；

（2）穿墙拉结钢筋宜呈梅花状布置，穿墙筋位置应在丁砖上（对单面组合圈梁）或丁砖缝（对双面组合圈梁）；

（3）面层材料和构造应符合下列规定：

1）面层砂浆强度等级：水泥砂浆不应低于M10，水泥复合砂浆不应低于M20；

2）钢筋网水泥复合砂浆面层厚度宜为30～45mm；

3）钢筋网的钢筋直径宜为6mm或8mm，网格尺寸宜为120mm×120mm；

4）单面组合圈梁的钢筋网，应采用直径为6mm的L形锚筋；双面组合圈梁的钢筋网，应采用直径为6mm的Z形或S形穿墙筋连接；L形锚筋间距宜为240mm×240mm；Z形或S形锚筋间距宜为360mm×360mm；

5）钢筋网的水平钢筋遇有门窗洞时，对于单面圈梁宜将水平钢筋弯入洞口侧面锚固，对于双面圈梁宜将两侧水平钢筋在洞口闭合；

6）对承重墙，不宜采用单面组合圈梁。

采用钢拉杆代替内墙圈梁时，应符合下列规定：

（1）横墙承重房屋的内墙，可用两根钢拉杆代替圈梁；纵墙承重和纵横墙承重的房屋，钢拉杆宜在横墙两侧各设一根；钢拉杆直径应根据房屋进深尺寸和加固要求等条件确定，但不应小于 14mm，其方形垫板尺寸宜为 200mm×200mm×15mm；

（2）无横墙的开间可不设钢拉杆，但外加圈梁应与进深方向梁或现浇钢筋混凝土楼盖可靠连接；

（3）每道内纵墙均应用单根拉杆与外山墙拉结，钢拉杆直径可视墙厚、房屋进深和加固要求等条件确定，但不应小于 16mm，钢拉杆长度不应小于两个开间。

外加钢筋混凝土圈梁与砖墙的连接，应符合下列规定：

（1）宜选用结构胶锚筋，也可选用化学锚栓或钢筋混凝土销键；

（2）当采用化学植筋或化学锚栓时，砌体的块材强度等级不应低于 MU7.5，原砌体砖的强度等级不应低于 MU7.5，其他要求按压浆锚筋确定；

（3）压浆锚筋仅适用于实心砖砌体与外加钢筋混凝土圈梁之间的连接，原砌体砖的强度等级不应低于 MU7.5，原砂浆的强度等级不应低于 M2.5；

（4）压浆锚筋与钢拉杆的间距宜为 300mm，锚筋之间的距离宜为 500～1000mm。

钢拉杆与外加钢筋混凝土圈梁可采用下列方法之一进行连接：

（1）钢拉杆埋入圈梁，埋入长度为 30*d*（*d* 为钢拉杆直径），端头应做弯钩；

（2）钢拉杆通过钢管穿过圈梁，应用螺栓拧紧；

（3）钢拉杆端头焊接垫板埋入圈梁，垫板与墙面之间的间隙不应小于 80mm。

当采用角钢圈梁时，角钢圈梁的规格不应小于∟80mm×6mm 或∟75mm×6mm，并应每隔 1～1.5m 与墙体用普通螺栓拉结，螺杆直径不应小于 12mm。

增设圈梁加固墙体构造规定如图 6.3.1 所示。

2. 增设构造柱加固

当无构造柱或构造柱设置不符合现行设计规范要求时，应增设现浇钢筋混凝土构造柱或钢筋网水泥复合砂浆组合砌体构造柱。构造柱的材料、构造、设置部位应符合现行设计规范要求。增设的构造柱应与墙体圈梁、拉杆连接成整体，若所在位置与圈梁连接不便，也应采取措施与现浇混凝土楼（屋）盖可靠连接。

采用钢筋网水泥复合砂浆砌体组合构造柱时，应符合下列要求：

（1）组合构造柱截面宽度不应小于 500mm；

（2）穿墙拉结钢筋宜呈梅花状布置，其位置应在丁砖缝上；

（3）面层材料和构造应符合下列规定：

1）面层砂浆强度等级：水泥砂浆不应低于 M10，水泥复合砂浆不应低于 M20；

2）钢筋网水泥复合砂浆面层厚度宜为 30～45mm；

3）钢筋网的钢筋直径宜为 6mm 或 8mm，网格尺寸宜为 120mm×120mm；

4）单面组合圈梁的钢筋网，应采用直径 6mm 的 L 形锚筋，双面组合圈梁的钢筋网，应采用直径 6mm 的 Z 形或 S 形穿墙筋连接；L 形锚筋间距宜为 240mm×240mm，Z 形或 S 形锚筋间距宜为 360mm×360mm。

外加构造柱加固构造规定的阳角加构造柱详图如图 6.3.2 所示。

3. 增设梁垫加固

当大梁下砌体被局部压碎或在大梁下墙体出现局部竖向或斜向裂缝时，应增设梁垫进行加固。

新增设的梁垫，其混凝土强度等级，现浇时不应低于 C20；预制时不应低于 C25。梁

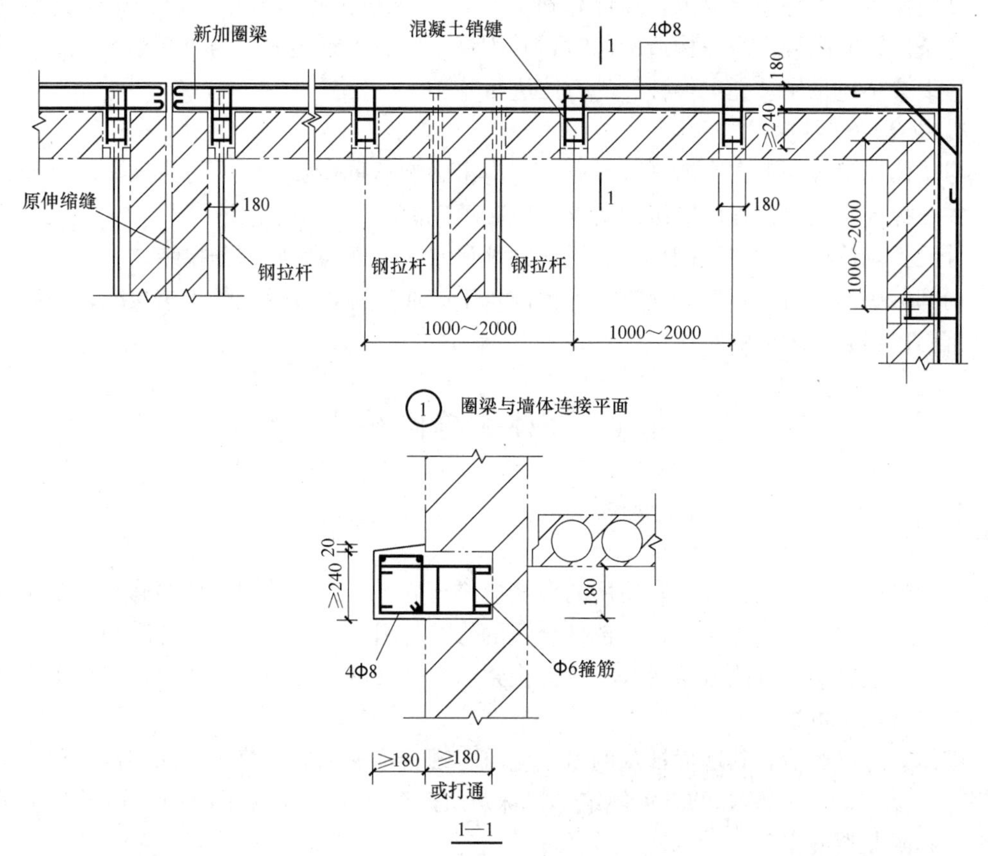

图 6.3.1　增设圈梁加固墙体详图

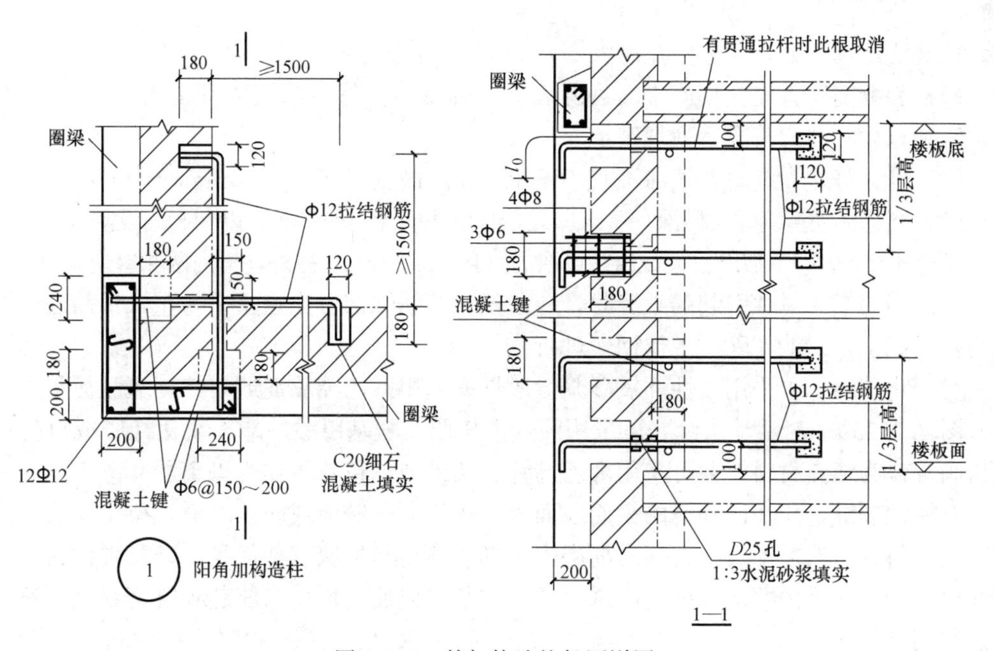

图 6.3.2　外加构造柱加固详图

垫尺寸应按现行设计规范要求，经计算确定，梁垫厚度不应小于180mm；梁垫的配筋应按抗弯条件计算配置。当按构造配筋时，其用量不应少于梁垫体积的0.5%。

增设梁垫应采用“托梁换柱”的方法进行施工。

4. *砌体局部拆砌*

当墙体局部破裂但在查清其破裂原因后尚未影响承重及安全时，可将破裂墙体局部拆除，并按提高一级砂浆强度等级的要求用整砖填砌。

分段拆砌墙体时，应先砌部分留槎，并埋设水平钢筋与后砌部分拉结。

局部拆砌墙体时，新旧墙交接处不得凿水平槎或直槎，应做成踏步槎接缝，缝间设置拉结钢筋以增强新旧墙的整体性。

6.4 砌体裂缝修补法

6.4.1 概述

对影响砌体结构及构件正常使用的裂缝应进行修补。砌体结构裂缝的修补应根据其种类、性质及出现的部位进行设计，选择合适的修补材料、修补方法和修补时间。

常用的裂缝修补方法有填缝法、压力灌浆法、外加网片法和置换法等，根据工程的需要，这些方法也可组合使用。

砌体裂缝修补后，其墙面抹灰的做法应符合现行国家标准《建筑装饰装修工程质量验收规范》GB 50210—2018的有关规定。在抹灰层砂浆或细石混凝土中加入短纤维可进一步减少和限制裂缝出现。

6.4.2 填缝法

填缝法适用于处理砌体中宽度大于0.5mm的裂缝。

修补裂缝前，首先应剔凿干净裂缝表面的抹灰层，然后沿裂缝开凿U形槽。对凿槽的深度和宽度，并应符合下列规定：

(1) 当为静止裂缝时，槽深不宜小于15mm，槽宽不宜小于20mm；

(2) 当为活动裂缝时，槽深宜适当加大，且应凿成光滑的平底，以利于铺设隔离层；槽宽宜按裂缝预计张开量t加以放大，通常可取为$(15+5t)$ mm。另外，槽内两侧壁应凿毛；

(3) 当为钢筋锈蚀引起的裂缝时，应凿至钢筋锈蚀部分完全露出为止，钢筋底部混凝土凿除的深度，以能使除锈工作彻底进行。

对静止裂缝，可采用改性环氧砂浆、改性氨基甲酸乙酯胶泥或改性环氧胶泥等进行充填（图6.4.1*a*）。对活动裂缝，可采用丙烯酸树脂、氨基甲酸乙酯、氯化橡胶或可挠性环氧树脂等作为填充材料，并可采用聚乙烯片、蜡纸或油毡片等作为隔离层（图6.4.1*b*）。

对锈蚀裂缝，应在已除锈的钢筋表面上，先涂刷防锈液或防锈涂料，待干燥后再充填封闭裂缝材料。对活动裂缝，其隔离层应干铺，不得与槽底有任何黏结。其弹性密封材料的充填，应先在槽内两侧表面上涂刷一层胶粘剂，以使充填材料能起到既密封又能适应变形的作用。

修补裂缝应符合下列规定：

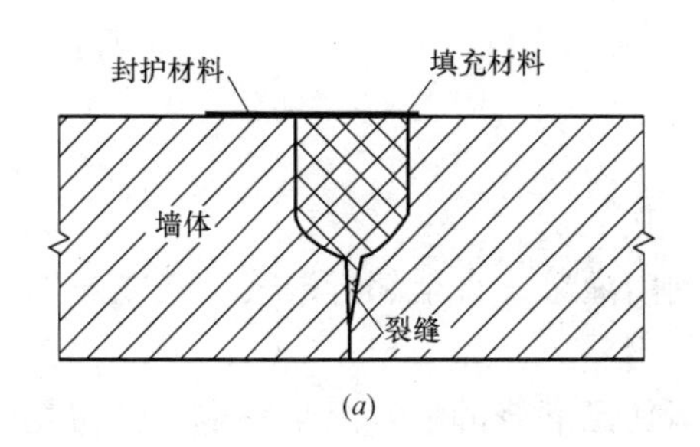

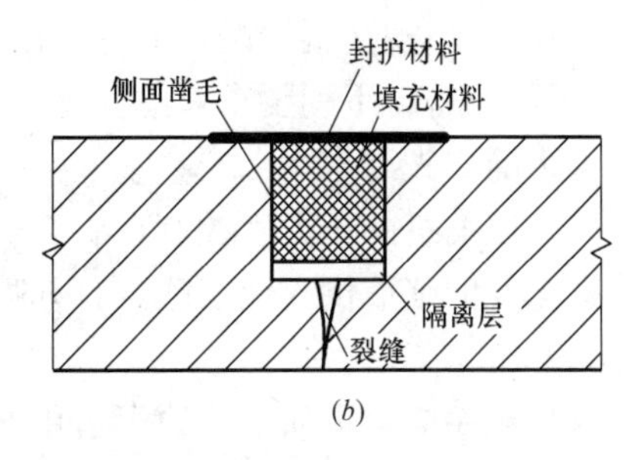

图 6.4.1　填缝法裂缝补图

（1）充填封闭裂缝材料前，应先将槽内两侧凿毛的表面浮尘清除干净；

（2）采用水泥基修补材料填补裂缝，应先将裂缝及周边砌体表面润湿；

（3）采用有机材料不得湿润砌体表面，应先将槽内两侧面上涂刷一层树脂基液；

（4）充填封闭材料应采用搓压的方法填入裂缝中，并应修复平整。

6.4.3　压浆法

压浆法即压力灌浆法，适用于处理裂缝宽度大于 0.5mm 且深度较深的裂缝。压浆的材料可采用无收缩水泥基灌浆料、环氧基灌浆料等。

压浆工艺应按规定的流程（图 6.4.2）进行。

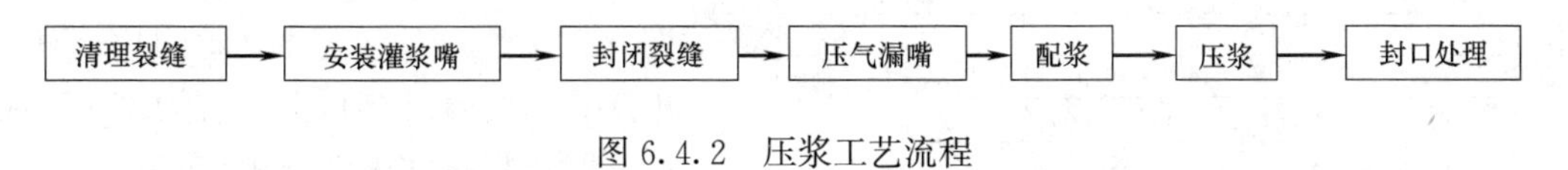

图 6.4.2　压浆工艺流程

压浆法的操作应符合下列规定：

（1）清理裂缝时，应在砌体裂缝两侧不少于 100mm 范围内，将抹灰层剔除。若有油污也应清除干净；然后用钢丝刷、毛刷等工具，清除裂缝表面的灰土、浮渣及松软层等污物；用压缩空气清除缝隙中的颗粒和灰尘。

（2）灌浆嘴安装应符合下列规定：

1）当裂缝宽度在 2mm 以内时，灌浆嘴间距可取 200～250mm；当裂缝宽度在 2～5mm 时，可取 350mm；当裂缝宽度大于 5mm 时，可取 450mm，且应设在裂缝端部和裂缝较大处。

2）应按标示位置钻深度 30～40mm 的孔眼，孔径宜略大于灌浆嘴的外径。钻好后应清除孔中的粉屑。

3）应在孔眼用水冲洗干净后进行灌浆嘴固定。固定前先涂刷一道水泥浆，然后用环氧胶泥或环氧树脂砂浆将灌浆嘴固定，裂缝较细或墙厚超过 240mm 时，应在墙的两侧均安放灌浆嘴。

（3）封闭裂缝时，应在已清理干净的裂缝两侧，先用水浇湿砌体表面，再用纯水泥浆涂刷一道，然后用 M10 水泥砂浆封闭，封闭宽度约为 200mm。

（4）试漏应在水泥砂浆达到一定强度后进行，采用涂抹皂液等方法压气试漏。对封闭不严的漏气处应进行修补。

（5）应根据灌浆料产品说明书的规定及浆液的凝固时间，确定每次配浆的数量。浆液稠度过大，或者出现初凝情况，应停止使用。

（6）压浆应符合下列要求：

1）压浆前应先灌水；

2）空气压缩机的压力宜控制在0.2～0.3MPa；

3）将配好的浆液倒入储浆罐，打开喷枪阀门灌浆，直至邻近灌浆嘴（或排气嘴）溢浆为止；

4）压浆顺序应自下而上，边灌边用塞子堵住已灌浆的嘴，灌浆完毕且已初凝后，即可拆除灌浆嘴，并用砂浆抹平孔眼。

压浆时应严格控制压力，防止损坏边角部位和小截面的砌体，必要时，应作临时性支护。

6.4.4 外加网片法

外加网片法适用于增强砌体抗裂性能，限制裂缝开展，修复风化、剥蚀砌体。

外加网片所用的材料应包括钢筋网、钢丝网、复合纤维织物网等。当采用钢筋网时，其钢筋直径不宜大于4mm。当采用无纺布替代纤维复合材料修补裂缝时，仅允许用于非承重构件的静止细裂缝的封闭性修补。

网片覆盖面积除应按裂缝或风化、剥蚀部分的面积确定外，尚应考虑网片的锚固长度。网片短边尺寸不宜小于500mm。网片的层数：对钢筋和钢丝网片，宜为单层；对复合纤维材料，宜为1～2层；设计时可根据实际情况确定。

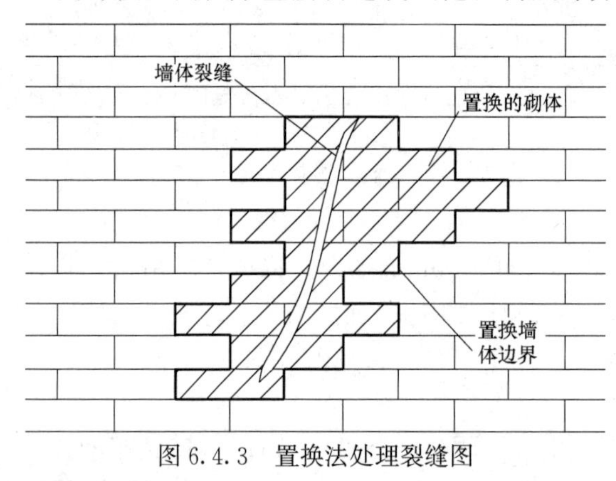

图6.4.3　置换法处理裂缝图

6.4.5 置换法

置换法适用于砌体受力不大，砌体块材和砂浆强度不高的开裂部位，以及局部风化、剥蚀部位的加固（图6.4.3）。

置换用的砌体块材可以是原砌体材料，也可以是其他材料，如配筋混凝土实心砌块等。

置换砌体时应符合下列规定要求：①把需要置换部分及周边砌体表面抹灰层剔除，然后沿着灰缝将被置换砌体凿掉。在凿打过程中，应避免扰动不置换部分的砌体。②仔细把黏在砌体上的砂浆剔除干净，清除浮尘后充分润湿墙体。③修复过程中应保证填补砌体材料与原有砌体可靠嵌固。④砌体修补完成后，再做抹灰。

6.5 外包型钢加固法

6.5.1 概述

外包型钢加固法，是指对砌体柱外包型钢与钢缀板焊成的构架，并按各自刚度比分配所承受外力的加固法，又称为干式外包钢加固法。该方法具有不损坏原柱，占面积少，承载能力提高程度大等优点，但是对型钢锚固要求高。

6.5.2 加固计算

1. 当采用外包角钢（或其他型钢）加固砌体承重柱时，其加固后承受的轴向压力设计值 N 和弯矩设计值 M，应按刚度比分配给原柱和钢构架，并应符合下列规定：

原柱承受的轴向力设计值 N_m 和弯矩设计值 M_m 应按下列公式进行计算：

$$N_m = \frac{k_m E_{m0} A_{m0}}{k_m E_{m0} + E_a A_a} N$$

$$M_m = \frac{k_m E_{m0} I_{m0}}{k_m E_{m0} I_{m0} + \eta E_a I_a} M \tag{6.5.1}$$

钢构架承受的轴向力设计值 N_a 和弯矩设计值 M_a 应按下列公式进行计算：

$$N_a = N - N_m$$

$$M_a = M - M_m \tag{6.5.2}$$

式中 k_m——原砌体刚度降低系数，对完好原柱，取 $k_m = 0.9$；对基本完好原柱，取 $k_m = 0.8$；对已有腐蚀迹象的原柱，经剔除腐蚀层并修补后，取 $k_m = 0.5$；若原柱有竖向裂缝或有其他严重缺陷，则取 $k_m = 0$，即不考虑原柱的作用，全部荷载由角钢（或其他型钢）组成的钢构架承担；

E_{m0}——原砌体的弹性模量；

A_a——新增型钢的弹性模量；

A_{m0}——原砌体的全截面面积；

A_a——新增型钢的全截面面积；

I_{m0}——原砌体截面的惯性矩；

η——协同工作系数，可取 $\eta = 0.91$；

I_a——钢构架的截面惯性矩，计算时，可忽略各分肢角钢自身截面的惯性矩，即 $I_a = 0.5 A_s{}^2 \cdot a^2$，$a$ 为计算方向两侧型钢截面形心间的距离。

2. 当采用外包型钢加固轴心受压砌体构件时，其加固后原柱和外增钢构架的承载力应按下列规定验算：

（1）原柱的承载力，应根据其所承受的轴向压力值 N_m，按现行国家标准《砌体结构设计规范》GB 50003—2011 的有关规定验算。验算时，其砌体抗压强度设计值，应根据可靠性鉴定结果确定。若验算结果不符合使用要求，应加大钢构架截面，并重新进行外力分配和截面验算。

（2）钢构架的承载力，应根据其所承受的轴向压力设计值 N_a，按现行国家标准《钢结构设计标准》GB 50017—2017 的有关规定进行设计计算。计算钢构架承载力时，型钢的抗压强度设计值，对仅承受静力荷载或间接承受动力作用的结构，应分别乘以强度折减系数 0.95 和 0.90。对直接承受动力荷载或振动作用的结构，应乘以强度折减系数 0.85。

（3）外包型钢砌体加固后的承载力为钢构架承载力和原柱承载力之和。不论角钢肢与砌体柱接触面处涂布或灌注任何黏结材料，均不考虑其黏结作用对计算承载力的提高。

6.5.3 构造规定

当采用外包型钢加固矩形截面砌体柱时，宜设计成以角钢为组合构件四肢，以钢缀板围束砌体的钢构架加固方式（图 6.5.1），并考虑二次受力的影响。

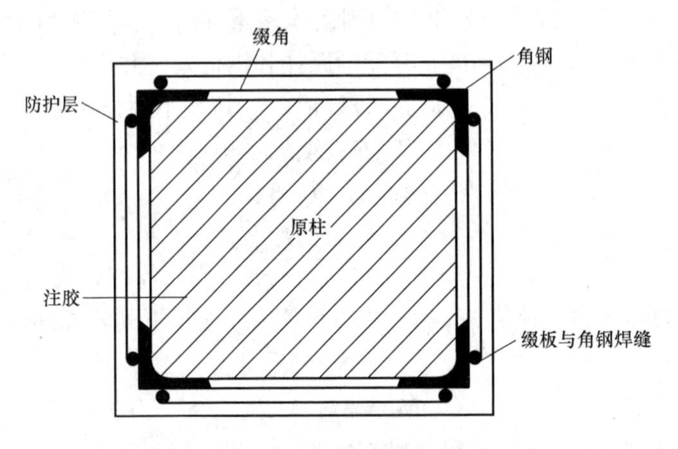

图 6.5.1 外包型钢加固

当采用外包型钢加固砌体承重柱时，钢构架应采用 Q235 钢（3 号钢）制作；钢构架中的受力角钢和钢缀板的最小截面尺寸应分别为∟60mm×60mm×6mm 和 60mm×6mm。钢构架的四肢角钢，应采用封闭式缀板作为横向连接件，以焊接固定。缀板的间距不应大于 500mm。为使角钢及其缀板紧贴砌体柱表面，应采用水泥砂浆填塞角钢及缀板，也可采用灌浆料进行压注。

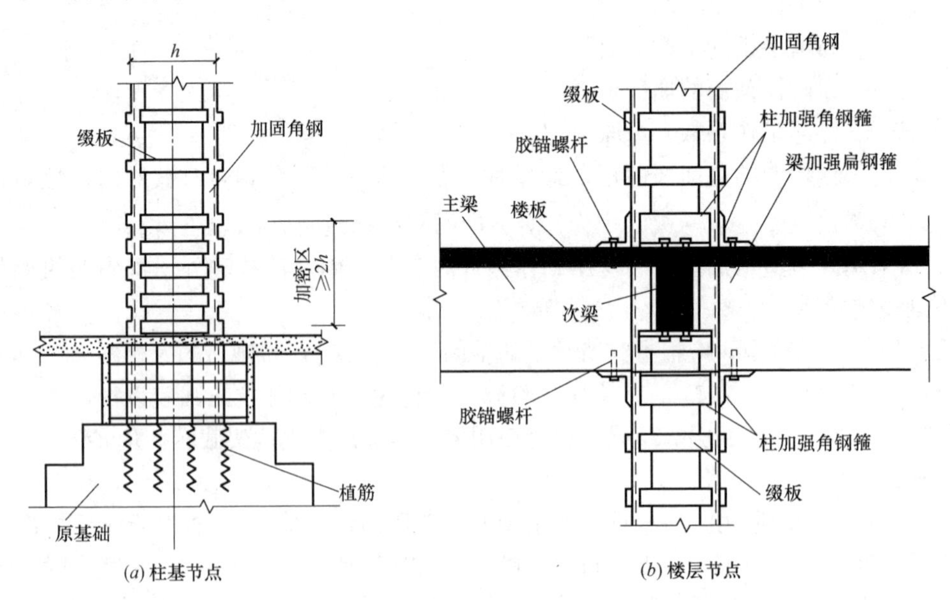

图 6.5.2 钢结构构造

钢构架两端应有可靠的连接和锚固（图 6.5.2）；其下端应锚固于基础内，上端应顶紧在该加固柱上部（上层）构件的底面，并与锚固于梁、板、柱帽或梁垫的短角钢焊接。

在钢构架（从地面标高向上量起）的 $2h$ 和上端的 $1.5h$（h 为原柱截面高度）节点区内，缀板的间距不应大于 250mm。与此同时，还应在柱顶部位设置角钢箍予以加强。

在多层砌体结构中，若不止一层承重柱需增设钢构架加固，其角钢应通过开洞连续穿过各层现浇楼板；若为预制楼板，宜局部改为现浇，使角钢保持通长。采用外包型钢加固砌体柱时，型钢表面宜包裹钢丝网并抹厚度不小于 25mm 的 1∶3 水泥砂浆作防护层，否则，应对型钢进行防锈处理。

思 考 题

1. 砌体结构的直接加固法和间接加固法有何区别？

2. 采用围套式钢筋混凝土面层加固体柱时有哪些构造要求？

3. 采用两对面增设钢筋混凝土面层加固带扶壁柱墙时有哪些构造要求？

4. 采用双面钢筋混凝土面层加固砌体结构时，钢筋混凝土面层加固砌体墙的抗震受剪承载力应如何计算？

5. 当采用钢筋网水泥砂浆面层加固法加固砌体承重构件时，其面层厚度有哪些要求？

6. 当采用钢筋网水泥砂浆面层加固柱和墙的扶壁柱时，竖向受力钢筋直径有哪些规定？

7. 采用钢筋网水泥砂浆面层加固轴向受压体构件时，如何计算加固后的正截面承载力？

8. 当采用钢筋网水泥砂浆面层加固偏心受压体构件时，如何计算加固后的正截面承载力？

9. 采用外加钢筋混凝土圈梁时，应符合哪些规定？

10. 砌体裂缝修补法中填缝法应满足哪些规定？

11. 外包型钢加固法的优缺点是什么？

12. 外包型钢加固法对角钢有何要求？

第7章　钢结构加固

钢结构在使用环境和自然环境的长期双重作用下，功能逐渐削弱，这是一个不可逆的过程，要科学的评估和采取有效的加固措施，延长结构使用年限，钢结构的加固设计应综合考虑其经济效益，应不损伤原结构，避免不必要的拆除或更换。本书主要参照《钢结构加固技术规范》CECS 77：96 进行钢结构加固。

钢结构加固的主要方法有：减轻荷载、改变计算图形、加大原结构构件截面和连接强度、阻止裂纹扩展等，当有成熟经验时，也可采用其他的加固方法。

根据钢结构加固构件的类型，钢结构加固的方法可分为钢柱加固、钢梁加固、钢屋架（托架）加固、连接和节点加固等。

根据损害范围，钢结构加固方法可分为局部加固法和全面加固法。

局部加固法是指对承载能力不足的杆件或连接节点处进行加固的方法，有增加杆件截面法、减小杆件自由长度法和连接节点加固法。

全面加固法是指对整体结构进行加固的方法，有不改变结构静力计算图形加固法和改变结构静力计算图形加固法两类。

根据是否改变钢结构构件截面，钢结构加固方法可分为直接加固法和间接加固法。直接加固法包括加大构件截面加固法、增加加劲肋加固法和加大连接强度加固法等；间接加固法包括减轻荷载加固法和改变结构计算图形加固法等。

根据施工方法，钢结构加固方法有负荷加固法、卸荷加固法和对从原结构上拆下的部件进行加固。在实际工程中，应根据用户要求和结构实际受力状态，在保证安全的前提下，由设计人员和施工单位共同协商确定加固施工方法。

钢结构加固一般宜采用焊缝连接、摩擦型高强度螺栓连接，有依据时也可采用焊缝和摩擦型高强度螺栓的混合连接。当采用焊缝连接时，应采用经评定认可的焊接工艺及连接材料。

钢结构加固材料的选择，应按《钢结构设计标准》GB 50017—2017 的规定并在保证设计意图的前提下，便于施工，使新老截面、构件或结构能共同工作，并应注意新老材料之间的强度、塑性、韧性及焊接性能匹配，以利于充分发挥材料的潜能。

加固施工方法应根据用户要求、结构实际受力状态，在确保质量和安全的前提下，由设计人员和施工单位协商确定。钢结构加固施工，当需要拆除构件或卸荷时，必须保证措施合理、传力明确，确保安全。

7.1　改变结构体系加固法

改变结构计算图形的加固方法是指采用改变荷载分布状况、传力途径、节点性质和边界条件，增设附加杆件和支撑、施加预应力、考虑空间协同工作等措施对结构进行加固的方法。

在改变结构计算图形的加固过程（包括施工过程）中，除应对被加固结构承载能力和正常使用极限状态进行计算外，尚应注意其对相关结构构件承载能力和使用功能的影响，考虑在结构、构件、节点以及支座中的内力重分布，对结构（包括基础）进行必要的补充验算，并采取切实可行的合理构造措施。

采用改变结构计算图形的加固方法，设计与施工应紧密配合，未经设计允许，不得擅自修改设计规定的施工方法和程序。

采用调整内力的方法加固结构时，应在加固设计中规定调整内力（应力）或规定位移（应变）的数值和允许偏差及其检测位置和检验方法。

7.1.1 结构

对结构可采用下列增加结构刚度或构件刚度的方法进行加固。

（1）增加支撑形成空间结构并按空间结构进行验算，如图 7.1.1 所示。

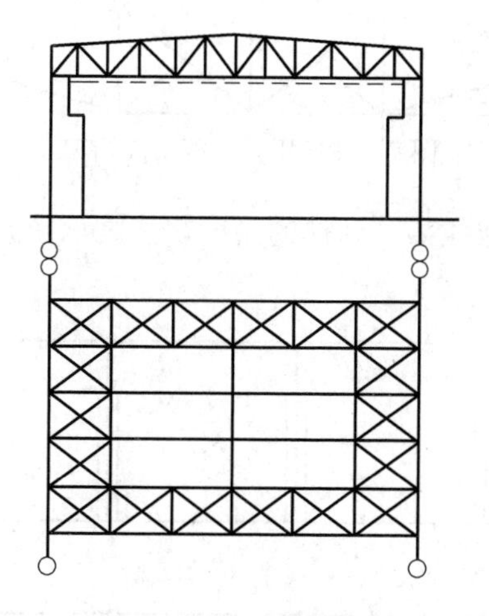

图 7.1.1 增加支撑

（2）加设支撑增加结构刚度或调整结构的自振频率等以提高结构承载力和改善结构动力特性，如图 7.1.2 所示（图中虚线圈出部分为加设的支撑）。

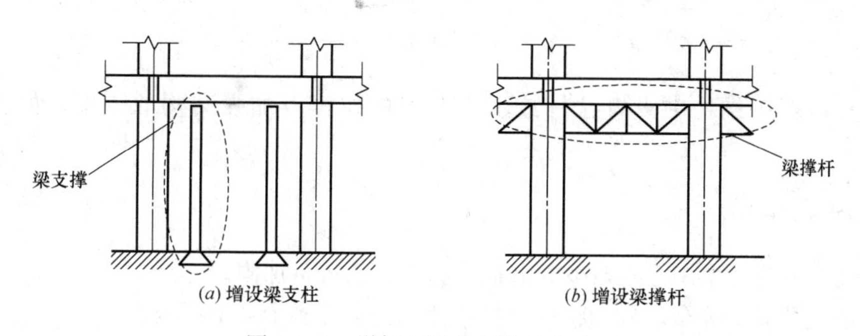

(*a*) 增设梁支柱 (*b*) 增设梁撑杆

图 7.1.2 增加不同的支撑方式（一）

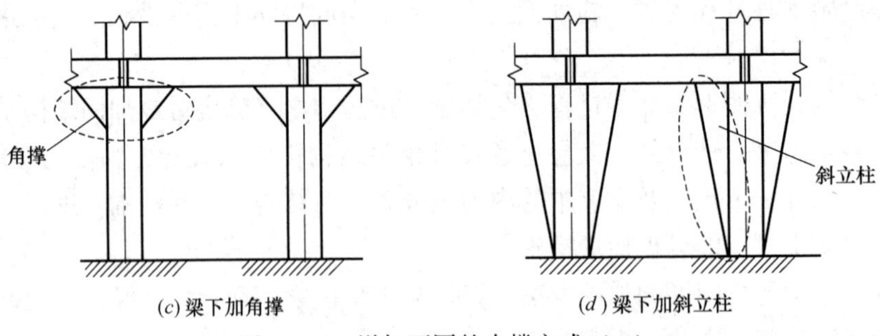

图 7.1.2　增加不同的支撑方式（二）

（3）增设支撑或辅助杆件使构件的长细比减少以提高其稳定性，如图 7.1.3 所示。

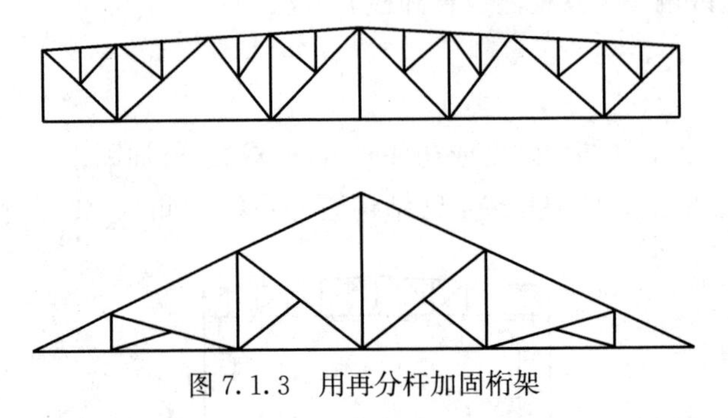
图 7.1.3　用再分杆加固桁架

（4）在排架结构中重点加强某一列柱的刚度，使之承受大部分水平力，以减轻其他柱列负荷，如图 7.1.4 所示。

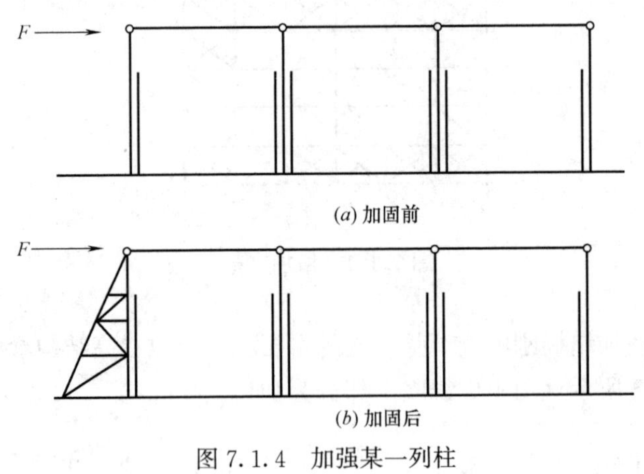

图 7.1.4　加强某一列柱

（5）在塔架等结构中设置拉杆或适度张紧的拉索以加强结构的刚度，如图 7.1.5 所示。

7.1.2　受弯构件

对于受弯构件可采用下列改变其截面内力的方法进行加固。

（1）改变荷载的分布，例如将一个集中荷载转化为多个集中荷载。

（2）改变端部支承情况，例如变铰接为刚接，如图 7.1.6 所示。

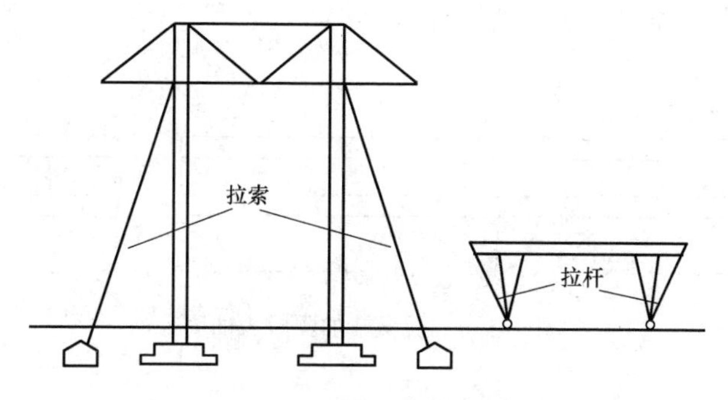

图 7.1.5　设置拉杆加强结构刚度

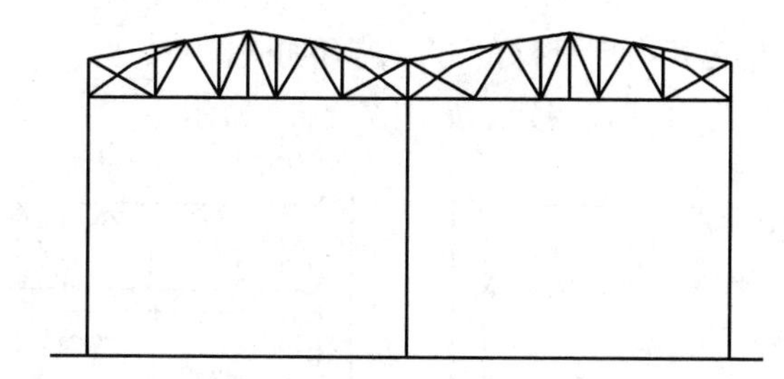

图 7.1.6　屋架支座处由铰接改变为刚接

（3）增加中间支座或将简支结构端部连接成为连续结构，如图 7.1.7 所示。

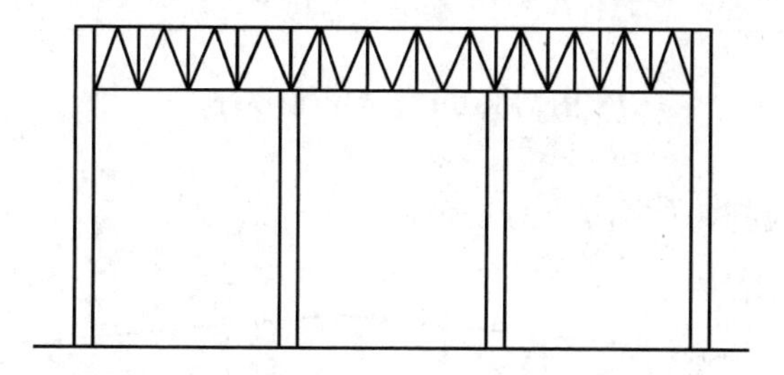

图 7.1.7　托架支座处由铰接改变为刚接

（4）调整连续结构的支座位置。

（5）将构件变为撑杆式结构，如图 7.1.8 所示。

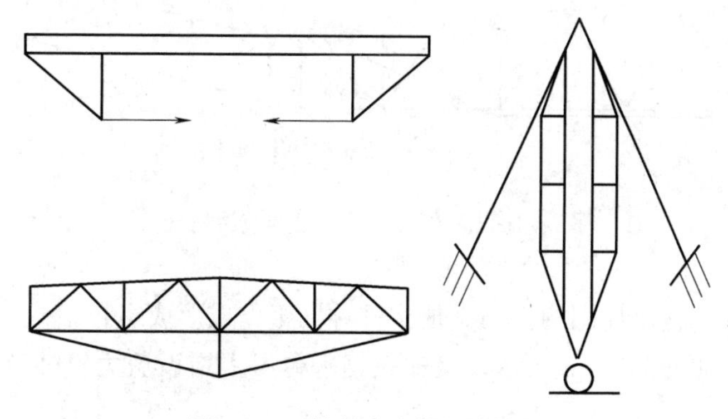

图 7.1.8　构件变为撑杆式结构

（6）施加预应力，如图 7.1.9 所示。

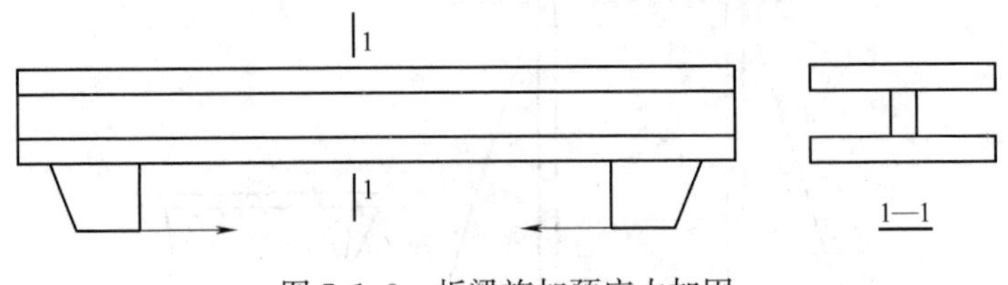

图 7.1.9　板梁施加预应力加固

7.1.3　桁架

对桁架可采用下列改变其内部杆件的方法进行加固。

（1）增设撑杆变桁架为撑杆式构架，如图 7.1.10 所示。

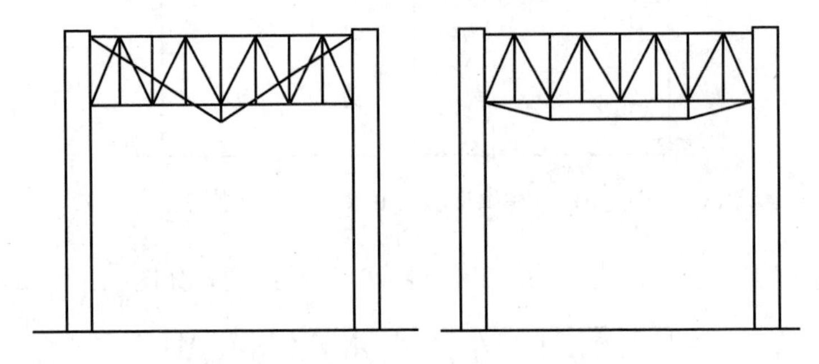

图 7.1.10　桁架下设撑杆

（2）加设预应力拉杆，如图 7.1.11 所示。

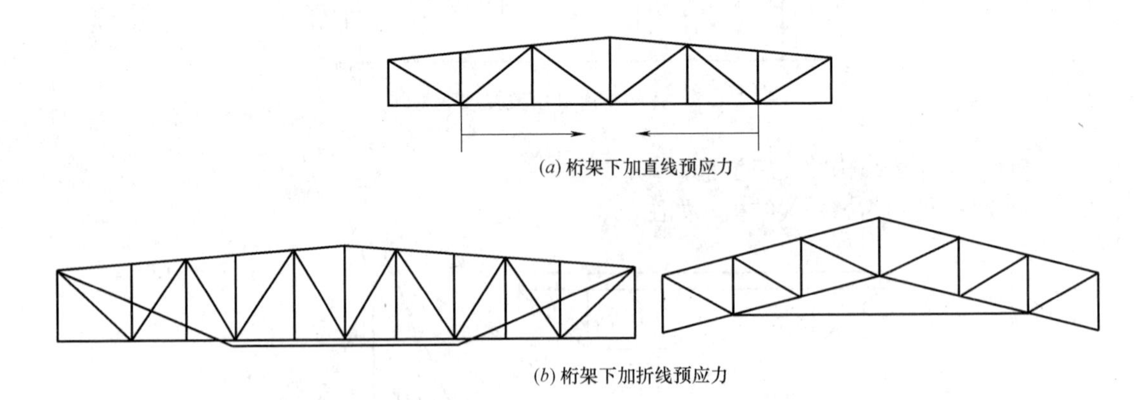

图 7.1.11　在桁架中加设预应力拉杆

必要时可采取措施使加固构件与其他构件共同工作或形成组合结构，例如使钢屋架与天窗架共同工作，如图 7.1.12 所示；又如在钢平台梁上增设剪力键使其与混凝土铺板形成组合结构等。

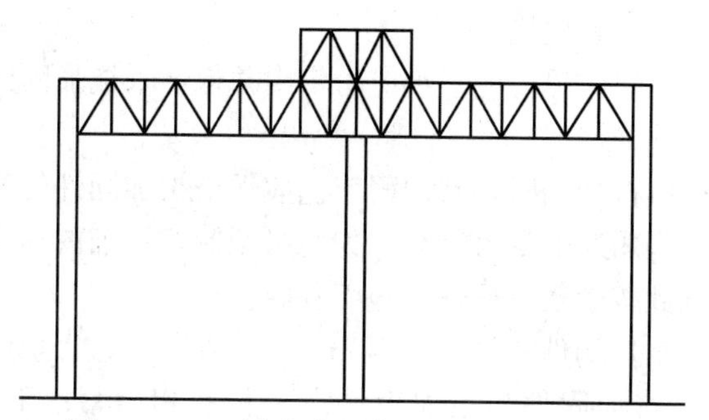

图 7.1.12　天窗架与屋架连成整体共同受力

7.2　增大截面加固法

增大横截面法是一种基本的加固方法，尤其是在承载条件下，考虑焊接加固施工的便捷性和可靠性，往往是钢结构加固中最传统也是最直接的选择。长期以来，承载条件下焊接加固钢结构工作是按照《钢结构加固技术规范》CECS 77：96 和《钢结构检测评定及加固技术规程》YB 9257—96 进行的，但由于两者在应力比限值及相关参数的取值上的差异，缺乏充分的实验基数和数值分析，还存在着诸多不合理之处。基于此，研究人员开展了承载条件下焊接加固钢结构构件承载性能的研究工作，为增大截面焊接加固法提供基础数据和理论支持。

采用加大截面加固钢构件时，所选截面形式应有利于加固技术要求并考虑已有缺陷和损伤的状况。加固构件受力分析的计算简图，应反映结构的实际条件，考虑损伤及加固引起的不利变形，加固期间及前后作用在结构上的荷载及其不利组合。对于超静定结构尚应考虑因截面加大，构件刚度改变使体系内力重分布的可能。必要时应分阶段进行受力分析和计算。

被加固构件的设计工作条件分类见表 7.2.1。

构件的设计工作条件类别　　**表 7.2.1**

类别	使用条件
Ⅰ	特繁重动力荷载作用下的焊接结构
Ⅱ	除Ⅰ外直接承受动力荷载或振动荷载的结构
Ⅲ	除Ⅳ外仅承受静力荷载或间接动力荷载作用的结构
Ⅳ	受有静力荷载并允许按塑性设计的结构

加固后的Ⅰ、Ⅱ类构件，必要时应对其剩余疲劳寿命进行专门研究和计算。对负荷下加固后钢构件的计算，按《钢结构加固技术规范》CECS 77：96 的规定进行。对非负荷下加固后钢构件的计算可参照《钢结构加固技术规范》CECS 77：96 并按《钢结构设计标准》GB 50017—2017 的规定进行。

7.2.1　构造与施工要求

（1）加大截面加固结构构件时，应保证加固件与被加固件能够可靠地共同工作、断面不变形和板件稳定性，并且方便施工。

（2）加固件的切断位置应尽可能减小应力集中并保证未被加固处截面在设计荷载作用下处于弹性工作阶段。

（3）在负荷下进行结构加固时，其加固工艺应保证被加固件的截面因焊接加热、附加钻、扩孔洞等所引起的削弱影响尽可能小，为此必须制定详细的加固施工工艺过程和满足要求的技术条件，并据此按隐蔽工程进行施工验收。

（4）在负荷下进行结构构件的加固，当$|\sigma_{0max}| \geqslant 0.3f_y$，且采用焊接加固件加大截面法加固结构构件时，可将加固件与被加固件沿全长互相压紧；用长 20～30mm 的间断（300～500mm）焊缝定位焊接后，再由加固件端向内分区段（每段不大于 70mm）施焊所需要的连接焊缝，依次施焊区段焊缝应间歇 2～5min。对于有对称的成对焊缝的截面，应平行施焊；有多条焊缝时，应交错顺序施焊；对于两面有加固件的截面，应先施焊受拉侧的加固件，然后施焊受压侧的加固件；对一端为嵌固的受压杆件，应从嵌固端向另一端施焊，若其为受拉杆，则应从另一端向嵌固端施焊。当采用螺栓（或铆钉）连接加固加大截面时，加固与被加固板件相互压紧后，应从加固件端向中间逐次做孔和安装拧紧螺栓（或铆钉），以便尽可能减少加固过程中截面的过大削弱。

（5）加大截面法加固有两个以上构件的静不定结构（框架、连续梁等）时，应首先将全部加固与被加固构件压紧和点焊定位，然后从受力最大构件依次连续地进行加固连接，并考虑第（3）、（4）条的规定。

7.2.2 计算方法

加大构件截面加固计算方法分为两类，即卸荷状态下加固计算方法和负荷状态下加固计算方法。卸荷状态下，加固后的总截面应按现行规范进行截面验算，并考虑加固折减系数。负荷状态下的加固计算，重要的问题是加固后应力能否重分布，即加固后原有截面能否将原有应力分配到新补强的截面上，若能重分配则新旧荷载之和可以平均地分配到新旧截面上；否则，原有荷载仍由原截面承担，新增加荷载由加固后的总截面平均分担。

对于静定结构，若截面一部分进入塑性状态，应力最终会重分配，在承载力计算中，可以按新旧截面共截面共同工作原则进行设计计算；在动荷载作用下，塑性区难以形成，可不考虑应力重分布问题，计算时将加固前后的情况分别进行计算，然后求其总和。

加固后实腹式轴心受压柱（轴心受压构件）验算包括：强度验算（若截面削弱不严重可不验算）、整体稳定性验算和局部稳定性验算；加固后格构式轴心受压柱（轴心受压构件）验算包括：强度验算（截面削弱不严重可不验算）、整体稳定性验算、单肢稳定性验算和缀材验算。

加固后实腹式偏心受压柱（压弯构件）验算包括：强度验算、弯矩作用平面外（内）整体稳定性和局部稳定性验算；加固后格构式偏心受压柱（压弯构件）验算包括：强度验算、弯矩作用平面外（内）整体稳定性验算、单肢稳定性验算和缀材验算。

加大构件截面加固计算方法的一般要求如下：

（1）在完全卸荷状态下加固钢结构构件时，加固后构件承载能力按照《钢结构设计标准》GB 50017—2017 的相关规定进行计算；在负荷状态下加固钢结构构件时，加固后构件承载能力应根据原构件的受力状态分别进行计算，其钢材强度设计值应乘以折减系数，对轴心受力的实腹构件，取 0.84；对偏心受力和受弯构件及格构构件，取 0.9。

（2）对于承受静力荷载或间接承受动力荷载的钢结构构件，可根据原有构件和加固构件之间的内力重分布原则，按加固后的截面进行承载力计算；加固后构件的稳定性计算，可按加固后的截面取用稳定系数，同时考虑加固折减系数。

（3）对于承受动力荷载的钢结构构件，应按照加固前后两个阶段构件的承载力进行加固计算，可不考虑加固折减系数；稳定计算时分别按加固前和加固后的截面取用稳定系数。

（4）加固构件受力分析的计算简图应反映结构实际条件，考虑损伤及加固引起的不利变形、加固期间和加固后作用在结构上的荷载及其不利组合；对于超静定结构，还应考虑因截面加大，构件刚度改变使体系内力重分布的可能，必要时应分阶段进行受力分析。

（5）负荷下焊接加固结构，其加固时的最大名义应力 $\sigma_{0\max}$ 应按标准划分的结构类别予以限制：对于Ⅰ、Ⅱ类结构分别为 $|\sigma_{0\max}|\leqslant 0.2f_y$ 和 $|\sigma_{0\max}|\leqslant 0.4f_y$；对于Ⅲ、Ⅳ类结构为 $|\sigma_{0\max}|\leqslant 0.55f_y$。一般情况下，对于受轴心压（拉）力和弯矩的构件，其 $\sigma_{0\max}$ 可按下式确定：

$$\sigma_{0\max}=\frac{N_0}{A_{0n}}\pm\frac{M_{0x}+N_0\omega_{0x}}{\alpha_{Nx}W_{0nx}}\pm\frac{M_{0y}+N_0\omega_{0y}}{\alpha_{Ny}W_{0ny}} \quad (7.2.1)$$

式中 N_0、M_{0x}、M_{0y}——分别为原构件的轴力、对 x 轴和 y 轴的弯矩；

A_{0n}、W_{0nx}、W_{0ny}——分别为原构件的净截面面积、对 x 轴和 y 轴的净截面抵抗矩；

α_{Nx}、α_{Ny}——弯矩增大系数，拉弯构件均取 1.0。对压弯构件，α_{Nx}、α_{Ny} 分别按下列公式计算：

$$\alpha_{Nx}=1.0-\frac{N_0\lambda_x^2}{\pi^2EA_0},\alpha_{Ny}=1.0-\frac{N_0\lambda_y^2}{\pi^2EA_0} \quad (7.2.2)$$

A_0、λ_x、λ_y——分别为原构件的毛截面面积、对 x 轴和 y 轴的长细比；

ω_{0x}、ω_{0y}——分别为原构件对 x 轴和 y 轴的初始挠度，其值取实测值与按下式计算的等效偏心距 e_{0x}（或 e_{0y}）之和。

$$e_{0x}=\frac{M_{0nx}(N_{0y}-N_0)(N_{0Ex}-N_0)}{N_0N_{0y}N_{0Ex}},e_{0y}=\frac{M_{0ny}(N_{0y}-N_0)(N_{0Ey}-N_0)}{N_0N_{0y}N_{0Ey}} \quad (7.2.3)$$

式中，N_0 为原构件轴力，N_{0y}、N_{0Ex}、N_{0Ey}、M_{0nx} 和 M_{0ny} 分别用以下公式计算：

$$N_{0y}=A_0\cdot f_y \quad (7.2.4)$$

$$N_{0Ex}=\frac{\pi^2EA_0}{\lambda_x} \quad (7.2.5)$$

$$N_{0Ey}=\frac{\pi^2EA_0}{\lambda_y} \quad (7.2.6)$$

$$M_{0nx}=W_{0nx}\cdot f_y \quad (7.2.7)$$

$$M_{0ny}=W_{0ny}\cdot f_y \quad (7.2.8)$$

根据受力特点，加固构件计算分为受弯构件、轴心受力构件、拉（压）弯构件和构件稳定性等加固计算。

（1）受弯构件的加固

1）在主平面内的加固受弯构件，按下式计算其抗弯强度：

$$\frac{M_x}{\gamma_x W_{nx}}+\frac{M_y}{\gamma_y W_{ny}}\leqslant\eta_m f \tag{7.2.9}$$

式中 M_x、M_y——分别为绕加固后截面形心轴 x 轴和 y 轴的加固前弯矩与加固后增加的弯矩之和；

W_{nx}、W_{ny}——分别为对加固后截面 x 轴和 y 轴的净截面抵抗矩；

γ_x、γ_y——截面塑性发展系数，对Ⅰ、Ⅱ类结构，取 1.0；对Ⅲ、Ⅳ类结构根据截面形状按《钢结构设计标准》GB 50017—2017 确定；

η_m——受弯构件加固强度折减系数，对Ⅰ、Ⅱ类焊接结构取 0.85；对其他结构取 0.9。

2）加固后钢结构构件的总挠度 ω_T 一般按式（7.2.10）计算，总挠度值不应超过《钢结构设计标准》GB 50017—2017 规定的限值。

$$\omega_T=\omega_0+\omega_w+\Delta\omega \tag{7.2.10}$$

式中 ω_0——初始挠度，由加固前截面特性确定；

ω_w——焊接加固时的焊接残余挠度；

$\Delta\omega$——挠度增量，按加固后增加的荷载标准值和已加固截面特性计算确定。

3）焊接残余挠度 ω_w 由式（7.2.11）确定：

$$\omega_w=\frac{\delta h_f^2 L_s(2L_0-L_s)}{200I_0}\sum_{i=1}^{m}\xi_i\psi_i y_i \tag{7.2.11}$$

式中 δ——考虑加固构件间断焊缝连续性的系数，当为连续焊缝时，取 1.0；当为间断焊缝时，取加固焊缝实际施焊段长度与延续长度之比；

h_f——焊脚尺寸；

L_s——加固构件焊缝延续的总长度；

L_0——受弯构件在弯曲平面内的计算长度，简支单跨梁时取梁的跨度；

I_0——原构件截面的惯性矩；

y_i——第 i 条加固焊缝至构件截面形心的距离；

ξ_i——与加固焊缝处结构应力水平 σ_{0i} 有关的系数，按表 7.2.2 取值；

ψ_i——系数，结构构件受拉区和受压区均有加固焊缝时，取 1.0；仅受拉区或受压区有加固焊缝时，取 0.8；计算稳定性时，取 0.7。

与加固焊缝处结构应力 σ_{0i} 有关的系数 ξ_i **表 7.2.2**

σ_0/f_y	0.1	0.2	0.3	0.4	0.5	0.6	0.7
ξ_i	1.25	1.50	1.75	2.00	2.50	3.00	3.50

（2）轴心受力和拉（压）弯构件的加固计算

1）对于轴心受拉（压）构件宜采用对称的或不改变形心位置的加固截面形式，其强度按式（7.2.12）计算：

$$\frac{N}{A_n}\leqslant\eta_n f,\eta_n=0.85-\frac{0.23\sigma_0}{f_y} \tag{7.2.12}$$

式中 N——加固前和加固后构件所受的总轴力；

A_n——加固后构件净截面面积；

f——截面中最低强度级别钢材的抗拉或抗压强度设计值；

σ_0——构件未加固的名义应力；

η_n——焊接加固轴心受力加固构件的强度降低系数，对非焊接加固的轴心受力或焊接加固的轴心受拉Ⅰ、Ⅱ类构件，η_n 取值0.85，对Ⅲ、Ⅳ类构件，η_n 取值0.9。

2）对于拉（压）弯构件应根据原构件的截面特性、受力性质和初始几何变形状况等条件综合考虑选择适当的加固截面形式，其截面强度应符合下式的规定：

$$\frac{N}{A_n} \pm \frac{M_x + N\omega_{Tx}}{\gamma_x W_{nx}} \pm \frac{M_y + N\omega_{Ty}}{\gamma_y W_{ny}} \leqslant \eta_{EM} f \tag{7.2.13}$$

式中 N、M_x、M_y——分别为加固后构件承受的轴力及绕 x 轴和 y 轴的弯矩；

A_n、W_{nx}、W_{ny}——分别为计算截面净截面面积、对 x 轴和 y 轴的净截面抵抗矩；

ω_{Tx}、ω_{Ty}——分别为构件对 x 轴和 y 轴的挠度；

γ_x、γ_y——塑性发展系数，对Ⅰ、Ⅱ类结构构件，取1.0；对Ⅲ、Ⅳ类结构构件，按《钢结构设计标准》GB 50017—2017 中的规定采用；

η_{EM}——拉（压）弯加固构件的强度降低系数，对Ⅰ、Ⅱ类结构构件，取0.85；对Ⅲ、Ⅳ类结构构件，取0.9。当 $N/A_n \geqslant 0.55f_y$ 时，取 $\eta_{EM}=\eta_n$，η_n 按式（7.2.12）计算。

3）对于无初弯曲和损伤的实腹式受压构件，且加固后加固截面对称或形心位置不改变时，其整体稳定性按下式计算：

$$\frac{N}{\varphi_A} \leqslant \eta_n f^* \tag{7.2.14}$$

式中 N——加固时和加固后构件所受的总轴力；

φ_A——轴心受压构件稳定系数；

η_n——轴心受力加固构件强度降低系数；

f^*——钢材换算强度设计值。

4）加固实腹式压弯构件，弯矩作用在对称平面内的稳定性，应按下式验算：

$$\frac{N}{\varphi_x A} - \frac{\beta_{mx} M_x + N\omega_x}{\gamma_x W_{1x}\left(1 - \frac{0.8N}{N_{Ex}}\right)} \leqslant \eta_{EM} f^*, N_{Ex} = \frac{\pi^2 EA}{\lambda_x^2} \tag{7.2.15}$$

式中 N——计算构件段范围内轴心压力；

M_x——计算构件段范围内的最大弯矩；

φ_x——弯矩作用平面内轴心受力构件的稳定系数；

γ_x——截面塑性发展系数，对Ⅰ、Ⅱ类构件，取1.0；对Ⅲ、Ⅳ类构件，按《钢结构设计标准》GB 50017—2017 相关规定采用；

W_{1x}——弯矩作用平面内的毛截面抵抗矩；

η_{EM}——压弯加固构件的强度降低系数；

ω_x——构件对 x 轴的初始挠度 ω_{0x} 与焊接残余挠度 ω_{wx} 之和；

β_{mx}——等效弯矩系数；

f^*——钢材换算强度设计值；

N_{Ex}——欧拉临界力；

A——加固后构件的截面面积；

λ_x——加固后构件对截面 x 轴的长细比。

5）对于轧制或组合成的T形和槽形单轴对称截面，当弯矩作用在对称轴平面且使较大受压翼缘受压时，除应满足式（7.2.15）的要求外，还应按下式计算：

$$\frac{N}{A}-\frac{\beta_{mx}M_x+N\omega_x}{\gamma_x W_{2x}\left(1-\frac{1.25N}{N_{Ex}}\right)}\leqslant\eta_{EM}f^* \tag{7.2.16}$$

式中 W_{2x}——对较小翼缘或腹板边缘的毛截面抵抗矩。

弯矩作用平面外的稳定性验算按下式计算：

$$\frac{N}{\varphi_y A}+\frac{\beta_{tx}M_x+N\omega_x}{\varphi_0 W_{1x}}\leqslant\eta_{EM}f^* \tag{7.2.17}$$

式中 N——构件所受轴心压力；

φ_y——弯矩作用平面外的轴心受压构件稳定系数；

A——加固后构件的截面面积；

φ_0——均匀弯曲的受弯构件整体稳定系数；

M_x——计算构件段范围内的最大弯矩；

β_{tx}——等效弯矩系数；

ω_x——构件对 x 轴的初始挠度 ω_{0x} 与焊接残余挠度 ω_{wx} 之和。

6）对于双轴对称加固实腹式工字形和箱形截面压弯构件，弯矩作用在两个主平面内的稳定性应按下列各式验算：

$$\frac{N}{\varphi_x A}+\frac{\beta_{mx}M_x+N\omega_x}{\gamma_x W_{1x}\left(1-\frac{0.8N}{N_{Ex}}\right)}+\frac{\beta_{ty}M_x+N\omega_y}{\varphi_{by}W_{1y}}\leqslant\eta_{EM}f^* \tag{7.2.18}$$

$$\frac{N}{\varphi_y A}+\frac{\beta_{my}M_y+N\omega_y}{\gamma_y W_{1y}\left(1-\frac{0.8N}{N_{Ey}}\right)}+\frac{\beta_{tx}M_y+N\omega_x}{\varphi_{bx}W_{1x}}\leqslant\eta_{EM}f^* \tag{7.2.19}$$

式中 φ_x、φ_y——分别为加固后构件对强轴和弱轴的轴心受压构件稳定系数；

φ_{bx}、φ_{by}——受弯构件整体稳定系数，对箱形截面，均取1.4；对工字形截面，取 $\varphi_{by}=1.0$，φ_{bx} 可按《钢结构设计标准》GB 50017—2017 规定计算；

M_x、M_y——分别为加固后所计算构件段范围内对强轴和弱轴的最大弯矩；

N_{Ex}、N_{Ey}——分别为构件对 x 轴和 y 轴的欧拉临界力；

ω_x——构件对 x 轴的初始挠度 ω_{0x} 与焊接残余挠度 ω_{wx} 之和；

ω_y——构件对 y 轴的初始挠度 ω_{0y} 与焊接残余挠度 ω_{wy} 之和；

W_{1x}、W_{1y}——分别为加固后构件对强轴和弱轴的毛截面抵抗矩；

β_{mx}、β_{my}、β_{tx}、β_{ty}——等效弯矩系数；

f^*——钢材换算强度设计值。

7）加固构件整体稳定性计算时，钢材换算强度设计值可按下式计算：

$$f^{*}=\begin{cases} f_0 & (f_0\leqslant f_s\leqslant 1.15f_0) \\ \sqrt{\dfrac{(A_s f_s+A_0 f_0)(I_s f_s+I_0 f_0)}{(A_s+A_0)(I_s+I_0)}} & (f_s\leqslant 1.15f_0) \end{cases} \tag{7.2.20}$$

式中 f_0、f_s——分别为构件原来用钢材和加固用钢材的强度设计值；

A_0、A_s——分别为加固构件原有截面和加固截面的面积；

I_0、I_s——分别为加固构件原有截面和加固截面对加固后截面形心主轴的惯性矩。

8）加固格构式压弯构件稳定性验算

加固格构式轴心受压构件，当无初始弯曲且对称加固截面时，可按轴心受力的计算方法确定其强度和稳定性，但对虚轴的长细比应按《钢结构设计标准》GB 50017—2017 的换算长细比计算。

当构件有初始弯曲损伤或非对称加固截面引起的附加偏心时，应根据损伤和附加偏心的实际情况，考虑为加固格构式压弯构件，并计算其稳定性。

弯矩作用在两个主平面及有双向初始弯曲和附加偏心（ω_x，ω_y）的加固双肢格构式压弯构件，按整体稳定性计算如下：

$$\frac{N}{\varphi_x A}+\frac{\beta_{mx}M_x+N\omega_x}{\gamma_x W_{1x}\left(1-\dfrac{\varphi_x N}{N_{Ex}}\right)}+\frac{\beta_{ty}M_x+N\omega_y}{W_{1y}}\leqslant\eta_{EM}f^{*} \tag{7.2.21}$$

式中 φ_x——轴心受压稳定系数（按换算长细比确定）；

N_{Ex}——欧拉临界力。

按分肢稳定性的计算方法为：在 N 和 M_y 的作用下，将分肢作为桁架弦杆计算其轴心力，M_y 的计算如下：

分肢 1：

$$M_{y1}=\frac{I_1/y_1}{I_1/y_1+I_2/y_2}M_y \tag{7.2.22}$$

分肢 2：

$$M_{y2}=\frac{I_2/y_2}{I_1/y_1+I_2/y_2}M_y \tag{7.2.23}$$

式中 I_1、I_2——分别为分肢 1、分肢 2 对 y 轴的惯性矩；

y_1、y_2——分别为 M_y 作用的主轴平面至分肢 1、分肢 2 轴线的距离。

对实腹式轴心受压、压弯构件和格构式构件单肢的板件应按《钢结构设计标准》GB 50017—2017 有关规定验算局部稳定性。

7.3 连接加固与加固件连接

钢结构加固连接方法，即焊缝、铆钉、普通螺栓和高强度螺栓连接方法的选择，应根据结构加固的原因、目的、受力状态、构造及施工条件，并考虑结构原有的连接方法确定。在同一受力部位连接的加固中，不宜采用刚度相差较大的，如焊缝与铆钉或普通螺栓共同受力的混合连接方法，但仅考虑其中刚度较大的连接（如焊缝）承受全部作用力时除外，如有根据可采用焊缝和摩擦型高强度螺栓共同受力的混合连接。

加固连接所用材料应与结构钢材和原有连接材料的性质匹配，其技术指标和强度设计值应符合《钢结构设计标准》GB 50017—2017 中的规定。

负荷下连接的加固，尤其是因采用端焊缝或螺栓的加固而需要折除原有连接和扩大、增加钉孔时，必须采取合理的施工工艺和安全措施，并作核算以保证结构（包括连接）在加固负荷下具有足够的承载力。

7.3.1 构造与施工要求

焊缝连接加固时，新增焊缝应尽可能地布置在应力集中最小、远离原构件的变截面以及缺口、加劲肋的截面处；应该力求焊缝对称于作用力，并避免交叉；新增的对接焊缝与原构件加劲肋、角焊缝、变截面等之间的距离不宜小于 100mm；各焊缝之间的距离不应小于被加固板件厚度的 4.5 倍。

用盖板加固受有动力荷载作用的构件时，盖板端应采用平缓过渡的构造措施，尽可能地减少应力集中和焊接残余应力。

摩擦型高强度螺栓连接的板件连接接触面处理应按设计要求和《钢结构设计标准》GB 50017—2017 及《钢结构工程施工规范》GB 50755—2012 的规定进行，当不能满足要求时，应征得设计同意，进行摩擦面的抗滑移系数试验，以便确定是否修改加固连接的设计计算。

结构的焊接加固，必须由高焊接技术级别的焊工施焊；施焊镇静钢板的厚度不大于 30mm 时，环境空气温度不应低于−15℃，当厚度超过 30mm 时，温度不应低于 0℃，当施焊沸腾钢板时，温度应高于 5℃。

7.3.2 焊缝连接的加固

负荷下用焊缝加固结构时，应尽量避免采用垂直于受力方向的横向焊缝，否则应采取专门的技术措施和施焊工艺，以确保结构施工时的安全。

负荷下用增加非横向焊缝长度的办法加固焊缝连接时，原有焊缝中的应力不得超过该焊缝的强度设计值，加固处及其邻区段结构的最大初始名义应力 σ_{0x} 不得超过规范规定。焊缝施焊时采用的焊条直径不大于 4mm；焊接电流不超过 220A；每条焊道的焊脚尺寸不大于 4mm；前一焊道温度冷却至 100℃以下后，方可施焊下一焊道；对于长度小于 200mm 的焊缝增加长度时，首焊道应从原焊缝端点以外至少 20mm 处开始补焊，加固前后焊缝可考虑共同受力，按规范规定进行强度计算。

负荷下用堆焊增加角焊缝有效厚度的办法加固焊缝连接时，应按下式计算和限制焊缝应力：

$$\sqrt{\sigma_f^2+\tau_f^2}\leqslant\eta_f f_f^w \tag{7.3.1}$$

式中 σ_f、τ_f——分别为角焊缝有效面积（$h_e l_w$）计算的垂直于焊缝长度方向的应力和沿焊缝长度方向的剪应力；

η_f——焊缝强度影响系数，可按表 7.3.1 采用。

焊缝强度影响系数 η_f **表 7.3.1**

加固焊缝总长(mm)	600	300	200	100	50	30
η_f	1.0	0.9	0.8	0.65	0.25	0

加固后直角角焊缝的强度按下列公式计算，并可考虑新增和原有焊缝的共同受力作用：

当力垂直于焊缝长度方向时：

$$\sigma_f=\frac{N}{h_e l_w}\leqslant f_f^w \tag{7.3.2}$$

当力平行于焊缝长度方向时：

$$\tau_f=\frac{V}{h_e l_w}\leqslant 0.85 f_f^w \tag{7.3.3}$$

在各种力综合作用时：

$$\sqrt{\sigma_t^2+\tau_t^2}=0.95 f_f^w \tag{7.3.4}$$

式中 σ_f——按角焊缝有效截面计算，垂直于焊缝长度方向的应力；

τ_f——按角焊缝有效截面计算，沿焊缝长度方向的剪应力；

h_e——角焊缝的有效厚度，对于直角角焊缝等于 $0.7h_f$，h_f 为较小焊脚尺寸；

l_w——角焊缝的计算长度，等于焊缝实际长度减去 10mm；

f_f^w——角焊缝的强度设计值，根据加固结构原有和加固用钢材强度较低的钢材来确定。

7.3.3 螺栓和铆钉连接的加固

螺栓或铆钉需要更换或新增加固其连接时，应首先考虑采用适宜直径的高强度螺栓连接。在负荷下进行结构加固，需要拆除结构原有受力螺栓、铆钉或增加、扩大钉孔时，除应设计计算结构原有和加固连接件的承载能力外，还必须校核板件的净截面面积的强度。

当用摩擦型高强度螺栓部分地更换结构连接的铆钉，从而组成高强度螺栓和铆钉的混合连接时，应考虑原有铆钉连接的受力状况，为保证连接受力的匀称，宜将缺损铆钉和与其相对应布置的非缺损铆钉一并更换。

当用高强度螺栓更换有缺损的铆钉或螺栓时，可选用直径比原钉孔小 1～3mm 的高强度螺栓，但其承载力必须满足加固设计计算的要求。

用摩擦型高强度螺栓加固铆钉连接的混合，可考虑两种连接的共同受力工作，但高强度螺栓的承载力设计值可按《钢结构设计标准》GB 50017—2017 的有关规定计算确定。

用焊缝连接加固螺栓或铆钉连接时，应按焊缝承受全部作用力计算其连接，不考虑焊缝与原有连接件的共同工作，且不宜拆除原有连接件。

7.3.4 加固件的连接

为加固结构而增设的板件（加固件），除须有足够的设计承载能力和刚度外，还必须与被加固结构有可靠的连接以保证两者良好的共同工作。

加固件与被加固结构间的连接，应根据设计受力要求经计算并考虑构造和施工条件确定。对于轴心受力构件，可根据式（7.3.5）计算；对于受弯构件，应根据可能的最大设计剪力计算；对于压弯构件，可根据以上两者中的较大值计算。

当仅用增设中间支承构件（点）来减少受压构件自由长度加固时，支承杆件（点）与加固构件间连接受力，可按式（7.3.5）计算：

$$V=\frac{A_{t}f}{50}\sqrt{f_{y}/235} \tag{7.3.5}$$

式中 A_t——构件加固后的总截面面积；

f——构件钢材强度设计值，当加固件与被加固构件钢材强度不同时，取较高钢材强度的值；

f_y——钢材的屈服强度，当加固件与被加固件钢材强度不同时，取较高钢材强度的值。

加固件的焊缝、螺栓、铆钉等连接的计算可按《钢结构设计标准》GB 50017—2017的规定进行，但计算时，对角焊缝强度设计值应乘以0.85，其他强度设计值或承载力设计值应乘以0.95的折减系数。

7.4 裂纹的修复与加固

7.4.1 一般规定

结构因荷载反复作用及材料选择、构造、制造、施工安装不当等产生具有扩展性或脆断倾向性裂纹损伤时，应设法修复。在修复前，必须分析产生裂纹的原因及其影响的严重性，有针对性地采取改善结构实际工作或进行加固的措施，对不宜采用修复加固的构件，应拆除更换。在对裂纹构件修复加固设计时，应按《钢结构设计标准》GB 50017—2017规定进行疲劳验算，必要时应专门研究，进行抗脆断计算。

为提高结构的抗脆性断裂和疲劳破坏的性能，在结构加固的构造设计和制造工艺方面应遵循下列原则：降低应力集中程度，避免和减少各类加工缺陷，选择不产生较大残余拉应力的制作工艺和构造形式，以及采用厚度小的轧制板件等。

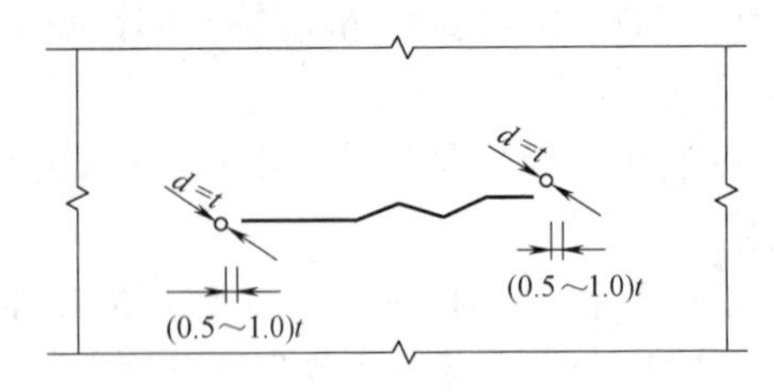

图7.4.1 裂纹两端钻止裂孔

在结构构件上发现裂纹时，作为临时应急措施之一，可于板件裂纹端外（0.5～1.0）t（t为板件厚）处钻孔（图7.4.1），以防止其进一步急剧扩展，并及时根据裂纹性质及扩展倾向采取修复加固措施。

7.4.2 修复裂纹的方法

1. *焊接方法*

修复裂纹时应优先采用焊接方法，一般按下述顺序进行：

（1）清洗裂纹两边80mm以上范围内板面油污至露出洁净的金属面；

（2）用碳弧气刨、风铲或砂轮将裂纹边缘加工出坡口，直达纹端的钻孔，坡口的形式应根据板厚和施工条件按现行标准的要求选用；

（3）将裂纹两侧及端部金属预热至100～150℃，并在焊接过程中保持此温度；

（4）用与钢材相匹配的低氢型焊条或超低氢型焊条施焊；

（5）尽可能用小直径焊条以分段分层逆向施焊，焊接顺序参见规范，每一焊道焊完后即进行锤击；

（6）按设计要求检查焊缝质量；

（7）对承受动力荷载的构件，堵焊后其表面应磨光，使之与原构件表面齐平，磨削痕迹线应大体与裂纹切线方向垂直；

（8）对重要结构或厚板构件，堵焊后应立即进行退火处理。

2. 嵌板修补

对网状、分叉裂纹区和有破裂、过烧或烧穿等缺陷的梁、柱腹板部位，宜采用嵌板修补，修补顺序为：

（1）检查确定缺陷的范围；

（2）将缺陷部位切除，宜切带圆角的矩形孔，切除部分的尺寸均应比缺陷范围的尺寸大100mm；

（3）用等厚度同材质的嵌板嵌入切除部位，嵌入板的长宽边缘与切除孔间二条边应留有2～4mm的间隙，并将其边缘加工成对接焊缝要求的坡口形式；

（4）嵌板定位后，将孔口四角区域预热至100～150℃，并按规定顺序采用分段分层逆向焊法施焊；

（5）检查焊缝质量，打磨焊缝余高，使之与原构件表面齐平。

3. 其他方法

用附加盖板修补裂纹时，一般宜采用双层盖板，此时裂纹两端仍须钻孔。当盖板用焊接连接时，应设法将加固盖板压紧，其厚度与原板等厚，焊脚尺寸等于板厚，当用摩擦型高强度螺栓连接时，在裂纹的每侧用双排螺栓，盖板宽度以能布置螺栓为宜，盖板长度每边应超出纹端150mm。当吊车梁腹板上部出现裂纹时，应检查和先采取必要措施如调整轨道偏心等，再按焊接法修补裂纹，此外尚应根据裂纹的严重程度和吊车工作制类别分别参照《钢结构加固技术规范》CECS 77：96中的规定进行加固。

7.5 钢结构加固其他技术

7.5.1 粘贴钢板加固法

粘贴钢板加固法又称粘钢加固技术，其流程是在钢结构表面用特制的建筑结构胶粘贴加固钢板，使之黏结形成整体，共同承载，提高结构的稳固能力。该技术具有无明火、作业面小、不影响结构外形等一系列优点，但是由于加固件与被加固件连接界面的受力复杂，容易在各种因素的作用下发生开裂，而且加固效果过于依赖结构胶层的作用发挥情况，此方法在工程界受到一定程度的质疑。因此当前研究发展的方向，主要还在于如何提高胶粘剂的黏性和稳定性，确保其在实际工程应用中的安全。

7.5.2 粘贴碳纤维复合材加固法

传统的钢结构加固技术已被广泛地运用到工程领域中，实践证明，这些方法是非常有效的。纤维增强复合材料的优点主要是抗疲劳性和耐腐蚀性好、现场可操作性强、施工周期短、保护原结构等，因其优异的物理、力学性能，目前已广泛用于混凝土结构和砌体结构的加固。国外的研究主要集中于受弯构件承载性能及疲劳加固方面；而国内则侧重于受弯构件和受拉构件黏结加固的试验研究，结合粘贴面的受力机制，得到了碳纤维布拉伸应变、黏结剪应力和有效黏结长度的计算公式，为粘贴纤维增强复合材料加固方法提供了理论支持。

碳纤维增强复合材料（CFRP）已广泛用于混凝土结构中，对 CFRP 加固钢结构的研究和应用则处于起步阶段，主要集中在受弯构件的加固、受拉（压）构件的加固、疲劳加固、胶粘剂及其受力分析的研究、预应力加固钢结构技术的研究。

1. 受弯构件的加固

国内外关于 CFRP 加固钢结构的试验研究大部分集中在受弯构件上，主要分为无损伤缺陷钢梁的加固和损伤钢梁的加固。

(1) 无损伤缺陷钢梁的加固

FRP 加固钢梁的试验研究始于 20 世纪 90 年代中期，美国对无损伤缺陷的工字型钢梁进行了研究。国内外许多学者开展了对各种类型钢梁加固的研究，主要包括工字形截面钢梁、矩形截面钢梁、钢板梁、钢-混凝土组合梁。

(2) 损伤钢梁的加固

存在损伤缺陷的钢梁用高模量的 CFRP 板加固后，刚度基本能恢复到未损伤情况下钢梁刚度的 90%以上，极限承载力的提高随着加固量和损伤大小而不同，粘贴 CFRP 加固修复损伤钢结构不仅能恢复其损失的刚度、承载能力和改善其疲劳性能，还能对钢结构形成保护，起到加固和防腐的双重效果。

2. 受拉（压）构件的加固

西安建筑科技大学的彭福明等用能量法得到了 CFRP 加固轴心受压钢管的弹性屈曲荷载，并与有限元计算结果进行了对比，结果表明纵向粘贴 CFRP 对提高钢结构轴心受压构件的弹性屈曲荷载比较明显，并提出可以用来预测钢结构轴心受压构件的弹性屈曲荷载的理论计算公式。

7.5.3 组合加固法

组合加固法是利用组合结构加固混凝土的原理，采用内填混凝土和外包混凝土的方式对钢结构进行加固。内填混凝土加固法主要用于加固钢管构件，使结构负载尽可能地卸除。但是在大多数情况下，由于初应力水平对结构构件承载力的影响，初始荷载难以卸除，也导致了外包混凝土在进行加固时，原构件所承受的荷载水平出现应力滞后的现象。为便于设计人员在加固中使用组合加固法，可以采用强度折减系数的概念，基于已有的研究成果，建立强度折减系数与初应力水平的量化关系，从而对加固后截面的承载能力进行折减。

7.5.4 预应力加固法

钢结构预应力加固的原理是利用预应力钢绞线对钢结构整体或构件进行加固，其本质是通过施加预应力降低原钢结构应力水平，从而改变原钢结构中的内力分布。对钢结构施加预应力进行加固主要适用于较大跨度及采用一般方法无法加固或加固效果不理想的较高应力、应变状态下的大型钢结构加固工程，可以达到加固原有钢结构，改变原结构刚度与内力的效果。该方法施工方便、成本低廉、预应力束可以单独防腐或是更换。预应力加固法在施工过程中的一些关键问题，比如预应力筋拉张程度、典型钢结构构件和节点中的锚固方式等，是我国科研人员实验研究的重点。

思 考 题

1. 根据钢结构加固构件的类型，钢结构加固方法可分为哪几种？

2. 根据是否改变构件截面，钢结构加固方法分为哪两种？根据施工方法，钢结构加固方法有哪些？

3. 负荷加固法和卸荷加固法的适用范围各是什么？

4. 梁式结构的加固方法是什么？

5. 什么是改变结构计算图形加固法？举例说明采用该方法进行钢柱、钢梁、屋盖及桁架的加固。

6. 加大构件截面加固法的特点是什么？采用该方法时，对构造和施工的要求是什么？

7. 钢梁加大截面加固的形式有哪些？相应的截面加固形式的适用范围是什么？

8. 轴心受力构件、受弯构件和拉（压）弯件加大截面加固的计算方法是什么？

9. 全面加固法是指对整体结构进行加固的方法，分为不改变结构静力计算图形加固法和改变结构静力计算图形加固法，它们各自的优缺点是什么？

10. 连接加固法的特点及一般规定是什么？

11. 钢结构加固中，连接加固与加固件连接分别加固什么？

12. 对钢结构连接部分加固时，当负荷下进行结构加固，需要拆除结构原有受力螺栓、铆钉或增加、扩大钉孔时，应计算哪几项？

13. 在连接处，分别在什么情况下采用焊接连接加固和螺栓连接加固？

14. 粘贴钢板和粘贴纤维增强复合材料的加固方法的优点分别是什么？

15. 在对钢结构进行加固时，应注意哪些方面？

第 8 章　建筑结构的改造

改革开放以来，我国进行了大规模的工程建设，这些耗费巨资和人力、物力建成的各类既有建（构）筑物，是我国宝贵的社会财富。目前，我国既有建筑面积超 500 亿 m^2，随着社会和经济的高速发展，这些既有建筑物在一定程度上不能满足当前的使用功能和标准，但由于我国人口众多，人均住房面积较低以及受资金、资源和时间等因素的限制，有效地保护和改造各类既有房屋有着重大的经济效益和社会效益。既有建筑物改造作为旧城改造的重要组成部分，它涉及各种资源的科学再利用，特别是土地资源的效益再生。我国建筑业已进入新建与改造加固并重的阶段。

既有建筑物的改造是指在保留原房屋主体结构的前提下，改变与调整结构平面布置，增层、变更或增添房屋构件、部件，更新或增添内部设施等，以提高房屋使用功能和标准，使其受力性能和使用功能接近甚至超过新建的同类房屋，在提高结构安全性和抗震性能的同时延长其使用年限，达到已有建筑资源再利用的目的。建筑物的改造包括的内容广泛，如增层、移位、纠倾、托换、加装电梯等，本章节仅对以上内容进行阐述。

8.1　既有建筑增层改造

8.1.1　概述

1. 增层改造的发展

对既有建筑进行增层改造始于 20 世纪 50 年代，但大规模的增层改造工程，则始于 20 世纪 80 年代。刚进入改革开放的我国，百废待兴，亟需开展大规模的工程建设，但资金短缺，各类生产、公用、居住房屋严重不足。在这种形势下，各地首先由有条件的低层多层房屋开始，进行改扩建和增层改造工程，这些改造工程规模较小，但经增层改造后的建筑扩大了房屋的使用面积，以较少的资金投入，取得了立竿见影的显著成效，缓解了各类用房的严重不足，延长了旧房的使用寿命，同时也提高了房屋的安全性。20 世纪 90 年代初，采用新建与旧房增层改造两个方法解决了我国各类用房严重不足的问题，旧房增层改造工程得到了迅猛发展。

我国建筑物增层改造理论的发展可以追溯到 1996 年中国工程建设标准化协会颁布的《砖混结构房屋加层技术规范》CECS 78：96。此后，一系列的标准规范出台，1997 年铁道部颁布了《铁路房屋增层和纠偏技术规范》TB10114—97。2008 年中国工程建设标准化协会又颁布了《建筑物移位纠倾增层改造技术规范》CECS 225：2007，这些技术标准是我国在这一学科领域技术进步的结晶，是新技术成果的集中体现，是指导既有建筑物增层改造的技术法规，同时也是既有建筑物增层改造工程的质量保证。中国老教授协会土木建筑（含建筑物改造与病害处理）专业委员会主持召开了七次全国性的房屋增层改造交流会，为提高我建筑物增层改造技术水平做出了巨大的贡献。

多年来，我国对既有建筑的增层改造，由单栋房屋的小面积增层改造，发展到成片住宅区的增层或大面积建筑物的增层；由民用建筑的增层改造，发展到工业建筑的增层改造；由住宅房屋的增层改造，发展到大型商店和公共建筑的增层改造；由在砖混结构上直接增层，发展到采用外套框架增层及外扩结构增层；由对旧建筑进行增层改造，发展到对新建筑的增层改造。总之，对既有建筑进行增层改造的发展很快，数量众多，结构形式多样，工程繁简不一，增加的楼层高低各异，增层与改造紧密结合，出现了许多具有特色的增层改造工程。

2. 增层改造准备工作

在进行建筑物增层前，应根据建设单位的增层目标和建筑物本身的状况，在符合城市规划要求的前提下，进行综合技术分析及可行性论证。为了进行技术和经济方面的分析和论证，首先要收集有关既有建筑的原始资料，包括既有建筑各专业的图纸、结构设计计算书、地质勘察报告、竣工验收报告等方面的文件；还需对既有建筑的现状进行调查，并委托有资质的单位对结构安全性能进行检测和鉴定。有了这些资料之后，才能根据建筑物的功能要求、原建筑物的现状和潜力、抗震设防烈度、场地地质条件、检测鉴定结果和规划要求等因素进行既有建筑物的增层改造设计。

既有房屋增层的建筑设计，不同于新建工程的建筑设计，它受到众多因素的制约，以房屋增层之后的用途作为增层建筑设计的主要依据，在设计时既要顾及结构的安全，又要照顾立面造型的美观，并与原建筑及其周围环境相互协调，最大限度地满足规划市容和环境的要求。

在既有建筑进行增层之后，除了能够满足人们的日常所需之外，还要求有一定的抗震设防标准，尤其在高烈度地区，其计算和构造都必须要求满足现行国家抗震设计规范的有关要求，而对于建造年代久远的房屋，其抗震性能可能较差，同时房屋结构在经过多年使用后，其老化损坏的程度也可能较严重，增层后要达到现行国家抗震设计规范的要求，难度非常大。

3. 增层设计使用年限

设计使用年限是设计时选定的一个时期，在这一给定的时间内，房屋建筑只需进行正常的维护，而不需进行大修就能按预期的目的使用，完成预定的功能。结构在规定的设计使用年限内，应具有足够的可靠度，满足安全性、适用性和耐久性的要求。对大多数需增层的既有建筑来说，一般已使用多年，从“设计使用年限”方面来说，它不能与新建筑等同。也就是说，存在所谓“剩余设计使用年限”问题，因此增层后的建筑，其“设计使用年限”也不能与新建筑物等同，且其“设计使用年限”一般是从增层工程完工后起算。我们可将其称作“增层设计使用年限”。增层时应根据房屋的现状、使用要求、建造年代、检测鉴定结果等因素，与建设单位共同商定增层后房屋的设计使用年限，即“增层设计使用年限”。

8.1.2 增层改造结构体系

一个好的增层建筑，应同时具备“安全、适用、经济、美观”等基本要求，对于结构工程本身还应具备适当的安全度。因此，增层方案的选择是至关重要的，为了更好地选择增层工程的结构方案，《建筑物移位纠倾增层改造技术规范》CECS 225：2007 在总结多年来增层工程经验的基础上，列出了各种结构类型的增层方法，以供增层设计时选择。总的来说，从结构形式来看，增层可以分为直接增层、外套增层、室内增层和地下增层。

直接增层时，增层后新增荷载全部通过原结构传至原基础、地基。直接增层有不改变承重体系和改变承重体系两种结构增层形式。不改变承重体系指结构承重体系和平面布置均不改变，适用于原承重结构与地基基础的承载力和变形能满足增层的要求，或经加固处理后即可直接增层的既有建筑。所谓改变承重体系增层，一般指改变荷载传递的形式或途径。如原房屋的基础及承重体系不能满足增层要求，或由于房屋使用功能要求须改变建筑平面布置，相应须改变结构布置及荷载传递途经，采用增设部分墙体、柱子或经局部加固处理，以满足既有房屋的增层要求。

当既有建筑直接增层有困难时，可采用外套结构增层。外套结构增层是在既有建筑外增设外套结构，如框架、框架-剪力墙等，使增层的荷载通过外套结构传给基础的增层方法。当既有建筑的平面布置、使用功能有所改变，同时要求增层层数较多，原房屋在增层施工时又不能停止使用等情况时，选择外套结构增层是较为可行的方法。但须注意外套结构底层柱不宜过高；如条件允许，其横向每侧可采用双排柱到顶，或加剪力墙，或加筒体，以保证结构的稳定和抗震性能。

1. *直接增层*

目前，在既有建筑物上直接增层的工程很多，砌体结构、钢筋混凝土框架结构、内框架结构、钢筋混凝土剪力墙结构，均有许多直接增层的工程实例，本章仅对砌体结构的直接增层进行简要介绍。

20 世纪 50 年代开始的大规模建设中，砌体结构是主要的量大面广的结构体系，特别是住宅、办公楼、学校等建筑砌体结构，近 20 年来增层的既有房屋中，砌体结构占有相当大的比例。

砌体结构在直接增层时，当加层部分的建筑平面须改变，或原房屋承重墙体和基础的承载力与变形不能满足增层后的要求时，可增加新承重墙或柱，也可采用改变荷载传递路线的方法进行加层。例如，原房屋为横墙承重、纵墙自承重，则增层后可改为纵横墙同时承重。此时，墙或柱的承载能力应重新进行验算，并满足规范要求。当原房屋屋面板作为增层后的楼板使用时，应核算其承载能力，当跨度较大或板厚较小时，还应核算板的挠度和裂缝宽度。

在砌体结构上直接增层时，原房屋的女儿墙应拆除。在向上接楼梯时，原房屋顶层的楼梯梁配筋应重新核算。原房屋在设计计算时，顶层楼梯梁可能只考虑一侧有楼梯踏步板支于其上。

地震区砌体房屋在直接增层时须注意的问题为：增层后的多层砌体结构（包括底层框架-剪力墙上部砌体房屋和多层内框架房屋），其总高度和层数限值，必须满足抗震规范的要求。当原建筑的质量较差时，其总高度和层数限值宜适当降低。由于多层砌体结构属剪切型，一般可不作整体弯曲验算，为保证房屋的稳定性，其高宽比宜满足规范的要求。抗震规范规定，普通砖、多孔砖砌体承重房屋的层高不应超过 3.6m，底部框架-剪力墙房屋的底部和内框架房屋的层高不应超过 4.5m。因此，当层高超过规定时，不应直接增层；抗震横墙的间距应满足抗震规范的要求，否则应增设剪力墙；房屋中未落地的砌体墙，不能算作剪力墙；新加的抗震砌体墙应做基础。多层砌体结构的抗震验算，按《建筑抗震设计规范》GB 50011—2010 的规定进行，当墙体抗震强度不足时，应进行加固。

在多层砖房上直接加层时，经常遇到受既有多层砖房本身结构构件强度的制约，房屋只能在顶部加一层轻体建筑。此时，常采用轻钢结构作骨架、轻质高效保温材料作围护结构。多层砖房顶部增加一层轻型钢框架建筑物时，应注意：

1）建筑的立面处理，应使新旧部位互相协调，避免增层的痕迹。

2）当原砖房顶层的屋顶板变成增层后的楼板，该楼板应有较好的整体性。当原砖房顶层屋盖采用预制板时，应设置厚度不小于 50mm 的现浇叠合面层。现浇层中应配置直径 4～6mm、间距不大于 200mm 的钢筋网，并应在原屋顶圈梁上再增设截面尺寸不小于 240mm×240mm 的圈梁，上下圈梁间应有可靠连接使其成为整体。

3）圈梁与框架柱之间应有可靠的连接，屋面应有可靠的支撑系统。当梁柱节点为铰接时，则必须设置横向支撑和纵向支撑，以抵挡水平风荷载和地震作用。当顶层为大房间，结构采用门式刚架，框架柱与圈梁之间做成刚接有困难时，则可做成铰接。但框架柱顶部与梁之间必须是刚接，房屋的纵向须加支撑。须注意柱脚处的水平推力，一般可在楼板的现浇混凝土层中设通长拉筋。

4）抗震计算中，顶部轻钢结构可按突出屋面结构计算地震作用效应。当采用底部剪力法计算时，顶部的地震剪力应乘以不小于 3 的增大系数，此增大部分不往下传递。需要说明的是，这种计算方法仅适用于砖房顶部加一层轻钢结构的情况，对于其他结构形式不适用。例如，对于在钢筋混凝土框架结构上的加层，则应采用振型分解反应谱法，并应取得足够的振型个数，使顶部不遗漏高阶振型的影响。

2. 外套增层

外套增层即是在原建筑外设外套结构进行增层，增层荷载通过外套的结构构件直接传到基础和地基。

（1）外套增层特点

外套增层的荷载通过外套结构直接传至新设置的基础，再转至地基，且在施工期间不影响原建筑物的正常使用，即原建筑物内可不停产、不搬迁。外套增层结构横跨原建筑的大梁，一般跨度均较大，大梁多选用比较先进的结构形式，如预应力结构、钢-混组合结构、桁架结构、空腹桁架结构、钢结构等。这样，可减小大梁的断面，相应减小外套增层的层高和总高。

外套增层不受原建筑的限制和影响，因此，可选用各种新的建筑材料和采用新的、先进的结构形式。外套增层与原建筑完全分开时，两者的使用年限的差别得到解决，原建筑达到使用年限需拆除时，不影响外套增层建筑的继续使用。当外套增层结构与原建筑结构协同工作时，抗震计算较为复杂。目前，对这种结构形式的抗震性能的试验、研究还不够。应该注意的是：外套增层结构的刚度沿竖向的分布是不均匀的，特别是首层较高时，易形成“高鸡腿”结构，首层与二层刚度突变，对抗震非常不利，选择增层方案，进行设计，确定节点构造时，应高度重视。

（2）外套增层整体工程的结构体系

根据外套增层结构与原建筑结构的受力状况，外套增层结构可分为分离式结构体系和协同式受力体系。一般原建筑物为砌体结构时，则采用完全脱开的分离式结构体系。若原建筑物为混凝土结构时，也可采用协同式结构体系。《建筑物移位纠倾增层改造技术规范》CECS 225：2007 规定，应根据原有结构的特点、新增层数、抗震要求等因素，采用框架结构、框架-剪力墙结构或带筒体的框架-剪力墙结构等形式。原有结构特点指的是原有结构体系是砌体结构、框架结构等其他结构形式，结合建筑结构特点对原有建筑结构充分了解和论证，以此来确定采用何种受力体系进行外套增层。

分离式结构体系是原建筑结构与新外套增层结构完全脱开，独立承担各自的竖向荷载和水平荷载。对某些原建筑物层数不多、结构较薄弱（如砌体结构）的情况，可采用此种结构体系，增层部分结构为外套混凝土框架或框架-剪力墙结构。此时，外套结构“鸡腿”较短，结构竖向刚度均匀性较好，增加的层数可多些，原建筑物结构与新外套增层结构的使用年限不同的问题得到解决，如图 8.1.1 和图 8.1.2 所示。外套增层框架柱“鸡腿”计算长度，应按《建筑抗震设计规范》GB 50011—2010 的有关规定计算。

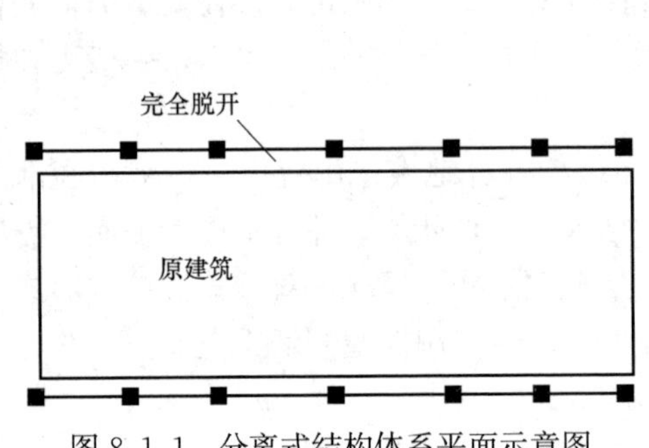

图 8.1.1　分离式结构体系平面示意图

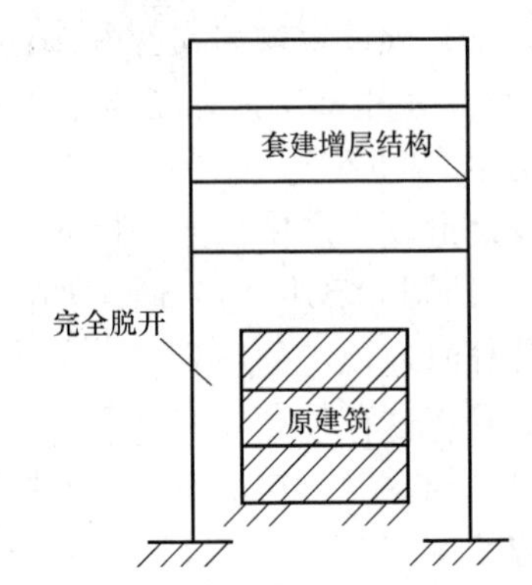

图 8.1.2　分离式结构体系剖面示意图

分离式结构体系外套结构可采用框架-剪力墙或带筒体的框架-剪力墙结构的增层结构形式。设有剪力墙或带筒体的剪力墙可有效地增加套建结构的刚度，提高结构抗侧力的能力。特别是采用调整各层剪力墙的数量或改变其尺寸的办法，使外套首层与其上各层的刚度不产生突变的情况，如图 8.1.3 及图 8.1.4 所示。

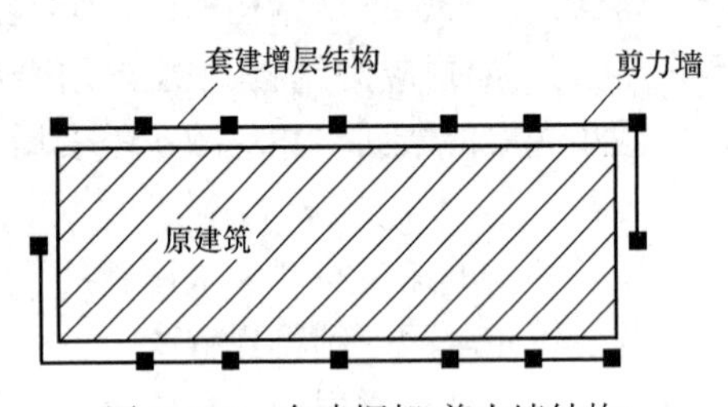

图 8.1.3　套建框架-剪力墙结构

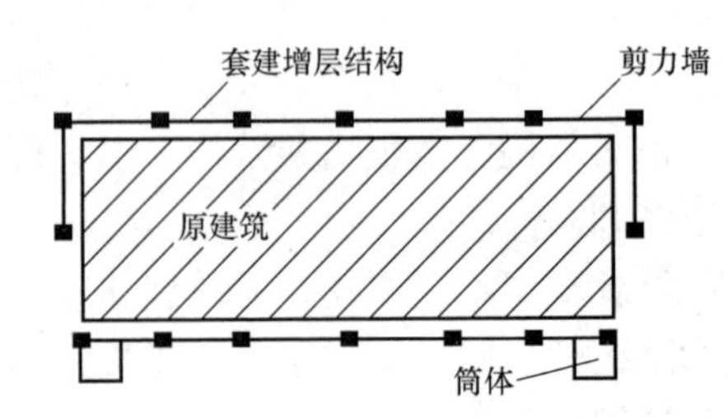

图 8.1.4　套建框架-带筒体剪力墙结构

协同式受力体系是指原建筑结构与新外套增层结构相互连接。根据连接节点的构造，可形成铰接和刚接。原建筑结构与新外套增层结构均为混凝土结构时，连接节点只传递水平力，不传递竖向力。即原建筑结构、新外套增层结构各自承担竖向荷载。在水平荷载作用下，两者协同工作，此连接为铰接。《既有建筑地基基础加固技术规范》JGJ 123—2012 规定，新老结构均为混凝土结构，新结构的竖向承重体系与老结构的竖向承重体系互相独立，新结构利用老结构的水平抗侧力刚度抵抗水平力。原建筑结构与新外套增层结构均为混凝土结构，连接节点既传递水平力，也传递竖向力，此连接为刚接，原建筑结构与新外套增层结构共同承担竖向荷载和水平荷载，组成了新的结构体系，如图 8.1.5 所示。

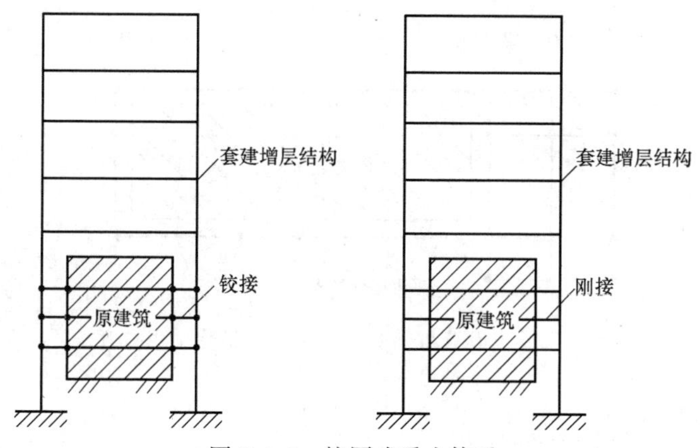

图 8.1.5　协同式受力体系

（3）工程中各种外套增层结构方案

随着我国建筑业的发展，建筑材料、施工技术、计算软件、抗震理论研究等方面都有了长足的进步和发展，为建筑物外套增层提供了技术条件。外套增层工程的设计理念、抗震计算、结构形式、节点构造等都有了较成熟的经验。近些年又有了较多的工程实践，使外套增层的结构方案得到了发展。

当原建筑物结构及基础与地基有一定潜力时，通过核算及地震区抗震整体计算，可选用外套增层与直接增层相结合的结构增层方式。根据具体情况，可采用在原建筑上直接增加一层或几层，其他所需增层部分采用外套增层结构形式，如图 8.1.6 所示。

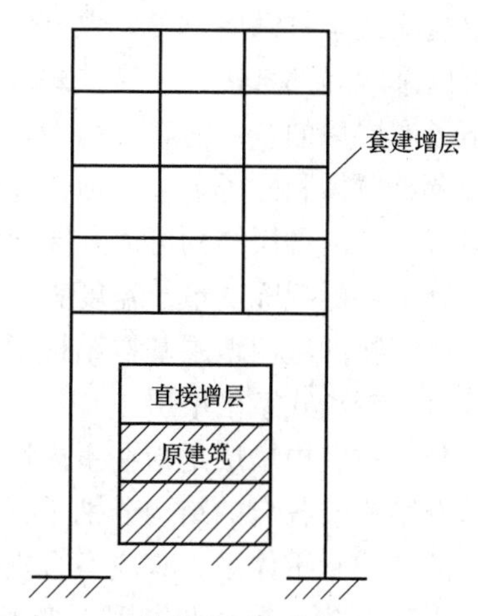

图 8.1.6　外套增层与直接增层相结合

外套增层与扩建工程相结合的结构形式在进行增层时，往往与建筑物扩建相结合。此时应注意的问题是：外套增层结构体系与扩建工程结构体系应协调，平面布置应保持对称，不可造成较大的偏心，防止整个结构在水平力的作用下扭转。此种形式的外套框架底层是结构体系的薄弱部位，应采取措施加强此薄弱部位与两端扩建部分的连接，如图 8.1.7 所示。

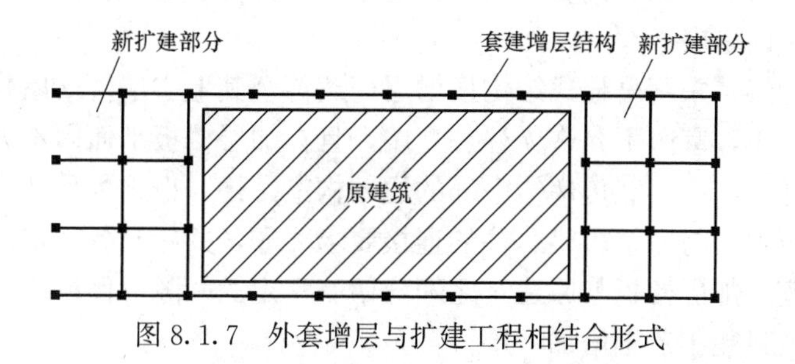

图 8.1.7　外套增层与扩建工程相结合形式

外套工程与扩建工程受到条件限制，不能使结构布置较为对称时，应该在外套工程与扩建工程间设缝分开。根据具体情况，此缝可为沉降缝或防震缝，如图 8.1.8 所示。

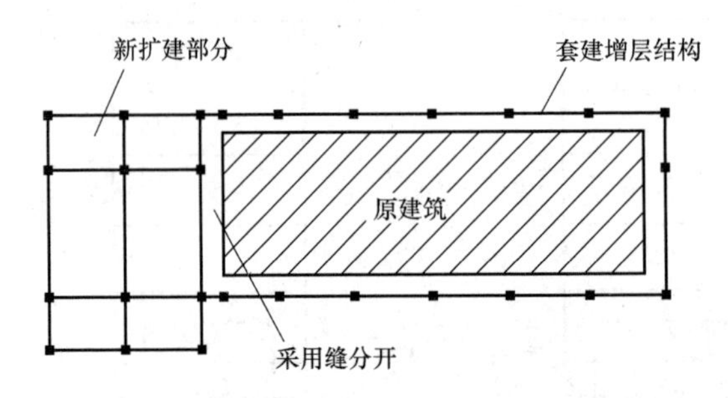

图 8.1.8　设缝将外套增层工程与扩建工程分开

3. 室内增层

室内增层是指在旧房室内增加楼层或夹层的一种加层方式，当原建筑物室内净高较大时，可在室内增层。它的特点是：可充分利用旧房室内的空间，只需在室内增加承重构件，可利用旧房屋盖及外墙，保持原建筑立面，无增层痕迹。室内增层是一种较为经济合理的加层方式。如天津市的劝业场，在两个大天井侧面各加建两个钢筋混凝土柱，将天井改为楼层而扩大了营业面积，是较为典型的室内增层工程。

室内增层的荷载可直接通过原结构传至原基础，也可新设结构传至新基础，即采用加承重横墙或承重纵墙方案，也可采用增设钢筋混凝土内框架或承重内柱的方案，室内增层还可以采取局部悬挑式或悬挂式来达到增层的目的。但是室内增层后的绝大多数旧墙体承受不了增层后的全部荷载，特别是横向水平荷载。因此在平面功能容许的条件下，应适当增设承重墙体和柱子，合理地传递增层荷载，使新老结构协同工作。在底部一层采用室内增层时，室内增层结构可以与原建筑物完全脱开，并形成独立的结构体系，新旧结构间尚应留有足够的缝隙，最小宽度宜为 100mm。

建筑物的室内增层基本结构形式一般有分离式、吊挂式、悬挑式和整体式四种。

（1）分离式室内增层

分离式室内增层是指在室内增加新的承重结构体系，四周与旧房完全脱开，增层部分与原有结构按各自的结构分别进行承载力和变形计算，同时新加部分可做成框架承重体系或砖混结构承重体系，其应有合理的刚度和承载力分布，自成独立的结构体系，并具有足够的刚度，防止在水平作用下变形过大与原建筑发生碰撞，或与原建筑物保持足够的空隙，确保新、旧建筑的自由变形。这种体系的缺点是将影响原建筑物的使用效果，而且由于该体系为内套开口房屋，对抗震不利，不能用于抗震设防地区。

（2）吊挂式室内增层

吊挂式室内增层是采用吊挂式结构把增层荷载传至其上一层楼（屋）盖；当室内净空较大，加层荷载较小，室内不允许立柱、立墙，且在加层楼板平面内不方便新旧结构连接时，可以通过吊杆将加层荷载传递给上部的原结构梁、柱，也称为吊挂加层。吊挂加层中的吊杆承受轴向拉力，与原结构梁、柱的连接要求可靠，并应具备一定的转动能力。由于吊杆属于弹性支座，加层楼板与原建筑之间应留有一定的间隙，使层结构能够上下自由移动，吊挂加层一般只能小范围增加一层。

（3）悬挑式室内增层

悬挑式室内增层是指用悬挑结构把荷载传至原建筑物，且需要对原建筑物进行大面积加固处理；当室内增层不允许立柱、立墙，又不宜采用悬吊结构时可采用悬挑式室内增层。此方法主要适用于在大空间室内增加局部楼层面积，且该加层面积上使用荷载也不宜太大。通常做法是利用室内原有周边的柱和剪力墙作悬挑梁，确保悬挑梁与柱和剪力墙有可靠连接且为刚性连接。此时，悬挑的跨度也不宜太大，由于悬挑楼层的所有附加荷载全都作用在原结构的柱和墙上，通常需要验算原有结构的基础及柱、墙的承载力，必要时采取相应加固措施。

（4）整体式室内增层

整体式室内增层是指在室内增层时将室内新增承重结构与旧房结构连在一起，共同承担房屋增层后的总竖向荷载和总水平荷载，它可以利用旧房屋的墙、柱和基础的承载潜力，增层后结构整体性好，有利于抗震，其缺点是需对旧房进行鉴定加固，且梁、柱节点处理较困难。该种加层方法的技术要求类似于直接加层，一般用于局部加层，加层荷载传给原结构柱及其基础，大多需要加固处理。

4. 地下增层

改革开放以来，我国城市道路建设和公共交通发展迅速，城市汽车数量不断增长，随之而来的交通问题也越发突出，城市道路的建设无法满足车辆增长的需要，各大中城市堵车现象越发频繁。因此，如何利用有限的城市空间获得最大的城市容量，同时又能保持开敞的空间、充足的阳光、新鲜的空气、优美的城市景观及大面积的绿地和水面，为城市居民提供良好的居住和工作场所成为城市发展的一大难题，地下空间的开放和利用能很好地解决该问题。

（1）地下增层技术的发展

我国地下空间开发与利用始于西北的窑洞，20 世纪 30 年代我国大规模建设了一批抗日战争中城市的人防工程。近年来全国建成人防工程近 3500 万 m^2，如大连市火车站前的不夜城，建筑面积达到 147000m^2，各地商业开发和城市地铁的建设与筹划，加快了新一代地下空间开发利用的速度。我国城市地下空间开发起步较晚，各地修建了一定规模的地下建筑和设施，包括人防、地铁、地下停车场、地下仓库、市政公用设施等。对地下空间的开发，受旧开发观点以及地下工程技术的制约，虽具有一定的开发规模，但缺少统一规划，缺少整体性、系统性，互不连通等，影响了城市建设与地下空间的综合利用与发展，造成了地下资源的极大浪费，大量的建筑物无地下空间开发利用，或者仅浅层开发为一层地下室，无法满足因人口增长、车辆增多而引起的交通拥挤、停车难等问题。

地下室逆作法技术是建造多层地下室或多层地下结构的有效施工方法，在国内外施工中已广泛运用。美国芝加哥水塔广场大厦 4 层地下室，法国巴黎弗埃特百货大楼 6 层地下室等都是采用逆作法施工的。20 世纪 80 年代我国开始在多层地下室的施工中采用逆作法，据不完全统计我国已完成地下逆作法施工项目达 60 余项，我国已将逆作法施工编入《建筑地基基础设计规范》GB 50007—2011 和《建筑基坑工程技术规范》YB 9258—97 中，该技术在我国已日益成熟。

地下室逆作法施工是充分利用地下室的梁、板、柱和外墙结构作为基坑围护结构的水平支撑体系和围护体系。逆作法施工时，基准层以下各层地下室自上而下施工，基坑土方开挖时借助地下结构自身的水平支撑能力对基坑产生支护作用，充分利用各层楼板的水平刚度与强度，使各层楼板成为基坑围护体系的水平支撑点，利用基坑不同方向压力的自相平衡来抵消对基坑壁的不利影响，所以在施工时先施工楼板再挖楼板下面的土体。由于楼盖的巨大水平刚度，可作为地下连续墙的支撑，先施工周边地下连续墙体结构，同时在建筑物内部的有关位置浇筑或打下中间支承桩和柱作为施工期间的底板支撑，封底之前支撑上部结构，然后施工地面一层的梁板结构作为地下基坑围护体的水平支撑，逐层向下开挖土方和浇筑各层地下结构，直到底板浇筑完毕。

总而言之，地下增层是一项复杂的技术过程，它包含了对原建筑物的基础托换、置换、开挖以及室内新构件制作与旧构件连接等一系列的技术。这些技术单独运用较为成熟，但综合运用这些技术完成地下增层的难度较大。

（2）地下增层工程分类

地下增层工程可分为延伸式增层法、水平扩展式改建法、混合式增层法、原地下结构空间改建加层等。延伸式增层法也叫直接增层法（图 8.1.9），是将建筑物地下室通过地下增层直接在建筑物底向下延伸。这种增层方式不占用建筑物周边地下空间，由于这种增层方式受建筑物原结构条件的制约，增层空间受到建筑物的限制，较小占地面积的建筑物增层后，其使用功能可能不太完美，而且造价较高。

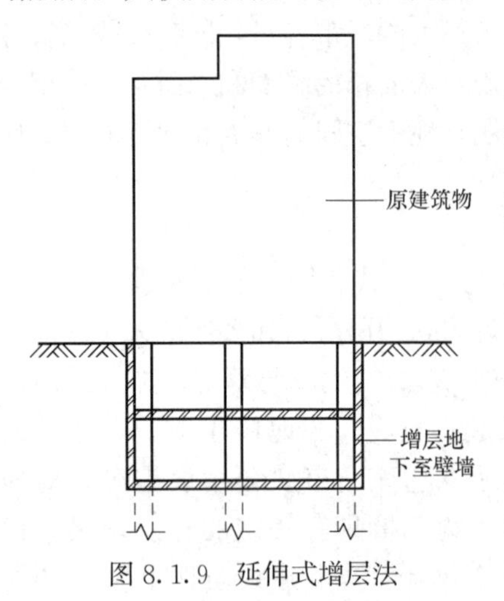

图 8.1.9　延伸式增层法

水平扩展式改建法（图 8.1.10）是在建筑物的周边充分利用建筑物周边空地，在空地增加地下室。这种增层方法需占用建筑物周边地下空间，很少受建筑物本身结构条件的制约，根据周边环境情况设计增层空间，相对延伸式增层法其增层造价要低一些。该方式通常将地下增层和地上增层有机结合，可形成建筑物的外扩式建筑结构。

混合式增层法又叫综合增层法（图 8.1.11），是将水平扩展式改建法和延伸式增层法综合运用，既利用建筑物下面空间，又利用建筑周边地下空间进行地下增层。这种增层方式可使建筑物增层后的地下层变得宽敞，充分利用有效的地下空间资源，是较好的地下增层方式。

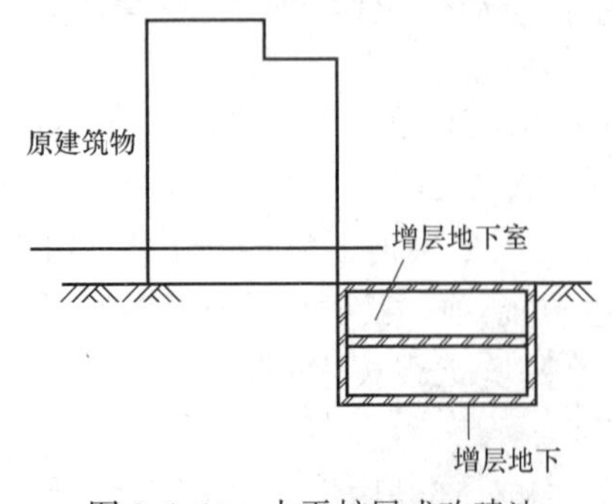

图 8.1.10　水平扩展式改建法

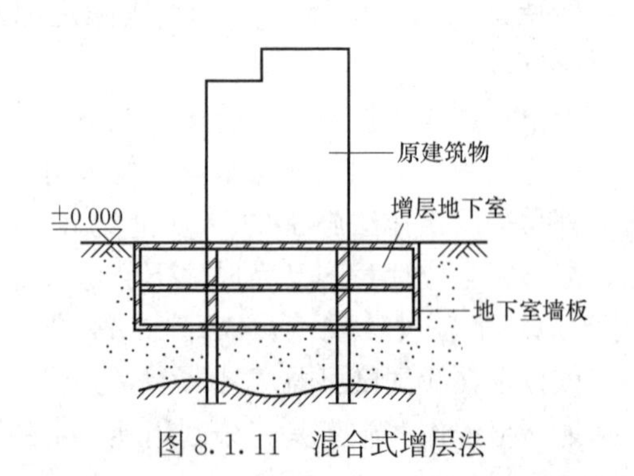

图 8.1.11　混合式增层法

8.1.3 工程实例

1. 项目背景

上海理工大学璩家平等参与了上海市新华医院食堂的加层改造，具体内容详见参考文献［81］。上海市新华医院食堂位于上海市控江路，该项目基本情况为：地下 1 层，地上 4 层，建筑面积 5000m^2，长 43m，宽 16m，地下室层高 3m，1 层高 5.67m（其中夹层高 3.06m，2、3 层高 4.5m，4 层高 4m，为现浇钢筋混凝土框架结构，梁、板、柱混凝土强度等级均为 C30，柱截面尺寸为 500mm×500mm，500mm×600mm，梁截面尺寸为 250mm×500mm，250mm×600mm，采用箱形基础，地下室外墙厚 300mm，内墙厚 250mm，底板厚 500mm，采用 C30 防水混凝土，抗渗等级 P6，地下室结构顶板厚 400mm、300mm，夹层结构顶板厚 90mm，其余各层结构顶板厚均为 120mm，地基土质为淤泥质黏性土，地基承载力特征值为 95MPa。

工程于 1995 年竣工，2008 年因使用功能改变需进行加层改造，要将原 4 层结构改为 6 层，加层层高为 3.3m，新加楼层主要用于日常办公和开中小型会议。原结构平面见图 8.1.12。

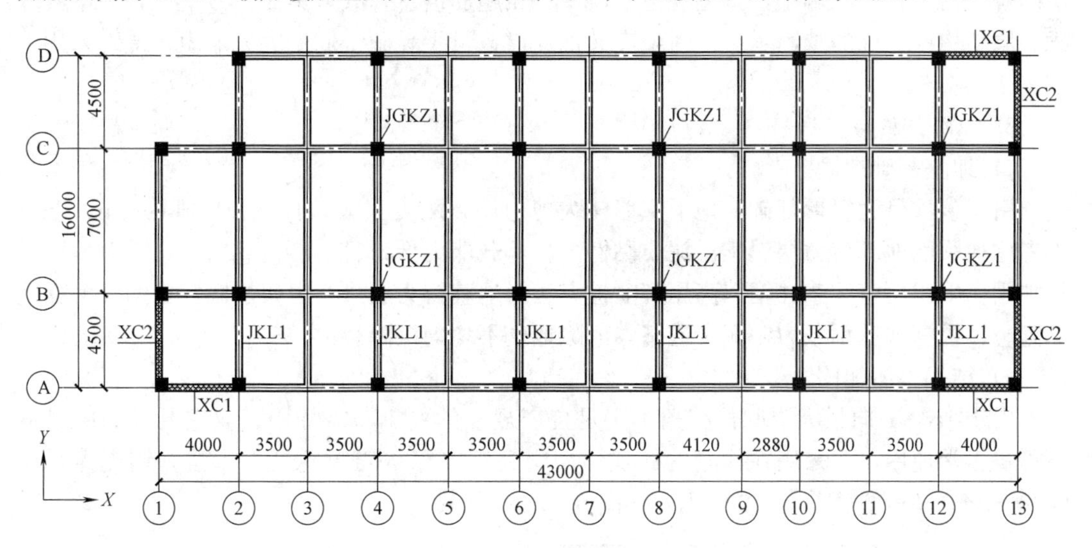

图 8.1.12 原结构平面图（mm）

2. 加层方案的选取

按现行国家规范《建筑抗震设计规范》GB 50011，结构应进行第二级鉴定，对原框架结构用 SATWE 有限元软件进行抗震整体计算分析，并结合构造进行综合评价，分析荷载参照现行国家规范《建筑结构荷载规范》GB 50009。抗震计算中周期折减系数、柱活荷载是否折减、中梁刚度增大系数以及结构的阻尼比等对计算结果有显著影响，考虑以下两种加层方案。

（1）方案一：采用钢筋混凝土结构

考虑抗震设防烈度 7 度、三级框架，进行抗震验算，基本风压 0.55kN/m^2，地面粗糙度类别 C 类，建筑场地类别Ⅳ类，混凝土强度等级 C30，主要受力筋为Ⅱ级钢筋，计算结果见表 8.1.1。由计算可知：方案一的地基承载力不足，弹性层间位移角、轴压比超限，此外还有部分梁超筋。

（2）方案二：采用钢结构

由于混凝土结构阻尼比为0.05，多层钢结构的阻尼比为0.03，考虑采用此方案后结构变为由4层混凝土结构和2层钢结构组成的混合结构，故结构阻尼比取0.04，计算结果见表8.1.1。由计算可知：方案二的地基承载力不足，弹性层间位移角、轴压比超限。

计算结果 **表8.1.1**

参数	基底平均压力（MPa）	质心与刚心、重心	剪重比（%）		周期比	弹性层间位移角		轴压比
			X	Y		X	Y	
方案一	120.61	基本重合	4.77	4.72	0.86	1/575	1/506	0.95
方案二	112.55	基本重合	4.63	4.69	0.85	1/628	1/543	0.92

由表8.1.1可知，方案二的基底平均压力比方案一小8.06MPa，方案二的Y向弹性层间位移角、轴压比偏小，接近规范限值，且无超筋信息。故方案二比方案一合理，其基础、原结构梁、柱的加固量少，新增交叉钢支撑数量少，施工周期大大缩短，最终采用了方案二。

3. *加固措施与方法*

1）地基基础加固

由于该项目为箱形基础，地下室墙体为剪力墙，刚度很大，且底板厚度为1m，基础不考虑加固而地基持力层属于淤泥质黏性土，承载能力低，且上部荷载增加，需对地基进行加固。采用压密注浆并辅以高压旋喷桩方法对地基持力层进行灌浆加固，目的是消除地基隐患，提高地基承载力，减少或基本消除地基不均匀沉降。

2）结构整体加固

由于结构Y向最大层间位移角不满足抗震规范的要求，需加固。业主要求加固过程不影响正常使用，故采用在四角两侧加斜向交叉钢支撑XC1、XC2的方法，钢支撑采用200mm×10mm方钢管，Q235钢，如图8.1.13所示。

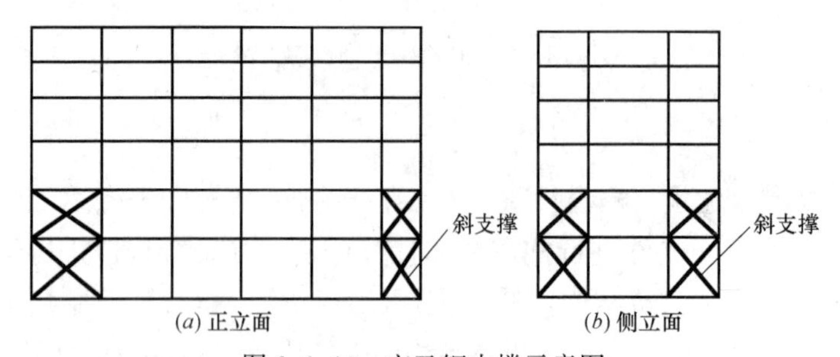

图8.1.13　交叉钢支撑示意图

3）混凝土柱和钢框架柱的连接

将原屋顶楼板、框架梁拆除，并将原框架柱凿去1m。把一个与柱截面尺寸相同的钢板放到柱截面上，用化学锚栓将其固定，然后将型钢柱焊接在此钢板上。在混凝土柱和钢柱连接处加密箍筋，然后浇筑混凝土穿过新楼板1m。新加楼板为压型钢板组合楼板。

4）柱加固

柱采用外包角钢的方法进行加固处理。

5）梁加固

梁采用粘贴碳纤维布的方式加固，梁底满贴2层碳纤维布，然后两端用U形碳纤维布箍箍紧。U形碳纤维布箍开口端设置1道100mm宽的碳纤维布压条，梁顶两端各贴2层碳纤维布。

8.2 既有建筑移位

8.2.1 概述

1. 移位工程的重要性及意义

20世纪90年代，建筑物移位改造技术在我国应运而生，并得到了迅速发展，完成的移位工程规模越来越大，结构形式也越来越复杂，技术要求越来越高。建筑物移位改造技术有着显著的社会效益和经济效益，通过建筑物移位改造，可使历史建筑和有继续使用价值的建筑得到保护，避免被拆除，如图8.2.1所示为武汉百年建筑移位工程；而且，移位技术对环境保护有着非常重大的意义，避免了建筑物拆除产生的大量建筑垃圾、粉尘和施工噪声。

图8.2.1 武汉百年建筑移位工程

建筑物移位是指通过一定的工程技术手段，在保持建筑物整体性的条件下，改变建筑物的空间位置，包括水平移位（直线、折线、曲线）、升降移位（抬升、下降）等单项移位或组合移位。移位工程不仅要求移位后的建筑物能够满足规划和市政方面的要求，而且还不能对建筑物的结构造成损坏，并应当尽量给予补强和加固，尽量降低工程造价。

2. 移位技术的发展

建筑物移位技术的起步始于20世纪初的欧美国家，世界上第一例建筑物移位工程是位于新西兰新普利茅斯市的一所一层农宅，当时使用蒸汽汽车作为牵引装置。此后，欧美、苏联等国家相继发展了这项技术。1901 年美国依阿华大学采用原木滚轴装置，用螺旋千斤顶提供水平推力对科学馆进行了移位，同时该移位工程还采用转向技术。移位工程在各地实行，移位的建筑物体量也越来越大，移位技术也更加成熟。以蒸汽作为牵引装置的动力转化为以油、液压等为动力，从简单的直线移位转变成路线呈直角以及曲线移位，从仅在陆地上进行的移位工程转移到了水上。自动化模块、电脑设备以及结构预制移位方法也被运用到移位工程中。1999 年，丹麦哥本哈根飞机场候机厅移位工程中，为了保证移动的速度，采用了多种规格的液压多轮平板拖车，在车上安装了自动化模块和电脑设备，借此来自动调节 X 方向或 Y 方向的同步移动以及补偿 Z 方向不同路面之间的沉降差，而且能够自动确定旋转中心。综上所述，国外的移位方法基本实现了机械化和自动化。

国外移位工程采用的托换结构主要有两种：第一种是采用专用的托换装置，托换时先将墙体掏洞，然后将专用托换装置安置到墙内，再将其他部位墙体拆除，并浇筑钢筋混凝土托换梁，托换装置不再取出，托换完成后将上部结构顶起；在托换装置中放入纵横向钢梁和木梁，然后将上部结构顶起托换；第二种是采用结构体系托换，有钢桁架结构体系托换和钢筋混凝土梁托换方式。

自 20 世纪 80 年代建筑物整体移位技术在我国开始研究，已有数百个移位工程成功实施，遍及十几个省市。这些工程中包括了框架结构、砌体结构等。移位的建筑物有住宅、办公楼、酒店、纪念馆、历史文物建筑，也有塔和桥梁。移动方向有纵向、横向、斜向和水平旋转以及竖向顶升。1992 年，福建首先完成国内第一个整体移位工程——闽侯县交通局移位工程，水平旋转 62°，该房屋为 3 层砌体结构，移位前首先设立旋转中心、旋转轨道和托换结构，旋转中心由外径 95mm 的钢轴制作，固定在原有基础梁上；然后，将房屋整体顶升，该工程安装了 11 个滚动支座和 11 台千斤顶。

我国的建筑物移位技术在 2000 年以后得到了快速发展，经过 20 年的发展，如今该技术主要包含了五大关键技术：同步控制液压技术、结构托换技术、临时加固技术、实时监测技术、就位连接技术。这些技术在不断地实践探索过程中，逐步完善，也朝着更可靠、安全、经济、绿色环保的方向发展。2011 年 4 月，住房和城乡建设部颁布了《建（构）筑物移位工程技术规程》JGJ/T 239—2011，这将促进和规范我国移位工程的发展。

3. 移位工程的一般规定

移位后建（构）筑物的使用年限，由业主和设计单位共同协商确定，不宜低于原建（构）筑物的剩余设计使用年限。建（构）筑物移位前应采取必要的临时或永久加固措施，保证移位过程中结构安全可靠，移位后结构可靠性应符合现行国家标准《民用建筑可靠性鉴定标准》GB 50292—2015、《工业建筑可靠性鉴定标准》GB 50144—2019、《建筑抗震鉴定标准》GB 50023—2009 的规定，保护性建筑应符合当地有关部门的规定。

8.2.2 移位工程

1. 移位工程分类

移位施工按其移位方式分为水平移位、平面转向移位、垂直升降移位三大类。结构移位根据新位置和原位置的关系可以分为结构的整体平移、顶升和旋转。

整体平移是指把结构从一处整体沿水平向移动至另一处，在移位的过程中，结构的任何一点始终在某一水平面内运动。通常采用的方式为：将建筑物托换到托盘系统上，并设置上轨道系统，在新址处建造永久基础，从原址到新址位置设置下轨道系统。在上、下轨道梁系统间安放移动装置，如滚动式的滚轴或滑动式的钢板滑脚等，将托盘系统下建筑物墙、柱切断后支承在下轨道梁上，在移位方向上设置动力系统，如千斤顶或卷扬机，克服摩擦阻力从原址移动到新址。整个过程中没有竖向力做功，然后在新址对建筑物和基础进行连接。由于某些客观原因在平移过程中需要变向时（如采用L形路线），应考虑平移方向的先后顺序，以保证结构在平移过程中的安全可靠，如尽量使结构在平移过程中各部分位于相同的地基状况和基础类型上，以防止发生不均匀沉降等。目前在国外，对于一些小型、轻型结构，使用最多的移动设备是多轮平板拖车，如图8.2.2所示，一般由汽车或挖掘机等做牵引，还有一种自身可提供动力的多轮平板拖车，在多个工程中应用取得了理想的效果。

整体顶升是指把结构从一处整体沿竖向移动至另一处，在移位的过程中，结构的任何点始终在某一铅垂线上运动。多数情况为建筑经过多年沉降，或周围新建筑地坪较高，建筑物使用受到地下水或降雨积水的影响，故将建筑物抬高后继续使用。通常采用的方式是：在建筑物下部设置托盘系统对建筑物进行托换，对原有基础进行检测加固后作为建筑物移位后的永久基础，在永久基础和托盘系统间用千斤顶和垫块顶紧后切断建筑物托盘系统下的墙、柱，以千斤顶提供动力将建筑物抬高，到达指定高度后重新连接墙、柱，达到强度撤去千斤顶或垫块。当房屋改造中需要增加层高或提高屋架时，也可采用整体顶升的施工工艺。

图8.2.2　多轮平板拖车

整体转动是指把结构以某一根轴为中心整体转动一个角度，可分为水平转动和垂直转动。水平转动通常用于结构转向，垂直转动通常用于建筑物纠偏。水平转动方法和结构的整体平移相似，只是需要根据新旧址位置通过几何方法确定旋转中心，旋转中心可以在原结构内部也可以在结构外部，然后以该点为圆心设置同心圆形的圆弧轨道。为了安全，轨道宽度往往达到平移轨道的2倍，且在移位的过程中，动力方向在不断改变，需要设置更多的反力装置，各点的位移量也因其到旋转中心的距离不同而不同。当建筑物由于不均匀沉降等原因需要垂直转动时，往往通过开挖基础将结构较高的一面放低或采用物理方法（用千斤顶将建筑物柱顶起，然后再与基础进行连接或采用高压注浆技术在地基中注入可凝固浆液，利用液压系统将建筑物连同地基整体抬升，达到预定位置后把液压系统封闭）或化学方法（在地基中埋入化工材料，当需要顶升时在化工材料中注入反应剂，材料在化学反应时产生较大的膨胀力将建筑物基础顶起）将较低的一面抬起，以恢复建筑物的安全性和使用功能。

2. 移位工程设计及施工准备

在进行移位工程前，需对移位的建（构）筑物进行工程设计及做好移位的施工准备工作。

移位工程设计应包括下轨道及基础设计、托换结构设计、移位动力及控制系统设计、连接设计以及必要的临时或永久加固设计等，具体设计内容和要求应按照《建筑结构荷载规范》GB 50009—2012 的规定执行。移位工程设计时应考虑移位过程中的不均匀沉降、新旧基础的差异沉降以及新址地基的沉降或差异沉降的影响，且应进行建（构）筑物的倾覆验算。在进行移位工程时，设计荷载包括永久荷载、可变荷载、地震作用及建（构）筑物移位过程中的荷载。移位过程中，永久荷载、可变荷载取值应按现行国家标准《建筑结构荷载规范》GB 50009—2012 采用或按实际荷载取值，就位后的荷载也应按此标准进行计算，移位过程中的临时构件设计可按实际荷载取值；移位时风荷载可按 10 年一遇取值，且可不考虑地震作用；移位过程中的牵引力应按照《建（构）筑物移位工程技术规程》JGJ/T 239—2011 进行计算。

移位过程中可采用牵引、顶推或牵引与顶推相结合等施力方式，牵引式适用于荷载较小的建筑物水平移位或爬升，顶推式适用于各种建筑的水平移位或竖向移位，当荷载较大时，采用牵引式与顶推相结合的施力方式。移位工程中的施力系统设计应满足《建筑物移位纠倾增层改造技术规范》CECS 225：2007 的要求。

移位工程施工前，应进行下列准备工作：结合检测鉴定报告和设计方案现场查勘移位工程的现状，并进行记录；根据设计方案、现场检测鉴定和查勘结果，编制施工组织设计或施工技术方案；根据移位工程的具体情况确定相应的安全措施和应急预案。此外，对移位工程所用的建筑材料，需经试验合格后方可使用。水平移位工程中，滚动装置的滚轴直径和滑动装置的滑块高度应现场检查，滚轴直径或滑块高度与设计要求相差不应超过 0.5mm。托换结构及下轨道结构施工时，应采取可靠措施保证新旧结构连接的施工质量。施工过程中，遇到与设计不符等问题时，应及时与设计人员协商，在提出可靠处理方案后方可继续施工。移位工程所使用的动力设备，应安全可靠，并应有动力监控装置、可靠的位移监控措施和控制装置。应对上部结构的裂缝、倾斜、振动及建筑物的沉降进行监测。移位前应建立完善的现场指挥控制系统，明确人员岗位，确保分工明确、指挥畅通。

3. 移位工程设备

建筑物移位设备主要由动力设备和配套设备组成，动力设备一般由动力源和千斤顶与拖车组成，动力源为建筑物移位提供动力，千斤顶或拖车和配套设备共同作用于建筑物，使其产生移位、顶升或旋转等移位方式，配套设备在移位设备中还包括行走机构，确保建筑物定向移动。

（1）动力设备

目前，建筑物移位所使用的动力设备主要有液压动力设备和机械动力设备两种。随着液压动力设备技术的不断完善，特别是液压自动控制技术的推广应用，国内外的建筑物移位工程中，主要采用机控同步液压动力设备，机械式的动力设备由于动力小且很难实现同步控制，目前已很少采用。近几年出现了一种自带动力设备且具有液压升降功能的多轮平板拖车，既是行走机构又能为移动提供动力。

在选择动力设备时，必须考虑动力施加点的多少和动力的大小及施加方式。当施力点多、力大且不均匀或移位中需采用牵引和顶推相配合的综合方式施加动力时，应优先选用PLC液压同步控制系统的动力设备；当施力点较少或采用单一的顶（提）升或移位中仅采用顶推或牵引方式施加动力时，可以选用同步较好的人工电动控制的单（或多）泵站组成的动力设备（具有调速装置或同步装置更好）；当移位建筑物的重量轻且移动距离短时，可以采用手动液压千斤顶或手动螺旋千斤顶作为动力设备。

根据动力源的不同，液压动力设备又可分为PLC液压同步控制的液压千斤顶（简称为机控同步液压千斤顶）、手控电动液压千斤顶和手动液压千斤顶三种。液压泵站通过油管、控制阀与液压千斤顶相连组成液压系统。手动液压千斤顶，其动力源为与千斤顶连接成一体的手动式油泵。由于手动液压千斤顶无法保证各施力点的动力同步施加，且施力的大小受操作人员操作时间和用力大小差异的影响很难同步控制，所以手动液压千斤顶在移位工程中很少使用。

用于建筑物移位的机械式动力设备一般有螺旋千斤顶、专用的卷扬机和机械拖车。螺旋千斤顶在国内外早期的楼房移位工程中应用比较普遍，采用螺旋千斤顶虽然不能保证各施力点动力的同步，但可以基本做到位移的同步，基本保证建筑物的同步移位。国外早期的移位工程中，有的曾采用卷扬机或拖车作为建筑物移动的动力设备。

（2）移位设备

移位设备中，除动力设备以外的配套设备有支撑件或连接部件或行走机构和移位监测系统等。行走机构一般有滚动行走机构、滑动行走机构、轮式行走机构等。国内最常用的是滚动行走机构，滚轴一般有实心圆钢或钢管（管内一般用填充材料填实）等；滑动行走机构是利用滑动摩擦系数较小的材料做成滑块和滑道，采用滑动行走机构时一般应设置导向装置；发达国家一般采用带有升降装置的行走机构。选用行走机构时，必须考虑移位建筑物的荷载大小、行走机构自身的摩阻系数、实施的难易程度以及可靠性、耐用性、经济性等。

滚动行走机构一般由轨道板、滚轴和垫板组成。滚动行走机构的移动阻力，除了与滚轴的直径有关外，还与单个滚轴承担的竖向荷载、轨道板的平整度有关。一般来讲，为了降低滚动的阻力，应尽量选用大直径的滚轴，滚轴的数量应根据移位建筑物的总荷载计算确定。计算滚轴的数量时除了要考虑单个滚轴的承载力，还要考虑轨道板及轨道板下基础的抗压和局部抗压强度。布置滚轴时，应使所有的滚轴承担的竖向荷载尽量均匀。滚轴的材料可以是圆木、钢管、圆钢、工程塑料圆棒等。采用钢管作为滚轴时，钢管内一般用水泥砂浆或细石混凝土灌注密实，也可以用工程塑料或硬橡胶填充密实，以提高轴的承载力和抗变形能力。钢管内灌注水泥砂浆或细石混凝土在国内早期的移位工程中应用较多，但由于其承载力相对降低，且钢管内的填充料在滚轴的滚动过程中容易压碎，导致钢管承载力降低、变形过大。钢管内填充工程塑料或硬橡胶是近几年出现的一种新型滚轴，其优点是承载力高，变形恢复能力好，对轨道板的不平整度有一定的适应能力。滚动行走机构取材容易、结构简单、移动阻力小、方向可控性好、承载力高，适用于建筑物的直线移动，尤其是荷载较大的建筑物的直线移动。但对托换结构轨道的平整度要求较高，转移和摆放滚轴的工作量较大。滚轴的摆放方向、间距易受人为因素影响。当滚轴摆放不正时，移动方向容易出现偏斜，还会增加移动阻力。

滑动行走机构主要由滑动支座和滑道组成。滑动支座通过滑块与滑道接触，滑块用滑动摩擦系数小的材料做成，滑道的材料应根据滑块材料确定，以滑块在滑道上的滑动摩擦阻力最小为原则，滑块一般用聚四氟乙烯制作，因为聚四氟乙烯与钢板之间的滑动摩擦系数很低且不需要润滑。聚四氟乙烯滑动支座，一般由聚四氟乙烯滑块和钢支座组成。滑动支座的布置、数量及滑块的尺寸应根据移位建筑物的总荷载及荷载分布计算确定，每个滑动支座承担的竖向荷载应尽量均匀且能超过聚四氟乙烯滑块的抗压强度。采用滑动支座时，可以在滑动支座上加设自动升降装置（液压千斤顶），用于补偿建筑物移位过程中的竖向不均匀变形。滑动行走机构因各向摩阻力相同，一般需设置专门导向装置；否则，移位过程中容易偏离设计行走方向，对轨道滑板的平整度、光洁度要求较高。在高压应力作用下，滑块的磨损较快，滑块行走机构一般不适宜进行较重的建筑物远距离移位。

拖车式行走机构源于 20 世纪末，发达国家在长距离的建筑物移动工程中开始采用拖车式行走机构，其所用轮式行走机构主要是橡胶轮胎组或重型托盘车，轮胎组或拖车上一般设有液压自动升降装置。采用这种带有液压升降装置的轮胎式行走机构移动建筑物时，建筑物的全部重量通过托换梁系作用于拖车式行走机构，其行走的路径只是需要简单的平整和硬化。由于有液压自动升降装置，当轮子的行走面不平或地基出现不均匀沉降时，行走机构上的液压自动升降装置可以补偿这种竖向的不均匀变形，保证建筑物在移位过程中的安全。另外一种轮式行走机构是重载滚轴滑车，其滚轴由圆钢或高强度工程塑料制成，滚轴通过轴承安装在滑车座上。这种滚轴滑车的工作原理与轮胎组或拖车类似，但由于其滚轴直径较小，在移位建筑物时需要设置轨道。这种滚轴滑车也可以设置液压自动升降装置，以补偿建筑物移位过程中的竖向不均匀变形。轮式行走机构安装时一般需要将移位建筑物整体顶升，顶升系统的控制较为复杂，一般不适宜荷载很大的建筑物的移位。

上述几种行走机构各有优、缺点，具体采用哪种行走机构，应根据移位建筑物的重量、移动距离、移动方向、已有的工程实践经验综合确定。由于滚动行走机构结构简单、实施方便、安全可靠，在工程中应用较多。

（3）移位控制系统

建筑物整体移位的同步控制，是关系到建筑物移位是否成功的关键步骤。如果移位建筑物出现不同步，会使建筑物产生扭转，偏移设计路线，并在托换结构与上部结构中产生较大的附加应力，造成托换结构与上部结构损坏。研究人员自主开发了基于 PLC 控制技术的建筑物移位自动控制系统，以实现建筑物移位过程中的智能化控制。

4. 移位施工

建筑物移位前应根据设计方案编制移位施工技术方案和实施性施工组织设计，移位施工的具体内容包括下轨道及基础施工、托换结构施工、截断施工、水平移位施工、竖向移位施工、拖车移位施工、就位连接与恢复施工及施工过程中的施工监测。移位工程的施工应按照《建（构）筑物移位工程技术规程》JGJ/T 239—2011 的规定进行。根据移位工程特点，对移位施工过程中可能出现的各种不利情况制定应急措施和应急预案。其可归纳为以下几个方面：

（1）地基基础处理与施工质量控制。移位工程中造成建筑物损伤的原因很多，其中地基不均匀沉降是一项重要因素。在上部结构形心与重心基本重合、地基基础比较均匀的情况下，建筑物在移位过程中一般不会出现损伤。但建筑物新旧基础往往存在沉降差异，因而当建筑物平移到达新旧基础结合部时，总会出现不均匀沉降，使轨道系统产生负弯矩和较大的挠度，导致建筑物出现开裂等损伤。当某些原因造成建筑物移位中不得不在新旧基础结合部较长时间停滞时，问题尤为突出。因而在工程前期施工中，对基础加固时，应充分考虑地基处理对上部结构的影响。施工过程中，应对地质情况进行验证，严格控制基础施工质量，并制定相应的应急措施和应急预案，防止不均匀沉降对建筑物结构造成的危害。

(2) 移位过程中结构受力的控制。钢筋混凝土框架结构虽然整体刚性较好，承受竖向荷载能力较强，但是抵抗水平动力荷载、扭转荷载的能力相对较弱；砖混结构和砌体结构这方面的能力则更弱，而平移时会产生这些不利荷载。由于建筑物在平移过程中是非匀速直线运动，会使产生剪力，导致房屋前后倾斜。当其超过建筑物抗剪能力时，将导致建筑物的结构出现水平裂缝，危及建筑物自身的安全。目前所采用的顶推式平移方式的行程有限，调整设备过于繁杂，某些人为因素可能造成平移不同步，施工过程中很难实现各点完全协同且连续的顶推；而当采用牵引式移位时，钢丝绳和钢绞线张紧过程中变形较大，这些均会造成各受力点实际所受水平力产生偏差，如果建筑物的托盘系统施工和结构加固时未能严格控制施工质量，致使建筑物结构产生的相对变形超过其承受范围，就会导致托盘系统和建筑物结构的开裂，因而在托盘系统施工及对建筑物结构加固时，应制定相应的措施以确保其施工质量。在顶升托盘系统施工时，由于千斤顶故障或其他原因往往会造成某柱下顶力小于或大于原轴力，因而托换系统施工时，应严格按照设计要求制定施工方案，确保托盘结构施工质量，防止可能造成竖向力传递的变化，并由此导致结构构件的损伤或破坏。

(3) 轨道梁（或下滑梁）施工及表面平整度控制。轨道梁一般可视为布置在地基上的行车梁，施工过程中，应在充分考虑轨道梁承受建筑物结构的竖向荷载，对其在平移过程中承受的水平力、摩擦力、振动以及轨道不平整所产生的附加力等采取必要的控制措施，确保其结构质量和平整度，防止因轨道梁的局部破坏或失稳而危及建筑物结构的安全。轨道系统表面的平整是结构顺利平移的必要条件，但施工中由于控制不严，往往出现轨道系统表面平整度达不到要求。若轨道系统表面局部不平整时，滚轴无法均匀受力，上轨道系统受力支座跨度增大，上部结构局部变形过大、开裂。由于滚轴与轨道的接触面较小，还可能造成轨道的局压破坏或滚轴被压坏；若轨道系统向上倾斜，则平移建筑物如同上坡，千斤顶推力可能无法满足要求；若轨道系统向下倾斜，则建筑物如同下坡，平移的可控性差。轨道系统表面不平还会造成瞬时的加速度增大，对结构非常不利。因而在施工过程中应采取有效措施，严格控制其表面平整度，进而为建筑物结构的安全提供保障。

由移位工程经验可知，通过严格的施工质量控制可以避免移位建筑物的破坏。只要掌握涉及结构安全的主要因素，采取必要措施，并在设计、施工过程中认真对待每一个环节，即可保证建筑结构在移位过程中的安全。

8.2.3 移位工程实例

1. 项目背景

章柏林对玉佛禅寺大雄宝殿的移位工程进行了分析，具体内容详见参考文献［82］。

上海名刹——玉佛禅寺，位于上海市普陀区安远路170号，安远路江宁路口，主体建筑于1918～1928年建成。如图8.2.3所示，大雄宝殿是玉佛禅寺中的主殿，单层建筑，建筑面积约440m^2，台基高0.96m，脊高18.27m。

大雄宝殿为砖木结构，整个台基曾经过修缮，新铺青色地砖，原嗓石、鼓蹬多数还保留着。承重结构均为抬梁式木构架，屋架为歇山式木构架。东、西山墙均采用实心黏土青砖砌筑，木结构主要采用抬梁式结构体系。外围墙体主要采用黏土青砖砌筑，黏土青砖砌筑主要采用石灰混合砂浆，局部后砌黏土红砖采用水泥混合砂浆砌筑。大雄宝殿重点保护的是殿中央的三尊大佛、背面的观音和大型海岛壁塑、东西两侧的二十诸天像以及东西外墙镶嵌着的十八罗汉石刻像。

图8.2.3 大雄宝殿平移到位

根据规划要求，大雄宝殿山现址向北平移30.66m，顶升0.85m，于2017年5月开工，同年10月完工。

2. 移位技术

(1) 同步控制液压技术

同步控制液压技术包含了同步控制系统和移位控制技术，同步控制系统是一整套设备系统，由液压系统、传感器、计算机控制系统等部分组成。大雄宝殿采用插销式顶推后背，共设3个顶推控制点，顶推后背的优点是可活动性，解决滑道过长、顶推垫块过长产生的不安全及成本投入过大等问题。

图8.2.4 大雄宝殿液压悬浮装置

(2) 结构托换技术

结构托换技术包含了托换结构体系和托换滑动装置，托换结构体系含下托盘结构和上托盘结构，托换滑动装置有滚轴、滑块、液压悬浮千斤顶（图8.2.4）、液压车等多种形式。

正常的房屋结构中，托换的部位一般为墙和柱，属于普通结构托换，大雄宝殿特殊部位是佛台。托换滑动装置既是托换体系的一部分，也是平移过程中的移动装置，同时也作为顶升的千斤顶，所以该装置的布置尤为重要，既要保证上托盘及建筑结构在托换中不产生较大的附加内力，又要解决空间位置问题，同时还要保证顶升过程中对所有千斤顶组及控制系统的有效控制。大雄宝殿采用了12个位移控制点，每个控制点（1组）控制2～6台千斤顶，每组千斤顶内部联通自平衡，该技术控制难度较低，但前期计算及分组需要准确。

（3）临时加固技术

加固首先要严格遵守“不改变文物现状”的原则，同时要保证在平移顶升作业时的安全。大雄宝殿属于优秀历史保护建筑，历史较长，具有室内结构空旷、空间刚度较差的特点，同时因多年的侵蚀、腐蚀、虫蛀、沉降等，结构本身较为脆弱，移位前的临时加固是必要的。加固时采取了与既有结构柔性点接触的空间轻型钢结构，将大空间四周松散的结构连为整体，大大增加了结构的整体性和抗震安全性。

（4）动态监测技术

平移顶升施工是一个动态的施工过程，伴随着建筑荷载的几次转移，可能发生变化的参数包括基础沉降、既有结构裂缝、应力应变、房屋姿态、顶推及顶升加速度等。上述量值的变化幅度直接影响平移顶升的安全，如何及时掌握这些数据并进行汇总分析，对平移顶升工作具有重要的指导意义。

随着监测设备及仪器的更新换代，监测技术也随之发展，在大雄宝殿的施工中，实时监测包含了柱及托盘结构的应力应变监测、水准监测、佛像及木柱倾斜监测、榫卯节点移位激光监测等，同时进行了托换、平移、顶升期间的加速度监测。

（5）就位连接技术

建筑移位到新址后，建筑结构需连接新基础，大雄宝殿采用了组合隔震技术，保留原上托盘结构作为结构底板，在底板下部安装抗震支座和阻尼器。

（6）信息技术

大雄宝殿的平移和顶升项目应用了一些新技术，特别是互联网技术。在顶升平移施工中，将平移顶升控制系统、三维扫描立体成像技术、实时监测技术整体与互联网技术进行了结合，形成了互联网＋远程监控平台技术。

8.3 既有建筑纠倾

8.3.1 概述

20世纪90年代之前，我国的建筑物纠倾技术处于起步与探索阶段，进行了一些小规模的建筑物纠倾加固工程实践以及理论研究与探讨。20世纪90年代之后，我国各地相继成立了一些建筑物改造与病害整治机构和专业性学术团体，积极开展学术研究和工程实践，推动了我国建筑物纠倾与加固技术的发展。

在总结工程经验和科研成果的基础上，1997年我国颁布了《铁路房屋增层和纠倾技术规范》TB10114—97，2000年颁布了行业标准《既有建筑地基基础加固技术规范》JGJ 123—2000，2012年又颁布了《建筑物倾斜纠偏技术规程》JGJ 270—2012。在相关行业规范的指导下，我国的建筑物纠倾与加固工作进入了一个新的阶段，技术水平与施工组织都上了一个新台阶。建筑物纠倾与加固的工程实践已涉及高层建筑物和高耸构筑物，基础形式除浅基础外，还有桩基础和深基础，信息化施工技术中引入了计算机技术。例如，1997年成功纠倾加固的哈尔滨齐鲁大厦（框架剪力墙结构，钢筋混凝土箱形基础，建筑高度96.0m，倾斜量524.7mm）。在此期间，一些专家学者对建筑物纠倾与加固工程在理论上也进行了总结与探讨，使建筑物纠倾与加固工程这门学科逐步由实践上升到理论，再由理论指导实践。例如，系统研究多排水平孔洞条件下地基土附加应力场规律，探讨基底水平成孔迫降纠倾条件下的地基土附加沉降变形规律；将地基土变形理论（Tresca准则或Mohr-Colomb准则）应用到建筑物掏土法纠倾中，设计计算掏土孔间距等。

但是，由于专业特点、经济问题以及一些其他方面的原因，建筑物纠倾与加固工程这门学科的理论研究一直落后于工程实践。因此，加强理论研究、科学试验以及计算机数值分析等方面的工作，完善建筑物纠倾与加固的设计理论、计算方法，对纠倾工程的发展有着重要意义。

8.3.2 建筑物纠倾方法

目前，建筑物纠倾方法有30余种，根据其处理方式可归纳为迫降法、抬升法、预留法、横向加载法和综合法五大类。常用的纠倾方法有掏土纠倾法、辐射井纠倾法、浸水纠倾法、降水纠倾法等。本节仅对常用纠倾方法进行简要介绍。

1. 掏土纠倾法

根据取土部位，掏土纠倾法可分浅层掏土法和深层掏土法，它属于迫降法的一种。该法适用于黏性土、粉土、填土、淤泥质土和砂性土地基上的浅埋基础形式。该方法应用范围广、安全，经济效果明显。掏土法基本原理是掏出适量建筑物沉降较小一侧的基础内侧或基础外侧基底下的地基土体，使土体在基础压力下产生一定变形沉降，从而达到纠倾目的。

浅层水平掏土法是在倾斜建筑物的基础内侧或外侧基底下，采用人工或机械水平取土，使基底支承面积减少。在上部荷载自重压力作用下，产生新的沉降差，以达到纠倾目的。浅层水平掏土法是最基本的方法，施工简便，经济适用，应用比较广泛。浅层水平掏土法主要适用于倾斜建筑物体形简单、上部结构刚度及整体性较好的多层建筑。

2. 辐射井纠倾法

辐射井纠倾法属于迫降法，它适用于各类地层条件地基，不管基础埋藏深或浅，辐射井射水取土法原理是在建筑物沉降少的一侧设置辐射井，在井壁上有射水孔，利用射水取土，造成建筑物沉降少的一侧下沉，达到纠倾目的。辐射井射水法具有可控性高、成孔速度快、取土面广、适用性强、安全性高等特点。

3. 浸水纠倾法

在湿陷性黄土地区，因建筑物局部渗漏水而造成地基局部浸水产生湿陷，使基础产生不均匀沉降而倾斜。此方法正是利用湿陷性黄土的特性进行纠倾。浸水纠倾法就是在湿陷性黄土地区利用它的湿陷性，在建筑物沉降小的一侧开挖注水槽、坑，进行注水，引起地基土湿陷，产生沉降而达到纠倾的目的。该法也属于迫降法。浸水纠倾法适用于含水量小于20%、湿陷系数大于0.05的湿陷性黄土或填土地基。该方法是西北地区常用的纠倾方法。其特点是方便、快捷、环保、经济，可采用槽、坑、孔等方式浸水、注水。

4. 降水纠倾法

降水纠倾法就是在建筑物沉降小的一侧利用降水井抽水降低地下水位，使地基水压力降低，土体产生固结、沉降，达到纠倾目的。降水纠倾法较适用于筏形基础、条形基础等浅基础的建筑物纠倾。对于桩基础，降水使得降水影响深度范围内的桩侧摩阻力变为负摩阻力，造成桩的承载力减小，引起基础的沉降，但纠倾的效果受降水深度影响，降水影响深度越大，则桩侧的摩阻力转化为负摩阻力的范围也越大，纠倾效果显著。

5. 综合纠倾法

综合纠倾法是同时采用两种或两种以上的方法对建筑物实施纠倾，适用于建筑物体形、基础和工程地质条件较复杂或纠倾难度较大的纠倾工程。综合纠倾法应根据建筑类型、倾斜情况、工程地质条件、纠倾方法、特点及适用性等综合确定。综合纠倾法一般有以下几种形式：

（1）加压纠倾法＋其他纠倾法。对于倾斜量大，特别是倾斜量还在继续发展的建筑物，首选应考虑在原沉降量小的建筑物一侧堆载加压，在原沉降较大的建筑物一侧卸载来阻止或减缓建筑物的继续倾斜；同时，采用其他有效手段进行综合纠倾。

（2）桩顶卸载法＋桩身卸载法。对于自身强度有较大富余量的长桩基础，纠倾时可将桩顶卸载法与桩身卸载法结合起来使用。不必将建筑物原沉降较小的一侧桩头全部切断，而是通过计算，将建筑物沉降较小的一侧的部分桩头切断，使剩余基桩的荷载增大；另一方面，剩余基桩荷载增大导致桩身卸载量显著减小。

（3）辐射井射水取土纠倾法＋双灰桩法。对于建筑平面较小的建（构）筑物，可在建（构）筑物原沉降较大的一侧布置双灰桩，双灰桩吸水、膨胀、固结、挤密地基土，给建（构）筑物基础一个向上的作用力，使其回倾；同时，在建（构）筑物沉降较小的一侧布置辐射井，通过辐射井取土，使基础产生新的沉降，达到纠倾目的。

（4）桩尖卸载法＋桩身卸载法。桩基建筑物中，较多使用的是端承摩擦桩或摩擦端承桩，即在极限承载力状态下，桩荷载是由桩侧阻力和桩端阻力共同承受的。所以，对于端承摩擦桩和摩擦端承桩基础建筑的纠倾，应综合使用桩身卸载法和桩端卸载法，同时削减桩侧阻力和桩端阻力，使倾斜建筑物原沉降较小一侧基础产生沉降，达到纠倾的目的。

8.3.3 工程实例

1. 项目背景

兰州大学李科技等对某高层建筑的倾斜原因进行了分析并展开纠倾工作，具体内容详见参考文献［74］。该高层建筑位于甘肃省定西市，为地下1层、地上17层的商住楼。其地下室层高4.20m，地上1层为商铺，层高3.30m；2层塔楼区域为住宅，其余为商铺，层高3.30m；3层塔楼区域为住宅，其余为商铺，层高3.60m；4～17层均为住宅，层高均为2.80m。该建筑总高度为49.70m，建筑面积9110.54m^2。2014年9月，该楼主体结构封顶，在进行装修和电梯安装施工过程中发现外墙及电梯井道存在倾斜现象。

该楼主体结构均为剪力墙结构，裙楼均为框架剪力墙结构；基础形式均为平板式筏形基础，且主楼与裙楼筏板相连。基础埋深5.20m，筏板板厚1m，筏板外伸1.2m，筏板下为厚0.15m的C20素混凝土垫层，垫层与筏板之间为建筑防水层，防水层上为0.05m

厚 C20 混凝土保护层，垫层下为 0.5m 厚 3∶7 灰土垫层。地基采用孔内深层强夯法（DDC 法）整片处理，经沉管成孔、孔内填料夯实，挤密后成桩直径大于等于 0.55m，有效桩长为 19.5m（即地基处理深度为 19.5m）。其中孔内填料顶部 3m 为 3∶7 灰土，其余为净素土。挤密桩桩位按正三角形布置，桩间距为 0.8m，挤密桩处理范围为筏板边界外扩 10m。经检测认为，在地基处理深度范围内，土体的湿陷性已消除，且复合地基承载力特征值达到了 280kPa，满足地基承载力的要求。

根据 2014 年 10 月～2015 年 3 月对该楼进行的持续倾斜监测资料，将各观测点的倾斜方向、倾斜率等数据整理记录，见表 8.3.1，并依据各倾斜观测点在建筑平面简图中的相应位置，将各点的倾斜方向及倾斜率直观地标示于图 8.3.1 中。

建筑整体倾斜记录 **表 8.3.1**

测点	倾斜方向	位移(mm)	测点高差 H(m)	斜率(‰)
1号	由西向东	31	37.5	0.83
	由北向南	76		2.03
2号	由西向东	22	42	0.52
	由北向南	135		3.21
3号	由西向东	4	42	0.10
	由北向南	97		2.31
4号	由西向东	49	35	1.40
	由北向南	114		3.26

由图、表可见该建筑物为双向倾斜，分别为向南、向东倾斜，其中向东的最大倾斜率为 1.40‰，向南最大倾斜率为 3.26‰。由于建筑物向南的倾斜率超过了《建筑地基基础设计规范》GB 50007—2011 规定的允许值 3.00‰，因此必须对该楼进行纠倾加固，以使楼体满足相关规范及正常使用要求。

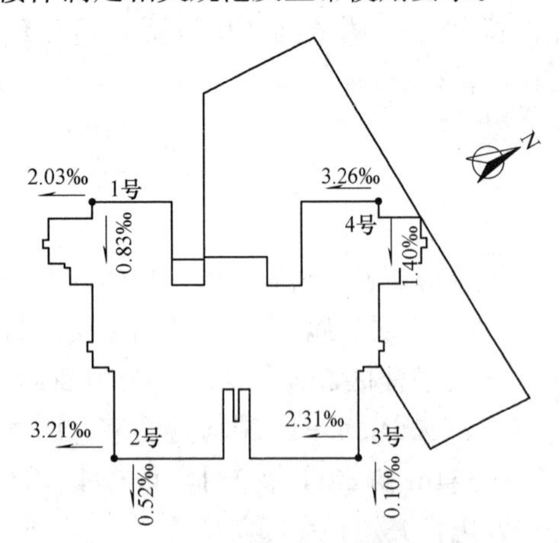

图 8.3.1 建筑整体倾斜观测示意

2. 倾斜原因分析

根据该建筑物的结构安全性鉴定报告及现场勘察分析可知，导致倾斜的原因主要为基础荷载偏心、主裙楼间后浇带浇筑过早。其次，基础下深层软弱层分布不均及侧向偏心受压对不均匀沉降产生不利影响，进一步诱导倾斜发生。

探井土工试验结果表明，复合地基桩体土（桩体主要由净素土经夯实挤密而成）及桩间部分土样含水量，均高于有关单位 2012 年 11 月编制的地基施工质量检测报告中的桩体及桩间土的最大含水量，主楼南侧复合地基局部范围含水量偏高，导致复合地基局部区域承载力下降、变形增大，引起基础产生不均匀沉降。

地基变形计算结果表明，地基变形主要发生在复合地基以下的软弱下卧层（饱和土体）中，且该软弱层厚度不均，造成基础的不均匀沉降。而工程施工前的地质勘查因探井深度不足，未能探明软弱下卧层。

通过现场实际状况的调查，该楼主楼一侧基础顶面以上填土高度高出裙楼一侧填土3.60m，主楼筏板边缘上填土荷载作用较大，而裙楼筏板边缘上填土荷载作用较小，基础两侧填土荷载作用的差异加剧了地基基础沉降变形的差异。因此，筏板边缘覆土不均匀是导致楼体倾斜的原因之一。

对基础进行验算，筏板偏心验算远大于《建筑地基基础设计规范》GB 50007—2011规定的1.0限值，筏板偏心距过大，在上部荷载作用下，筏板重心明显偏离裙楼，而且偏向主楼一侧。由于主楼与裙楼基础为同一筏板基础，设计时考虑到可能引起的偏心受压作用，故在主裙楼间设有后浇带，待主楼沉降稳定后，再进行后浇带浇筑。但施工时主楼沉降未稳定就已完成了后浇带的浇筑，背离了设计者的初衷，从而加剧了基础的偏心受荷，使地基基础产生不均匀沉降，导致楼体倾斜。

3. 纠倾加固方案选择与确定

通过对沉降和倾斜观测数据进行分析，并结合该建筑物的倾斜原因，可知其不均匀沉降仍有不断加剧的可能，为了确保建筑物绝对安全及纠倾工作的顺利进行，秉承“先加固，后纠倾”的理念进行方案选择。

首先对建筑物地基进行加固，总的加固方案为：在沉降较大的一侧（即南侧）布设加固井，通过在加固井中设置钢管桩及石灰桩增强地基承载力，从而有效地预防和控制不均匀沉降的进一步发展。

对建筑物的纠倾，一般较常用的方法有顶升法和迫降法。顶升法一般指在建筑物沉降大的一侧顶升上部结构或基础并稳定基础沉降，从而使建筑物回倾至规范允许范围内，且保证建筑物的正常使用。而迫降法就是人为地采取一定的工程措施，增大沉降较小一侧的沉降量，从而使建筑物的整体沉降量趋于一致，进而达到回正调平建筑物的目的。由于顶升法的施工工期较长、费用高，所需施工面大且风险性高，故不予考虑，因此选择迫降法作为该楼纠倾归正的主导方法。迫降法主要包括堆载法、降水法、斜竖孔应力解除法、水平掏土法等。在此结合该工程实际，采取与工况相适宜的迫降方法，确定安全、经济的纠倾方案。

水平掏土法是在建筑物沉降较小的一侧开挖基槽或深井，在灰土垫层下的黄土状粉土层中成水平孔，利用水平孔在建筑物荷载作用下发生塑性变形产生闭合，从而增大该侧沉降，达到纠倾的目的。由于该方法具有简单易行、受力明确、可控性较强且纠倾周期短等优点，其广泛应用于黄土地区建筑物的纠倾工程中。鉴于该工程并未交付使用，建筑场地较为开阔，地下水埋深较大，自筏板底至地表均处于黄土状粉土地层内，进行竖井的开挖和解除侧向约束具有足够的工作面，且开挖竖井及利用钻机打水平孔的实施性和可控性较强，可以随时根据楼体的沉降量和回倾量调整打孔速率，进而保证楼体安全平稳的纠倾归正，故确定本工程的主导纠倾方案为水平掏土法。

由于单一的纠倾方法具有一定的局限性，为了经济高效地完成纠倾工作，综合两种或多种纠倾方法用于纠倾工程，已成为当前及今后纠倾工程的主体思路。据王祯研究，在纠倾过程中，预应力锚索可为加压系统提供反力装置，起到加压调控的作用，而且在纠倾完成以后，还可锁定建筑物基础，作为防复倾加固的一部分。本工程基于预应力锚索技术在建筑物纠倾控制及防复倾加固中的重要作用，确定了以基底水平掏土和预应力锚索加压相结合的综合纠倾方案。

8.4 既有建筑加装电梯

8.4.1 概述

受城市化进程的加快以及人口老龄化的趋势等因素的影响，居民对无障碍设施的需求越来越高，迫切要求在住宅建筑中增加电梯。

1. 国外既有建筑加装电梯的发展

随着第二次世界大战的结束，欧洲各国开始对其旧城进行更新，提升居民的生活质量。由于国外住宅的私有化程度比较高，集合型公寓的建造标准相对较严格。这些国家基本都要求4层及以上的住宅需有一部电梯。诸如英国和美国的早期住宅建筑标准中均提出，4层及以上任何用途的建筑都应设电梯。1997年，美国在发布的《统一建筑标准》（Uniform Building Code-1997）中声明4层及以上的居住建筑就要设置担架电梯；随后又于1999年发布新的国家建筑标准，要求2～3层及以上的住宅也需要安装担架梯。瑞典政府则从开始就规定2层及以上单元住宅必须安装电梯。西方国家高标准的设计理念决定了其需要改造的居住建筑在建筑总量中占比较少。而苏联、日本则均规定普通住宅6层以上应设电梯，改造的数量和困难度与我国现状相似。日本在20世纪80年代起也逐渐开始重视对既有住宅垂直交通的改造，在这个时期提出“向存量型社会转型”的课题研究。

综上所述，国外的垂直交通改造一方面凭借政府规范要求，另一方面则是需要居民自发参与，征求居民的主观意愿与实际需求相协调，根据不同使用者类别进行不同层级、不同模式的既有住宅改造。在改造过程中则通过外部资本介入的方式，集思广益，建立健全政府政策所无法顾及的细小之处。研究国外的垂直交通改造发展经验，对于我国现有多层住宅的改造方法选择和实际运作有着重要的指导作用。

2. 国内既有建筑加装电梯的发展

由于历史的原因，我国有不少住宅并未安装电梯，且我国居住建筑安装电梯的楼层数较国外偏高。在1987年前，我国大批量的5层及以下住宅，甚至大部分6层以上住宅都没有配置电梯。面对我国房屋的实际情况，建设部于1986年新颁布了《住宅建筑设计规范》GBJ 96—86，其中规定“7层（含7层）以上住宅应设电梯”，1999年出版的《住宅设计规范》GB 50096—1999中再次对这一规定进行了进一步的说明，提出“7层及以上住宅或住户入口层楼面距室外设计地面的高度超过16m以上的住宅必须设置电梯”。为了避免出现违反规范的情况，我国20世纪70～90年代建造的多层住宅基本都为6～7层。

2016年发布的《既有住宅建筑功能改造技术规范》JGJ/T 390—2016作为国内首个面向现存住宅的改造规范，在解决现阶段住宅存量和居住品质的问题上做出了进一步的研究。北京市率先进行了既有建筑加装电梯的改造。同时，我国早在2000年前后就在加装电梯的技术、结构分析方面进行了一系列的理论研究，既有建筑加装电梯的理论和技术得到不断发展。我国各省份对于既有住宅垂直交通改造的开始时间不尽相同，南方地区改造难度较小，对保温、隔热等性能要求不尽相同。现阶段广州、上海等地已出现不少半室外连廊式的改造案例。随着国家政策支持力度加大，越来越多的建筑从业人员开始将目光投向既有住宅的垂直交通改造。

8.4.2 既有建筑加装电梯的分类

由于多层住宅年代不同，其具备的垂直交通改造条件也不同。具体的改造条件受限于住宅楼间距、停车状况、单元户型分布、单元立面造型、原有楼梯间朝向、楼梯间台阶布置方式等因素。根据电梯门位置分布的情况，可分为平层入户和错半层入户，当现有条件不能满足平层入户条件时，可通过加建外部走道等特殊方式实现平层入户，具体做法可参照《既有住宅建筑功能改造技术规范》JGJ/T 390—2016；根据电梯安装位置，可分为外置电梯和内置电梯以及楼道电动座椅电梯。

1. 内置电梯方案

内置电梯方案可以增加住房面积。工程实施时需要拆除原有楼梯。改造后的优势在于电梯可直达住户层，完全实现无障碍通行，无需增加建设用地，不影响楼间距，并且在原有住房基础上给住户增加了居住使用面积。加装电梯工程实施过程中的问题为：施工期间需拆除原有楼梯，需要搭建临时楼梯，以解决住户的日常出行问题；或者需要在施工期间，异地安置住户。这种改造方案对楼房本身的改动较大，需要协调好居民的利益；同时，由于工程量较大，资金筹措可能需要政府、产权单位以及居民的共同努力。此方案适用于单元户数较少的住宅楼。

2. 外置电梯方案

外置电梯方案不增加住房面积。外置电梯与单元门共用出入口门厅，外置电梯入口与单元门入口有一定的距离，出于安全考虑，需要两套单独门禁系统，否则无法保障楼内居民的安全。加装外置电梯时，一般采用钢结构，无需变动原有住宅的主体结构，施工过程对居民干扰较小，住户可在施工楼梯内正常起居出行。尽管加装电梯与住户居住层平面存在半层的错层问题，但是相较于改造之前，年老体弱居民的上、下楼出行问题，得到解决或改善。此类电梯的不足在于，不能完成无障碍通行，并且需考虑加装电梯对建筑间距的影响。

3. 楼道电动座椅电梯

将电梯轨道建在楼道扶梯内侧 15cm 处，与扶手平行，座椅的后背固定在轨道上，采用蓄电池驱动，通过钥匙或者遥控器进行操控。电梯运行较为平稳，安全性保障较好。安装及后期的更新维护费较低。座椅电梯在一定程度上解决了登临最后半层的升降问题，并且无需破坏楼体结构，施工难度小。不足之处在于老旧住宅的楼梯间空间狭窄，在电梯运行过程中，通过原有楼梯上、下楼居民需要侧身通行，或在平台处进行避让，以免发生相撞和剐蹭。因此，单元户数较多的住宅，应尽量避免使用该类型电梯。

三种方案各有优劣势，应根据既有建筑实际情况采取不同的方案或者组合方案。

8.4.3 工程实例

1. 项目背景

中国计量科学研究院俞丽华等对和平里院区光学楼加装电梯的改造进行了分析，具体内容详见参考文献 [75]。光学楼建于 1970 年，为砖混结构，地上 3 层，地下局部 1 层，

总建筑面积为 $3436m^2$。光学楼内设置光度实验室、辐射度/色度实验室、材料光学与光谱实验室、激光辐射实验室等光学实验室。该楼建设年代较久，为满足光学科技水平飞速发展对实验室环境的要求，同时，由于检测工作和科研实验需求，各实验室需经常运输质量较大的光学仪器与设备，故而考虑对光学楼进行整体修缮改造，并加装一台客货两用电梯。由于光学计量与科研所用精密仪器具有振动敏感特性，加装电梯的位置选择与设计方案成为该项目的重点工作。

2. 加装电梯位置的选择

该项目加装电梯位置的选择应考虑以下几点因素：远离振动敏感实验室；彻底解决较重仪器设备运输问题；技术方面具有可操作性等。

由于光学楼各层走廊两端均为实验室，若不利用楼梯间空间，并保证电梯入口直接位于各层平台，则需考虑占用各层相同位置的某一房间/空间作为电梯井或外挂电梯通道。在同时考虑远离振动敏感实验室和尽量不占用现有实验室两个因素的情况下，将电梯井或外挂电梯通道布置在光学楼各层卫生间位置。

光学楼内各层仅有一个男卫生间和一个女卫生间，平面布置图如图 8.4.1 所示。该楼卫生间空间狭小，其改造也是该项目的一个重要内容，可结合加装电梯一并考虑。考虑占用电梯空间，为有效扩大卫生间面积，可将卫生间分层设置，即将每层原有的两个卫生间合并为一个。由于该楼工作人员中男性比例较大，因此将 1、3 层卫生间设为男卫生间，将 2 层卫生间设为女卫生间。

3. 电梯设计方案的确定

若将电梯井置于建筑物内，如图 8.4.2、图 8.4.3 所示，有两种设计方案可供选择。两者的不同是，方案一不需要卫生间外扩，利用现有建筑物空间加装电梯并保留卫生间功能；方案二将卫生间外墙外扩，以扩大卫生间使用面积，达到同时改造卫生间的目的。因此，在此两种方案中，优选方案二。方案三考虑将电梯外挂，如图 8.4.4 所示，由于该方案中仅有电梯通道占用卫生间空间，因此，卫生间的使用空间仍然较大，能够满足使用需求。

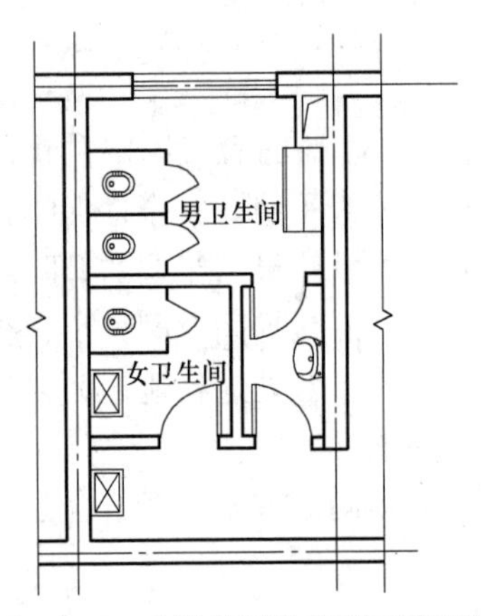

图 8.4.1　改造前卫生间平面布置图

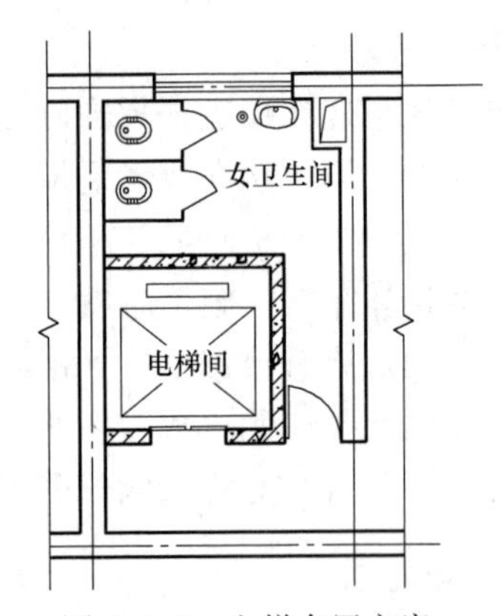

图 8.4.2　电梯布置方案一

将方案二和方案三进行比较：两者均能满足卫生间使用需求；两者均需改变建筑外观，使建筑外形局部突出，效果图如图 8.4.5、图 8.4.6 所示；方案三的电梯运行位于建

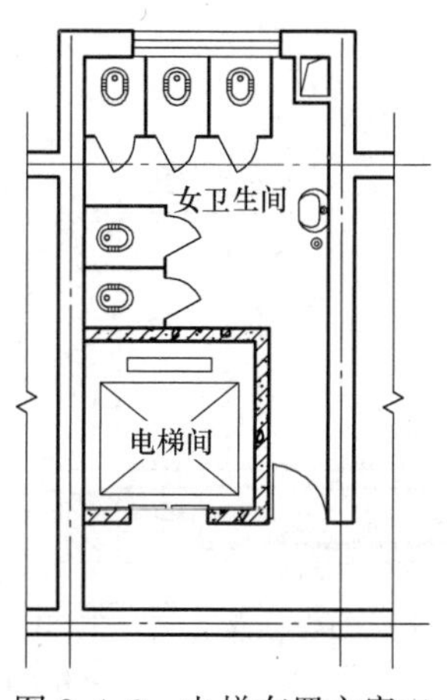

图 8.4.3　电梯布置方案二

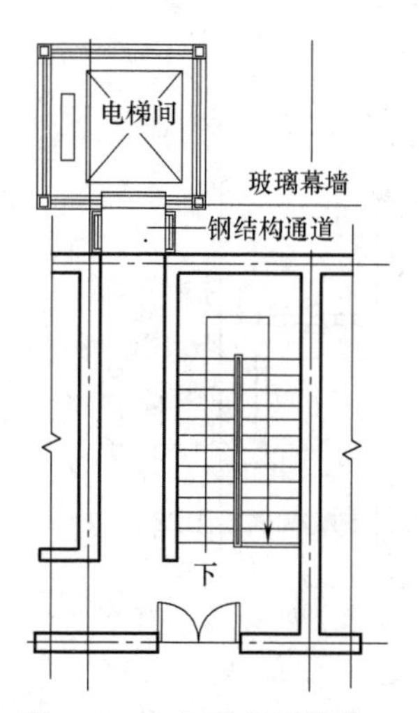

图 8.4.4　电梯布置方案三

筑外部，其振动对建筑的影响较小，但需要考虑楼体地基结构位置，避免电梯基础对其影响，需在楼体与电梯井之间安装 820mm 长的钢结构通道。综合考虑两个方案，虽然两者都需要将外墙局部外扩，但方案二外扩尺寸为 1800mm，方案三外扩尺寸为 3720mm，方案三对建筑外形影响较大。在振动影响方面，虽然方案三中电梯的运行对建筑的振动影响较小，但方案二通过结构处理，如做减振基础等，也可以减小电梯运行的振动影响。因此，项目最终决定选用方案二。

图 8.4.5　方案二效果图

图 8.4.6　方案三效果图

4. 施工图设计要点

电梯安装位置确定后，施工图的设计主要需要考虑拆除部分对原有结构的影响、新建部分与原有结构的连接，以及加装电梯的减振、节能设计等。

既有建筑加装电梯，其本质是电梯部分的荷载施加在电梯框架上，然后将其传导至原有主体结构，对结构的影响在很大程度上与构件之间、单元之间的连接组合有关。由于光学楼原设计为砖混结构，在新增电梯井道设计时仍采用该种结构方式。如图 8.4.7 所示，在电梯井道的北侧、南侧和东侧，以及突出外墙处新增承重墙体（图中由粗实线表示）。在原有楼板开洞后，将板中的钢筋锚入新增墙体的楼层圈梁中。在新、旧墙体连接处设置钢筋混凝土圈梁（图中由虚线表示）和构造柱。地基采用局部筏板基础并设防水板与原有结构可靠连接，既能保证竖向荷载的可靠传递，又避免了对原有结构条形基础的影响，详见图 8.4.8。

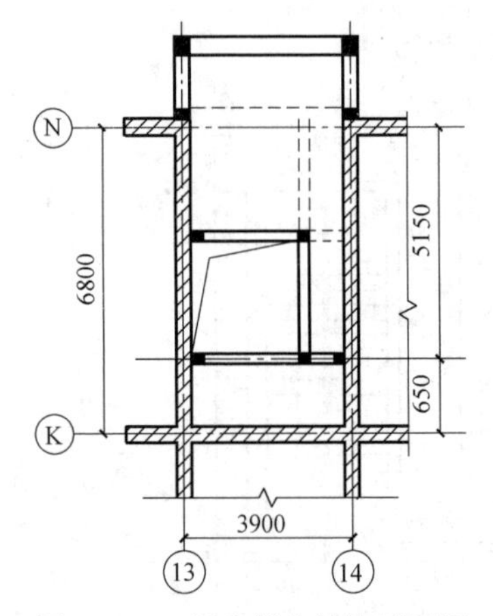

图 8.4.7 新建部分结构平面图

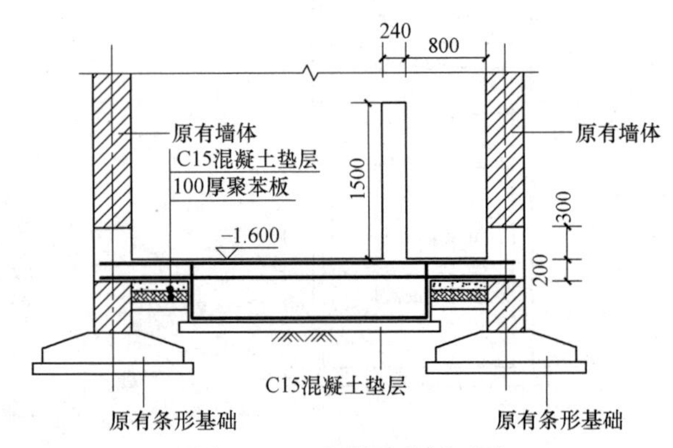

图 8.4.8 电梯地基剖面图

思 考 题

1. 什么是既有建筑？哪些情况下需要对既有建筑进行改造？

2. 既有建筑结构的改造过程中，为什么要进行加固？

3. 既有建筑增层后的设计使用年限应该如何确定？

4. 既有建筑直接增层时地基基础有哪些加固方法？

5. 根据外套增层结构与原建筑结构的受力状况，外套增层结构可分为哪几种体系？各有什么特点？

6. 移位施工的方式有哪几种？各有什么特点？

7. 既有建筑的移位工程设计包括哪些方面？具体内容是什么？

8. 移位施工前需要进行哪些准备工作？

9. 根据移位工程特点，对移位施工过程中可能出现的各种不利情况制定应急措施和应急预案，其应包括哪些内容？

10. 引起建筑物倾斜的原因可能有哪些？

11. 既有建筑根据纠倾的处理方式可以分为哪几类？常见的纠倾方法有哪些？

12. 掏土纠倾法有什么特点？适用于什么情况的建筑纠倾？

13. 既有建筑加装电梯应当满足哪些条件？

14. 既有建筑垂直交通的改造条件受哪些因素的影响？

15. 既有建筑加装内置电梯的优点、缺点分别是什么？

参考文献

[1] 柳炳康，吴胜兴，等. 工程结构鉴定与加固改造 [M]. 北京：中国建筑工业出版社，2008.

[2] 尚守平. 结构加固现代实用技术 [M]. 北京：高等教育出版社，2016.

[3] 梅全亭，李建. 房屋抗震加固与维修 [M]. 北京：中国建筑工业出版社，2009.

[4] 中华人民共和国国家标准. 建筑结构可靠性设计统一标准 GB 50068—2018 [S]. 北京：中国建筑工业出版社，2018.

[5] 中华人民共和国国家标准. 建筑结构检测技术标准 GB/T 50344—2019 [S]. 北京：中国建筑工业出版社，2019.

[6] 顾强，何若全，等. 钢结构的地震作用 [J]. 苏州科技学院学报（工程技术版），2005 (02)：1-5.

[7] 易贤仁. 钢结构火灾后的性能分析与鉴定 [J]. 武汉理工大学学报，2005 (01)：54-57.

[8] 蔡光汀. 钢筋混凝土腐蚀机理和防腐措施探讨 [J]. 混凝土，1992 (01)：18-24.

[9] 梁爽，肖盛燮，等. 钢筋混凝土结构地震破坏机理的材料分析 [J]. 西部交通科技，2014 (01)：22-25.

[10] 林恩亮. 钢筋混凝土基础的腐蚀机理及防腐措施 [J]. 福建建筑，2009 (07)：44-46.

[11] 刘山山. 关于木结构建筑防火技术的研究 [J]. 消防技术与产品信息，2017 (11)：17-19.

[12] 魏越. 古建筑木结构梁裂缝的损伤识别研究 [D]. 北京：北京建筑大学，2017.

[13] 张风亮，高宗祺，等. 古建筑木结构地震作用下的破坏分析及加固措施研究 [J]. 土木工程学报，2014，47 (S1)：29-35.

[14] 李国强，孙飞飞. 关于钢结构抗震存在的问题及建议 [J]. 地震工程与工程振动，2006 (03)：108-114.

[15] 于海祥. 钢筋混凝土结构地震损伤模型研究 [D]. 重庆：重庆大学，2004.

[16] 莫祥银，许仲梓，等. 国内外混凝土碱集料反应研究综述 [J]. 材料科学与工程，2002 (01)：128-132.

[17] 欧进萍，何政，等. 钢筋混凝土结构基于地震损伤性能的设计 [J]. 地震工程与工程振动，1999 (01)：21-30.

[18] 宋承裕. 火灾对混凝土结构破坏的机理分析 [J]. 居业，2017 (10)：115-117.

[19] 章东昊. 火灾后多孔砖砌体结构力学性能的劣化规律研究 [D]. 南京：东南大学，2017.

[20] 吴兴绍. 木结构建筑火灾防控策略研究 [D]. 昆明：昆明理工大学，2017.

[21] 金召，赵昕怡. 金属材料的物理性质在工程中的影响以及疲劳破坏的危害 [J]. 科技创新与应用，2013 (27)：64.

[22] 崔丽玮. 火灾下的钢结构破坏原理及抗火设计 [J]. 科技信息，2013 (22)：424.

[23] 易念芳，陈集慧. 砌体结构损坏原因及加固方法探讨 [J]. 山西建筑，2011，37 (11)：44-45.

[24] 冯学刚. 砌体结构地震破坏模式研究 [D]. 北京：中国地震局工程力学研究所，2010.

[25] 陈俊岭，何敏娟，等. 木结构住宅的常用防腐蚀处理方法 [J]. 特种结构，2010，27 (01)：98-101.

[26] 肖佳，勾成福. 混凝土碳化研究综述 [J]. 混凝土，2010 (01)：40-44.

[27] 苏军. 中国木结构古建筑抗震性能的研究 [D]. 西安：西安建筑科技大学，2008.

[28] 赵莉丽. 砌体结构损坏原因及加固方法 [J]. 河南机电高等专科学校学报，2007 (03)：51-52.

[29] 叶燕华，徐秀丽，等. 砌体房屋灾损分析及修复加固方法 [J]. 南京建筑工程学院学报（自然科学版），2001 (03)：55-59.

[30] 唐明述，许仲梓，等. 我国混凝土中的碱集料反应 [J]. 建筑材料学报，1998 (01)：10-16.

[31] 杨静. 混凝土的碳化机理及其影响因素 [J]. 混凝土，1995 (06)：23-28.

[32] 黄南翼，张锡云. 日本阪神地震中的钢结构震害 [J]. 钢结构，1995 (02)：118-127.

[33] 中国工程建设标准化协会标准. 超声回弹综合法检测混凝土强度技术规程 CECS 02：2005 [S]. 北京：中国计划出版社，2005.

[34] 中华人民共和国行业标准. 回弹法检测混凝土抗压强度技术规程 JGJ/T 23—2011 [S]. 北京：中国建筑工业出版社，2011.

[35] 中国工程建设标准化协会标准. 钻芯法检测混凝土强度技术规程 CECS 03：2007 [S]. 北京：中国建筑工业出版社，2007.

[36] 中华人民共和国国家标准. 混凝土物理力学性能试验方法标准 GB/T 50081—2019 [S]. 北京：中国建筑工业

出版社，2019.
[37] 中国工程建设标准化协会标准．超声法检测混凝土缺陷技术规程 CECS 21：2000 [S]. 北京：中国计划出版社，2000.
[38] 中华人民共和国国家标准．混凝土结构现场检测技术标准 GB/T 50784—2013 [S]. 北京：中国建筑工业出版社，2013.
[39] 中华人民共和国地方标准．钢筋保护层厚度和钢筋直径检测技术规程 DB11/T 365—2016 [S]. 北京：中国标准出版社，2017.
[40] 中华人民共和国行业标准．建筑基桩检测技术规范 JGJ 106—2014 [S]. 北京：中国建筑工业出版社，2014.
[41] 中华人民共和国行业标准．危险房屋鉴定标准 JGJ 125—2016 [S]. 北京：中国建筑工业出版社，2016.
[42] 中华人民共和国国家标准．建筑抗震鉴定标准 GB 50023—2009 [S]. 北京：中国建筑工业出版社，2009.
[43] 刘明．土木工程结构试验与检测 [M]. 北京：高等教育出版社，2008.
[44] 宋彧．建筑结构检测与加固 [M]. 北京：科学出版社，2005.
[45] 赵菊梅，李国庆．土木工程结构试验与检测 [M]. 成都：西南交通大学出版社，2015.
[46] 路韡，李子奇．土木工程结构实验与检测实用技术 [M]. 成都：西南交通大学出版社，2015.
[47] 周明华．土木工程结构试验与检测 [M]. 南京：东南大学出版社，2010.
[48] 张小军．土木工程中混凝土裂缝的成因与防治对策研究 [D]. 武汉：湖北工业大学，2018.
[49] 中华人民共和国国家标准．民用建筑可靠性鉴定标准 GB 50292—2015 [S]. 北京：中国建筑工业出版社，2015.
[50] 中华人民共和国国家标准．混凝土结构加固设计规范 GB 50367—2013 [S]. 北京：中国建筑工业出版社，2013.
[51] 中华人民共和国国家标准．混凝土结构设计规范 GB 50010—2010 [S]. 北京：中国建筑工业出版社，2010.
[52] 中华人民共和国国家标准．建筑结构加固工程施工质量验收规范 GB 50550—2010 [S]. 北京：中国建筑工业出版社，2010.
[53] 中华人民共和国国家标准．建筑设计防火规范 GB 50016—2014 [S]. 北京：中国计划出版社，2014.
[54] 国家建筑标准设计图集．砖混结构加固与修复 15G611 [S]. 北京：中国计划出版社，2015.
[55] 中华人民共和国国家标准．砌体结构加固设计规范 GB 50702—2011 [S]. 北京：中国建筑工业出版社，2011.
[56] 中华人民共和国国家标准．砌体结构设计规范 GB 50003—2011 [S]. 北京：中国建筑工业出版社，2011.
[57] 中华人民共和国国家标准．建筑装饰装修工程质量验收标准 GB 50210—2018 [S]. 北京：中国建筑工业出版社，2018.
[58] 王柏生，秦建堂．结构试验与检测 [M]. 成都：西南交通大学出版社，2007.
[59] 高小旺，邸小谭．建筑结构工程检测鉴定手册 [M]. 北京：中国建筑工业出版社，2007.
[60] 袁广林，鲁彩凤，等．建筑结构检测鉴定与加固技术 [M]. 武汉：武汉大学出版社，2016.
[61] 周克印，周在杞．建筑工程结构无损检测技术 [M]. 北京：化学工业出版社，2016.
[62] 国家建筑标准设计图集．建筑结构加固施工图设计深度图样 07SG111-2 [S]. 北京：中国计划出版社，2007.
[63] 马汀．既有建筑钢结构健康检测与监测框架体系的研究 [D]. 上海：同济大学．2007.
[64] 中国工程建设标准化协会标准．钢结构加固技术规范 CECS 77：96 [S]. 北京：中国计划出版社，1996.
[65] 中华人民共和国国家标准．钢结构设计标准 GB 50017—2017 [S]. 北京：中国建筑工业出版社，2017.
[66] 中华人民共和国行业标准．钢结构检测评定及加固技术规程 YB 9257—96 [S]. 北京：冶金工业出版社，1996.
[67] 中华人民共和国国家标准．钢结构工程施工规范 GB 50755—2012 [S]. 北京：中国建筑工业出版社，2012.
[68] 中华人民共和国国家标准．气焊、焊条电弧焊、气体保护焊和高能束焊的推荐坡口 GB/T 985.1—2008 [S]. 北京：中国标准出版社，2008.
[69] 唐业清，林立岩，等．建筑物移位纠倾与增层改造 [M]. 北京：中国建筑工业出版社，2007.
[70] 张鑫，蓝戊已．建筑物移位工程设计与施工 [M]. 北京：中国建筑工业出版社，2011.
[71] 郑文忠，解恒燕，等．既有建筑改造与加固 [M]. 北京：科学出版社，2013.
[72] 唐业清．建筑物改造与病害处理 [M]. 北京：中国建筑工业出版社，2000.
[73] 尹保江，赵向丽，等．老旧住宅加固改造与增加电梯方法研究 [J]. 工程抗震与加固改造，2015，37 (5)：

131-134.
[74] 李科技，孙琪，等. 某高层建筑倾斜原因及纠倾加固技术研究 [J]. 施工技术，2018，47 (10)：50-55.
[75] 俞丽华，庞志刚，等. 光学实验楼加装电梯改造设计方案的选择 [J]. 山西建筑，2018，44 (25)：54-55.
[76] 王广昊. 基于居家养老的北京多层住宅垂直交通改造策略 [D]. 北京：北京建筑大学，2018.
[77] 何爱勇. 既有多层住宅加装电梯工程实例分析 [J]. 中国住宅设施，2015，0 (7)：28-33.
[78] 中华人民共和国行业标准. 既有住宅建筑功能改造技术规范 JGJ/T 390—2016 [S]. 北京：中国建筑工业出版社，2016.
[79] 陈变珍，翁习文. 老旧小区加装电梯统筹策略的探讨——以北京某高校为例 [J]. 中国房地产，2018，0 (16)：67-71.
[80] 岳晓. 西安市单位型住区多层住宅公共空间适老化改造设计研究 [D]. 西安：西安建筑科技大学，2015.
[81] 璩家平，璩继立，等. 某框架结构加固与加层改造工程分析 [J]. 建筑结构，2010 (5)：74-75.
[82] 章柏林. 上海音乐厅和上海玉佛禅寺大雄宝殿平移顶升工程的技术比较 [J]. 建筑施工，2018，40 (6)：936-938.
[83] 中国工程建设标准化协会标准. 建筑物移位纠倾增层改造技术规范 CECS 225：2007 [S]. 北京：中国计划出版社，2007.
[84] 方林，李承铭，金骞. 既有多层住宅加装电梯不同结构体系分析研究 [J]. 土木工程，2019，008 (005)：1030-1037.
[85] 中华人民共和国国家标准. 建筑抗震设计规范 GB 50011—2010 [S]. 北京：中国建筑工业出版社，2010.
[86] 中华人民共和国行业标准. 既有建筑地基基础加固技术规范 JGJ 123—2012 [S]. 北京：中国建筑工业出版社，2012.
[87] 中华人民共和国国家标准. 建筑地基基础设计规范 GB 50007—2011 [S]. 北京：中国建筑工业出版社，2011.
[88] 中华人民共和国行业标准. 建筑基坑工程技术规范 YB 9258—97 [S]. 北京：冶金工业出版社，1997.
[89] 中华人民共和国国家标准. 建筑结构荷载规范 GB 50009—2012 [S]. 北京：中国建筑工业出版社，2012.
[90] 中华人民共和国行业标准. 建（构）筑物移位工程技术规程 JGJ/T 239—2011 [S]. 北京：中国建筑工业出版社，2011.
[91] 中华人民共和国国家标准. 工业建筑可靠性鉴定标准 GB 50144—2019 [S]. 北京：中国计划出版社，2019.
[92] 中华人民共和国行业标准. 建筑物倾斜纠偏技术规程 JGJ 270—2012 [S]. 北京：中国建筑工业出版社，2012.
[93] 姚艳红，于红杰. 复杂结构建筑物整体平移关键技术研究 [J]. 科学技术与工程，2011，11 (10)：2380-2383.
[94] 傅黎. 对多层住宅加装电梯时结构加固技术的探讨 [J]. 建筑与文化，2016，0 (6)：194- 195 .
[95] 唐业清. 建筑物改造与病害处理 [M]. 北京：中国建筑工业出版社，2000.
[96] 曹双寅，邱洪兴，等. 结构可靠性鉴定与加固技术 [M]. 北京：中国水利水电出版社，2002.
[97] 吴二军. 建筑物整体平移关键技术研究与应用 [D]. 南京：东南大学，2003.
[98] 张鑫，徐向东，等. 国外建筑物整体平移技术的进展 [J]. 工业建筑，2002，32 (7)：1-3.
[99] 陆伟东，刘金龙，等. 混凝土结构厚度的雷达检测 [J]. 无损检测，2009，31 (5)：364-366.
[100] 郭鑫. 混凝土结构中钢筋保护层厚度的检验方法 [J]. 建材与装饰，2016 (1)：58-59.
[101] 吴佳晔. 土木工程检测与测试 [M]. 北京：高等教育出版社，2015.
[102] 王铁梦. 工程结构裂缝控制（第二版）[M]. 北京：中国建筑工业出版社，2018.
[103] 刘培文. 工程结构检测技术 [M]. 北京：人民交通出版社，2011.
[104] 中华人民共和国行业标准. 建筑基桩检测技术规范 JGJ 106—2014 [S]. 北京：中国建筑工业出版社，2014.
[105] 王胜辉，袁勇. 喷射混凝土试验方法述评 [J]. 昆明理工大学学报（理工版），2005 (04)：55-58.
[106] 李利平，李术才，等. 浅埋大跨隧道现场试验研究 [J]. 岩石力学与工程学报，2007 (S1)：3565-3571.
[107] 熊飞，王耀辉，等. 用全站仪进行隧道拱顶及地表沉降观测 [J]. 土工基础，2009，23 (01)：75-78.
[108] 谭立铭. 锚索预应力无损检测方法研究 [D]. 重庆：重庆交通大学，2013.
[109] 吴佳晔，胡祖光，等. 一种测试预应力锚固体系张力的无损检测方法 [P]. 中国，ZL200910177865.5.
[110] 张熙光. 建筑抗震鉴定加固手册 [M]. 北京：中国建筑工业出版社，2001.
[111] 沈聚敏. 抗震工程学（第二版）[M]. 北京：中国建筑工业出版社，2015.

［112］ 张立人，卫海，等. 建筑结构检测、鉴定与加固［M］. 武汉：武汉理工大学出版社，2012.
［113］ 谈忠坤. 建筑结构检测鉴定与加固实例［M］. 北京：中国建筑工业出版社，2016
［114］ 唐红元. 既有建筑结构检测鉴定与加固［M］. 成都：西南交通大学出版社，2017.
［115］ 张家启，李国胜，等. 建筑结构检测鉴定与加固设计［M］. 北京：中国建筑工业出版社，2011.
［116］ 卜良桃. 建筑结构检测鉴定与加固概论及工程实例［M］. 北京：中国环境出版社，2013.
［117］ 王济川. 结构可靠性鉴定与试验诊断［M］. 长沙：湖南大学出版社，2004.
［118］ 姚继涛，马永欣，等. 建筑物可靠性鉴定和加固：基本原理和方法［M］. 北京：科学出版社，2003.
［119］ 周安，扈惠敏，等. 土木工程结构试验与检测［M］. 武汉：武汉大学出版社，2013.
［120］ 国振喜. 建筑抗震鉴定标准与加固技术手册［M］. 北京：中国建筑工业出版社，2010.
［121］ 刘洪滨，幸坤涛. 建筑结构检测、鉴定与加固［M］. 北京：冶金工业出版社，2018.